U0246041

Reliability Modeling And Analysis For
BALANCED SYSTEMS

平衡系统可靠性
建模与分析

赵　先　王小越　王思齐　吴丛珊　◎著

中国财经出版传媒集团
经济科学出版社
Economic Science Press

图书在版编目（CIP）数据

平衡系统可靠性建模与分析／赵先等著. －－北京：
经济科学出版社，2023.4
ISBN 978 - 7 - 5218 - 4613 - 3

Ⅰ.①平…　Ⅱ.①赵…　Ⅲ.①系统可靠性－研究
Ⅳ.①N945.17

中国版本图书馆 CIP 数据核字（2023）第 046846 号

责任编辑：宋艳波
责任校对：齐　杰
责任印制：邱　天

平衡系统可靠性建模与分析

赵　先　王小越　王思齐　吴丛珊　著

经济科学出版社出版、发行　新华书店经销
社址：北京市海淀区阜成路甲 28 号　邮编：100142
总编部电话：010 - 88191217　发行部电话：010 - 88191522
网址：www. esp. com. cn
电子邮箱：esp@ esp. com. cn
天猫网店：经济科学出版社旗舰店
网址：http://jjkxcbs. tmall. com
固安华明印业有限公司印装
印数：0001 - 3000 册
710×1000　16 开　17.25 印张　250000 字
2023 年 4 月第 1 版　2023 年 4 月第 1 次印刷
ISBN 978 - 7 - 5218 - 4613 - 3　定价：68.00 元

前言

平衡系统广泛应用于新能源储能领域、机械装备领域、航空航天领域等，如电动汽车电池组系统、弹簧减震器系统、飞机机翼系统和多旋翼无人机系统等。一旦这些平衡系统发生失衡或者失效，会造成任务失败以及巨大的经济损失，因此，平衡系统可靠性是这些重要设备平稳运行的关键要素，且通常会在系统运行过程中或日常管理时为其设计一定的运维策略以防造成严重后果。平衡系统可靠性及其运维策略相关问题已经逐渐成为可靠性领域的研究热点，并取得了一定的研究成果。

通过挖掘和分析实际工程问题和现象可知，平衡系统可靠性研究在平衡定义、失效准则、运行机制、运行环境、多状态和运维策略等方面仍然存在研究不足之处，存在亟待解决的重要问题。基于此，本书作者及合作者开展了一系列平衡系统可靠性建模与运维策略优化的研究，本书是作者及合作者研究成果的总结。

本书共分为12章，整体思路和结构如下。

第1章是概述。本章结合系统可靠性工程的发展历程及其重要性，提出平衡系统可靠性建模与分析的研究主题，分析平衡系统可靠性研究现状，从而提出本书的主要研究内容和研究框架等。

第 2 章是平衡系统可靠性基础理论研究。本章对平衡系统可靠性和系统冲击模型相关研究进行梳理，详细阐述本书研究所需的系统可靠性相关概念和分析方法。

第 3 ~ 第 8 章是性能平衡系统、多态平衡系统可靠性建模及其运维策略优化。其中，第 3 章是性能平衡系统可靠性建模与分析，提出了系统性能失效的竞争失衡准则，从而构建了性能平衡系统可靠性模型，并为其设计了集成维修策略；第 4 章是多态平衡系统可靠性建模与分析，定义了系统不同的平衡等级，提出了平衡函数用来反映系统不同平衡等级条件下系统的多种状态，从而构建了多态平衡系统可靠性模型；第 5 章是多态平衡系统的调节策略及维修策略优化研究，构建了多态 n 中取 $k(F)$ 平衡系统的可靠性模型，建立了使系统在运行过程中保持平衡的调节策略，并设计了基于役龄的预防性维修策略；第 6 章是冲击环境下多态平衡系统的部件交换策略优化研究，考虑了由外界冲击造成的不同位置上部件退化规律不同的情形，为冲击环境下运行的多态平衡系统设计了部件交换策略；第 7 章是多态平衡系统的多准则任务终止策略优化研究，构建了具有多失效准则的平衡系统可靠性模型，提出了适应平衡系统特点的不同任务终止阈值，从而为多态平衡系统设计了多准则任务终止策略；第 8 章是多态平衡系统的复合运维策略优化研究，复合运维策略 I 同时包含调节策略与部件交换策略，复合运维策略 II 同时包含调节策略与任务终止策略。

第 9 ~ 第 11 章是具有分区的平衡系统可靠性建模及其运维策略优化。其中，第 9 章是具有多功能区的平衡系统可靠性建模与分析研究，同时引入了温储备部件和平衡容差的概念，构建了具有多功能区的平衡系统可靠性模型；第 10 章是平衡调节受限机制下的平衡系统可靠性建模与分析研究，分别考虑了部件关闭和开启功能的随机失效问题，构建了相应的平衡系统可靠性模型；第 11 章是 n 中取 $k(F)$ 平衡系统任务终止策略优化研究，构建了同时遭受内部退化和外部冲击情形下具有 m 个分区的 n 中取 $k(F)$ 平衡系统，以每个分区内失效部件数为任务终止阈值，提出了相应的任务终止策略。

　　第 12 章是本书的结论与展望。

　　本书尽可能全面地介绍了平衡系统可靠性建模与运维策略优化的基本理论和方法以及国内外研究前沿。本书可供从事可靠性理论、管理科学与工程、系统工程等专业领域的研究人员学习和借鉴，也可为从事可靠性工作的工程师在工程实践中提供理论支持与参考。

　　本书是在赵先教授主持的国家自然科学基金重点项目"动态冲击环境下随机系统可靠性建模、仿真与运维优化"（项目号：72131002）、面上项目"平衡系统可靠性建模与分析"（项目号：71971026）及王小越副教授主持的国家自然科学基金青年项目"具有多阶段失效过程的冲击模型构建及可靠性分析"（项目号：72001006）资助下完成的。

　　限于作者水平和能力，拙著中难免存在不足和纰漏，恳请各位专家、学者和同仁批评指正。

目　　录

平
衡
系统可靠性建模与分析

第 1 章

概　述

1.1　平衡系统可靠性研究的背景及意义

20 世纪 50 年代，可靠性工程起源于美国军用航天和电子部门对军用电子设备失效现象的研究。经过数十年的发展，可靠性工程的研究领域不断扩展、研究内容不断深入、研究方法不断创新。如今，可靠性工程已经成为一门综合基础应用学科，并在实际工程领域中成为保障系统安全运行和提升产品质量的重要途径。可靠性的经典定义为：产品（系统）在规定的条件下、规定的时间内完成规定功能的能力（或概率）（曹晋华、程侃，2006）[1]。通俗地说，可靠性就是产品保持其功能和性能处于合格水平的能力，如果一个产品不可靠，则所谓的产品强功能和高性能对用户来说也会变得毫无意义（秦金磊，2016）[2]。可靠性逐渐成为用户衡量产品质量和评价产品的关键指标，它用于刻画产品的寿命特征，包含可靠度、失效率、平均寿命等可靠性指标。因此，可靠性工程的发展和研究得到了各个国家的高度关注，并投入大量的资源，致力于将可靠性理论推广应用至更为广泛的领域。

随着社会的飞速发展和科学技术的不断创新，人类开发了越来越多复杂的工程设备，如国防武器装备、航空航天设备系统和交通运输设备等，通常这些设备的结构组成更为复杂，运行环境更加富于变化，一些设备甚至表现出性能突变的情况。这些工程设备往往承担着重要的工作任务，一旦这些设备在执行任务过程中发生故障，不仅会造成严重的经济损失，甚至可能造成人员伤亡、污染环境等严重后果。对于重要的关键工程产品，研究其可靠性问题逐渐成为设备在设计、生产、制造和使用过程中极其重要的一项工作，提升这些设备的可靠性，可以有效地预防或减少这些设备故障和事故的发生。由于忽视关键设备可靠性而造成的惨痛教训数不胜数。例如，1986 年，仅仅是右侧火箭推进器 O 型环失效，便导致美国挑战者航天飞机在升空后 73 秒爆炸解体坠毁，造成 7 名宇航员全部丧生和 12 亿美元的巨大损失。

平衡系统，作为一类新兴的复杂系统，起源于以电动汽车电池组为代表的新能源储能设备、以多旋翼无人机系统为代表的军事武器动力设备、以行星探测器着陆系统为代表的航天助推设备等重要设备，平衡系统可靠性的高低已经成为这些设备能否安全运行以及所承载的重要任务能否完成的关键因素，平衡系统可靠性研究也逐渐成为系统可靠性领域的研究热点，并引起了学者们和可靠性工作人员的重视。根据文献调查可知，关于平衡系统的可靠性研究起步较晚，并且其结构和相关运行机制的独特性增加了可靠性研究的难度，所以研究成果数量较少，且大多研究成果集中在近些年。通过分析和总结，平衡系统可靠性现有研究主要有以下研究局限，这是本书所致力深入解决的问题。

第一，平衡系统的平衡定义具有一定的局限性。现有研究的平衡定义仅限于表1.1 中的五种，然而，在实际工程系统中，系统平衡具有多种多样的表现形式，因此系统平衡的定义需要进一步扩展和补充，进而可以构建全新的平衡系统可靠性模型。

表 1.1	平衡系统现有研究的系统平衡定义汇总
平衡系统类型	平衡定义
n 对中取 *k* 对（G）平衡系统（*k*-out-of-*n* pairs：G balanced systems with spatially distributed units）	如果某个部件对中的一个部件发生失效时，需要立即关闭此部件对中的另一个部件才可能使系统保持平衡，此外，系统的平衡由力矩差值决定
多维的 (n, m) 对中取 (k_1, k_2) 对（G）平衡系统（(k_1, k_2)-out-of-(n, m) pairs：G balanced system）	平衡系统的重心时刻处于中心的位置，当一个部件组中的部件失效时，关闭部件组相反转向的部件
环形结构的 *n* 中取 *k*(G)平衡系统（circular *k*-out-of-*n*：G balanced systems）	力矩差为零和工作部件均匀散布在环形系统结构
多部件串联系统	考虑系统内各个部件最好状态和最坏状态的差值超过一定范围时，认为系统失去平衡
具有 *m* 个区的 *n* 中取 *k*(F)平衡系统（*k*-out of-*n*：F balanced systems with *m* sectors）	系统内各个区工作的部件数量时刻保持相等

第二，平衡系统的失效准则具有一定的局限性。现有的平衡系统模型大多采用 *n* 中取 *k* 的系统逻辑结构，因此其失效准则具有一定的局限性，例如，华和埃尔赛义德（Hua & Elsayed，2016）[3-5]假设平衡系统内工作部件对的数量小于 *k* 个或系统无法保持平衡时，则系统发生失效；郭和埃尔赛义德（Guo & Elsayed，2019）[6]假设当系统内工作的部件组个数小于 k_1 或系统失去平衡时，则系统发生失效；崔等（Cui et al.，2018a）[9]假设系统内任意一个区中失效部件（包括失效和被关闭部件）数量达到 *k* 个时，则系统失效。此外，崔等（2018b）提出了基于部件状态差值的系统失效判定准则。然而，由于不同的平衡系统所具有的差异性以及系统所处的不同运行环境，平衡系统的失效准则也将不同，因此亟须扩展平衡系统的失效准则，探究平衡系统复合失效准则的相关问题，从而弥补已有研究的不足。

第三，平衡系统运行机制的设定和考虑不够全面。在平衡系统现有研究中，平衡系统的运行机制是：在平衡系统运行过程中，通过主动关闭或启动相关部件，从而保持系统始终处于平衡状态，并且假设关闭或启动相关部件的行为可以完美地完成。然而，在工程实际中，系统中部件由于受到不利因素的影响，其关闭和启动的功能往往可能会发生随机失效，因此，亟须对部件启动或关闭等平衡调节行为受限的情形开展相关研究。此外，平衡系统现有研究通常假设被关闭的部件是冷储备部件，即当部件处于储备状态时，部件不会发生失效。然而，在实际情况中，处于储备状态的部件往往也可能发生失效，因此，需要对被关闭的储备部件发生失效的情形展开相关研究。

第四，未涉及平衡系统状态和平衡等级为多状态的问题。现有研究考虑平衡系统的平衡状态或系统状态只有两态的情况，即系统完美运行（平衡状态）和系统完全失效（失衡状态）。然而，一些实际的平衡系统，由于其复杂的系统结构或运行环境，部件状态和系统状态均具有多态性质（Lisnianski & Levitin，2003）[10]。多态平衡系统可靠性问题目前是一个研究空白，因此，亟须对其进行扩展研究。

第五，未考虑平衡系统的运行环境因素。平衡系统现有研究假设系统内部件寿命服从一定的分布或者部件以一定的概率失效。例如，华和埃尔赛义德（2016a，2016b）以及郭和埃尔赛义德（2019）[6]考虑平衡系统内部件寿命服从一定的寿命分布；崔等（2018a，2018b）[8-9]考虑系统内部件具有一定的失效率，其寿命服从指数分布；恩达塔等（Endharta et al.，2018）[7]考虑平衡系统内部件以一定概率 r 工作，以一定概率 $1-r$ 失效。然而，在实际情况中，平衡系统所处的外部环境往往对系统性能和状态造成影响，因此亟须引入系统运行环境因素，从而构建全新的平衡系统可靠性模型。

第六，对平衡系统运维策略的研究存在一定的局限性。在平衡系统的平衡调节策略方面，现有研究针对基于部件状态的平衡系统还没有关注到其平衡调节策略，然而，由于许多工程系统在运行过程中的失衡会导致严重后果，因此本书以此为出发点，对基于部件状态的多态平衡系统调节策略问题开展了相关研究；在平衡系统的部件交换策略方面，由于平衡系统往往具有较为复杂的组成结构和运行环境，不同位置部件的退化规律会表现出一定的差异，在恰当的时间交换部件位置可以提高系统运行的可靠性，延长系统的长期使用寿命，因此为平衡系统设计部件交换策略是十分必要的；在平衡系统的任务终止策略方面，由于许多安全关键系统的结构复杂性、状态多样性，其系统存活往往比任务完成具有更高的优先级，所以需要在其任务执行期间适时终止任务，因此亟须对此开展研究。

针对平衡系统可靠性上述六点研究局限，本书以实际工程应用和背景为出发点，以平衡系统为研究对象，围绕平衡系统可靠性模型构建、平衡系统可靠度及相关概率指标分析方法、平衡系统可靠性设计和运维策略参数优化建模及求解等科学问题开展研究工作。本书的研究成果不仅可以丰富和完善平衡系统可靠性建模与分析理论，推动有限马尔可夫链嵌入法和马尔可夫过程嵌入法的发展，具有一定的理论创新；而且研究成果可应用于航空航天、军事武器、新能源等领域设备的可靠性管理和运维策略等，同时具有一定的应用前景和实践意义。本书解决的科学问题源于科技前沿的热点、难点和新兴领域，且具有鲜明的创新性。

1.2　平衡系统可靠性的主要研究内容

在平衡系统可靠性建模和分析现有研究的基础上，以实际工程系统为研究背景，本书聚焦于平衡系统可靠性模型的构建、平衡系统可靠度及相关概率指标的求解方法、平衡系统的运维策略优化等研究问题，从系统运行结果角度出发，即以系统失去平衡作为系统失效准则之一，通过扩展系统平衡定义、引入外部冲击环境和考虑系统多状态的要素，分别构建了性能平衡系统和多态平衡系统的可靠性模型；从系统运行机制角度出发，即考虑系统通过调节部件开关从而保持运行中的动态平衡，通过定义新的系统平衡概念和设计系统平衡调节机制，分别构建了具有多功能区的平衡系统和平衡调节受限机制下的平衡系统可靠性模型；改进并综合应用有限马尔可夫链嵌入法、马尔可夫过程嵌入法和通用生成函数法分析平衡系统可靠度及相关概率指标；从系统运行规律、环境特点等角度出发，设计并优化了平衡系统的不同运维策略。本书具体研究内容和成果如下。

（1）平衡系统可靠性的基础理论与方法研究

从平衡系统可靠性建模和分析研究的研究现状出发，详细总结平衡系统可靠性的现有研究，深入阐述冲击环境下系统可靠性建模的相关研究，包括系统冲击模型相关研究、系统冲击模型维修策略以及 PH 分布基础理论，介绍了系统可靠性的相关概念，并重点介绍了本书主要采用的三个系统可靠性建模与分析方法，分别为有限马尔可夫链嵌入法、马尔可夫过程嵌入法和通用生成函数法，并简要综述这三个方法的起源、研究现状和基础理论。

（2）性能平衡系统可靠性建模与分析

本书构建了性能平衡系统可靠性模型，并分析了冲击环境下运行的性能平衡系统可靠性相关概率指标，提出了该系统的综合性维修策略以及维修策略参数最优化模型。在冲击环境下，一定量冲击带来的损坏会使系统内的部件进入加速失效的过程，即部件将进入较差的工作阶段。当系统中处于较差工作阶段的部件的数量和排列位置满足一定条件时，系统的工作性能将变得很差，进入加速失效的过程，即失去性能平衡。基于此工程背景，本书构建了三个系统性能失衡的竞争判定准则，从而建立了性能平衡系统可靠性模型。本书采用两步有限马尔可夫链嵌入法分析性能平衡系统的相关概率指标，如可靠度和期望冲击长度等。最后，为性能平衡系统设计了一个综合维修策略，从而构建了维修策略参数优化模型，通过仿真得到近似最优预防性维修观测周期。

（3）多态平衡系统可靠性建模与分析

本书构建了多态平衡系统的通用模型，以实际工程系统为出发点，建立了受冲击环境影响的两个多态平衡系统可靠性模型，分析和推导了两个系统可靠性指标的解析表达式。假设外部冲击带来的损害引起系统中部件状态的退化，依据所有部件的运行状态，整个系统将处于不同的系统平衡等级，提出了平衡函数的概念用于反映不同的系统平衡等级条件下系统的多种状态，从而构建了多态平衡系统的通用模型。基于多态平衡系统的通用模型，分别考虑任意位置部件状态差距的平衡函数和对称位置部件状态差距的平衡函数，本书构建了相应的多态平衡系统可靠性模型，采用两步有限马尔可夫链嵌入法分析多态平衡系统可靠性相关概率指标，包括相应的系统状态概率函数和系统期望寿命等。

（4）多态平衡系统的调节策略与维修策略优化研究

本书构建了执行调节策略的多态 n 中取 $k(\mathrm{F})$ 平衡系统可靠性模型，模型中系统和所有部件均具有多个运行状态，且系统运行过程中需要保证所有部件的最大状态与最小状态之差在预设范围之内，否则认为系统失衡，并启动平衡调节策略，识别出所有状态超出阈值的部件，并将其状态调整至阈值内以保持系统平衡。运用马尔可夫过程来刻画部件状态退化过程，并运用马尔可夫过程的相关性质推导出系统可靠度及相关概率指标的解析表达式。此外，设计了一个基于役龄的维修策略，构建了相应的维修策略优化模型。

（5）冲击环境下多态平衡系统的部件交换策略优化研究

本书构建了一个在冲击环境下运行的多部件平衡系统。该系统在运行过程中会遭受到同一个冲击源的一系列冲击，由于不同位置的部件对同一冲击的承受能力不同，在系统长时间运行后，不同位置上部件呈现出不同的性能水平。当系统中所有部件状态最大值与最小值之差处于一个事先确定的阈值之内时，认为系统处于平衡状态，否则系统失衡。当系统中至少有一个部件处于完全失效状态，或当系统处于失衡状态时，系统失效。为使每个部件利用率达到最大，并延长整个系统的使用寿命，为该系统设计了一个部件交换策略。当系统运行一段时间后，根据部件工作状态，对其进行交换，其中部件交换的时刻和具体交换方案是需要进行优化的变量，而目标函数是使系统遭受一定数量冲击时的可靠度达到最大。运用两步有限马尔可夫链嵌入法推导了系统可靠度等概率指标，并给出了部件交换策略优化模型的求解流程。

（6）多态平衡系统的多准则任务终止策略优化研究

本书构建了具有若干多态部件的平衡系统，当系统中最大部件状态差超过一定阈值时，系统失衡。将状态低于某阈值的部件定义为损伤部件，当系统失衡或损伤部件达到一定数量时，系统失效。对应地，本书为该系统设计了两个任务终止阈值，当系统中最大部件状态差或损伤部件数量达到某阈值时，任务终止。两个任务终止阈值均小于导致系统失效的阈值。为了权衡任务可靠度和系统生存概率两个指标，本书分别以系统生存概率最大和平均总费用最小为目标函数，构建了两个不同的任务终止策略优化模型，决策变量为两个任务终止阈值。运用马尔可夫过程嵌入法推导了任务可靠度和系统生存概率及相关概率指标的解析表达式，并给出了任务终止策略的求解流程。

（7）多态平衡系统的复合运维策略优化研究

本书为多态平衡系统设计了两种复合运维策略，执行不同任务时需采取不同的运维策略。该系统的部件均为多态部件，当系统中所有部件状态之差的最大值超过一定阈值时，系统失效。在整个系统运行过程中，为系统设计一个平衡调节策略，当系统处于失衡状态时，需要调整部件状态让系统恢复平衡。在复合运维策略 I 下，将调节策略与部件交换策略相结合，在系统运行一定时间后通过交换部件位置以提高系统长期可靠性；在复合运维策略 II 下，将调节策略和任务终止策略相结合，当系统中损伤部件达到一定数量时，为防止系统失效带来的严重后果，对任务进行终止。运用马尔可夫过程嵌入法得到可靠度等概率指标的解析表达式，并针对两种不同的复合运维策略，分别构建了相应的参数优化模型。

（8）具有多功能区的平衡系统可靠性建模与分析

本书构建了具有多功能区的平衡系统可靠性模型，推导了该平衡系统可靠性指标的解析表达式。针对组成部分具有多功能特点的平衡系统，通过引入平衡容差的系统平衡定义，考虑不同的系统失效准则，从而构建了不同的具有多功能区的平衡系统可靠性模型。在模型中，本书提出了平衡容差的系统平衡定义，这是更为通用和符合实际的系统平衡定义，即系统不同组之间的同一功能区工作部件数的差值处于可接受的范围时，认为系统仍然处于平衡状态。此外，在模型中，失衡的系统通过关闭一些工作部件或启动储备部件来使系统重新恢复平衡，本书考虑了被关闭部件是温储备部件的情形。对于新构建的系统模型，均运用马尔可夫过程嵌入法分析每个功能区的可靠度。对于系统Ⅰ和系统Ⅱ，分别运用有限马尔可夫链嵌入法分析两个新系统的可靠度；对于系统Ⅲ，采用通用生成函数法分析系统的可靠度。

（9）平衡调节受限机制下的平衡系统可靠性建模与分析

本书构建了两个平衡调节受限机制下的平衡系统可靠性模型，并分析两个系统的可靠性指标。关闭部件和重启部件是调节系统平衡的两个主要方式，现有研究均假设这两个方式可以完全成功地完成。通过考虑部件关闭功能的寿命服从指数分布和部件重启功能以一定概率失效的情形，本书分别设计了两个系统平衡调节受限机制，从而构建了相应的平衡系统可靠性模型，在模型中引入了因系统在运行过程中无法调节系统平衡而失效的竞争失效准则。本书运用马尔可夫过程嵌入法分析和推导了两个平衡系统的可靠度以及相关概率指标的解析表达式。

（10）具有多个分区的 n 中取 $k(\mathrm{F})$ 平衡系统任务终止策略优化研究

本书构建了一个具有分区的 n 中取 $k(\mathrm{F})$ 平衡系统，并为其设计了任务终止策略。该模型考虑了部件由于内部退化和外部冲击作用失效的情形。将分区中失效部件数作为任务终止阈值，设计了相应的任务终止策略。本书运用马尔可夫过程嵌入法推导了任务可靠度和系统生存概率等可靠性概率指标。为了平衡任务可靠度和系统生存度两个指标，本章构建了两个策略优化模型，得到了最佳任务终止阈值。

第**2**章

平衡系统可靠性基础理论研究

本章将具体阐述平衡系统可靠性相关的基础理论。首先，深入论述和分析平衡系统建模与分析的现有研究，为本书构建全新的平衡系统可靠性模型指明方向。其次，详细阐述冲击环境下系统可靠性建模相关研究，包括系统冲击模型的构建、冲击模型维修策略建模以及 PH 分布相关理论等，为本书开展的平衡系统可靠性研究提供研究思路。最后，全面介绍系统可靠性相关概念与分析方法，为本书完成平衡系统可靠性分析的研究奠定理论基础。

2.1 平衡系统可靠性建模与分析研究

通过对现有文献的梳理和分析，平衡系统可靠性研究工作起步较晚，其研究的雏形来自萨尔佩尔（Sarper，2005）[11]、萨尔佩尔及索尔（Sarper & Sauer，2002）[12]对行星探测器着陆系统的可靠性研究。他们构建了由四个（或六个）引擎组成的环形阵列结构的平衡系统模型，并做了可靠性分析。该系统中如果有一个引擎失效，与其对称位置的引擎必须被强制关闭，以保证整个系统的平衡，系统工作的条件是至少有一对（或两对）发动机正常工作。由于该平衡系统过于简单，其系统可靠性分析方法很难用于解决更一般化的平衡系统可靠性问题。更为一般化平衡系统的可靠性建模研究开始于 2016 年，相关成果发表在《可靠性汇刊》（*IEEE Transactions on Reliability*）、《可靠性工程与系统安全》（*Reliability Engineering & System Safety*）、《工业和系统工程师学会汇刊》（*IISE Transactions*）等可靠性领域的顶级期刊。但是，平衡系统结构和相关运行机制的独特性增加了可靠性研究的难度，故相关研究成果数量较少。近年来，平衡系统可靠性的研究逐渐引起了学者们的关注，学者们通过扩展系统平衡的概念，考虑不同的系统结构以及采用不同的可靠性建模方法，平衡系统可靠性建模与分析的研究取得了一定发展。

一些航天和军事领域中的实际产品，如无人机系统共包含 $2n$ 个部件，同一轴上的两个部件构成一个部件对，则 n 个部件对呈环形均匀排列。基于无人机系统，华和埃尔赛义德（2006）[3]基于力矩差定义了系统平衡的概念，构建了一个由呈环形排列的 $2n$ 个部件组成的 n 对中取 k 对（G）平衡系统可靠性模型，进而研究了两种情景下的 n 对中取 k 对（G）平衡系统的可靠性：①系统失衡状态看作是系统失效状态；②如何令失衡的系统重新恢复平衡。图 2.1 展示了一个 n 对中取 k 对（G）平衡系统结构的实例（$n=4$）。在他们的研究中，系统平衡的定义是指如果某个部件对中的一个部件发生失效时，需要立即关闭此部件对中的另一个部件才可能使系统保持平衡。此外，由于此系统结构的特殊性，他们提出了运用力矩差值并设计相应的算法来判断系统是否处于平衡状态。当平衡系统中至少存在 k 个工作的部件对时，并且系统内仍然工作的部件呈现对称状态且使系统内存在一对垂直的轴时，整个平衡系统才是可靠的。

随后，针对 n 对中取 k 对（G）平衡系统，华和埃尔赛义德（2016）[4]构建了一个系统退化模型，该退化模型考虑了不同运行条件给各个部件带来的影响，对每个部件的退化路径建模，进而提出了估计整个系统可靠性的方法。他们指出，当 n 对中取 k 对（G）平衡系统包含大量部件

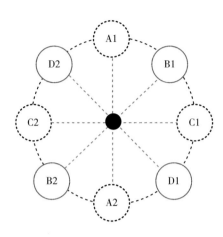

图 2.1 *n* 对中取 *k* 对（G）平衡系统的结构实例（*n* = 4）

时，分析和求解该平衡系统的可靠性指标将耗费大量的计算时间。因此，针对该平衡系统，华和埃尔赛义德（2018）提出了一个基于蒙特卡洛仿真的系统可靠性估计方法，通过此方法有效地缩短了系统可靠性指标的计算时间。在他们的研究中，考虑每个部件的寿命服从指数分布，失衡的系统通过关闭部件或重启储备部件而重新恢复平衡。聚焦于 *n* 对中取 *k* 对（G）平衡系统的启动环节，赵等（Zhao et al.，2019）[13] 提出了平衡系统启动可靠性分级验证试验方案，并建立了启动验证试验方案参数优化模型。

在 *n* 对中取 *k* 对（G）平衡系统的基础上，郭和埃尔赛义德（2019）[6] 对其系统组成结构进行扩展，构建了多维的（*n*,*m*）对中取（k_1,k_2）对（G）平衡系统，并分析和求解其可靠性指标。在该系统中共有 *n* 个部件组，部件组中的每个部件由 *m* 个子部件构成，当某个部件组中对称位置的两个部件中的子部件工作部件数均大于等于 k_2 时，则该部件组正常工作，当且仅当工作的部件组个数至少为 k_1 时，则该系统正常运行。针对环形一维 *n* 中取 *k*(G)平衡系统，恩达塔等（2018）[7] 提出了一个新的系统平衡定义，即系统内工作部件按比例均匀散布在环形阵列结构上。基于力矩差为零和均匀散布的两个平衡要求，他们构建了新的平衡系统可靠性模型，当以下两个条件同时满足时该平衡系统处于工作状态：第一，系统中至少存在 *k* 个工作部件；第二，系统处于平衡状态。他们采用最小随后，一些学者对系统平衡定义萌发了不同的理解和认识，通过考虑不同的系统平衡定义和系统结构，一些学者构建了新的平衡系统并分析其可靠性。崔等（Cui et al. , 2018a）[9]构建了全新的平衡系统——具有多个区的 n 中取 k(F)平衡系统，并分别建立了四个相关的可靠性模型。此平衡系统包含 m 个区，系统内的区呈串联结构，每个区包含 n 个部件。这个系统的平衡定义指：在系统运行过程中，通过调节部件开关从而时刻保持系统中每个区中工作部件的个数相等。当任何一个区中至少存在总共 k 个失效和关闭部件时，系统发生失效。基于可修和退化系统的背景，崔等（Cui et al. , 2018b）[8]提出了基于部件状态差距的系统平衡概念，摒弃了系统运行过程中采取主动关闭工作部件以实时保持系统平衡的运行机制，针对系统运行过程中难以主动采取措施，直至系统失去平衡的情形，针对二维和多维的情况，分别建立了以失衡为失效准则的平衡系统可靠性模型。

平衡系统现有研究成果聚焦于 n 对中取 k 对（G）平衡系统、多维的 (n,m) 对中取 (k_1,k_2) 对（G）平衡系统、环形结构的 n 中取 k(G)平衡系统、具有多个区的 n 中取 k(F)平衡系统和多部件串联系统这五类平衡系统，这些平衡系统大多采用 n 中取 k 的系统逻辑结构。系统的逻辑结构指系统的正常运行以特定位置部件处于工作状态为条件，部件的空间位置对系统组成结构、工作条件和可靠性具有决定性作用。很多学者在具有 n 中取 k 逻辑结构的系统可靠性建模和分析方面开展了相关研究，如姜和牛（Chiang & Niu, 1981）[14]、伯姆等（Boehme et al. , 1992）[15]、赵等（Zhao et al. , 2007）[16]、莫等（Mo et al. , 2017）[17]、郭等（Guo et al. , 2018）[18]、彭和肖（Peng & Xiao, 2018）[19]、贝尤和道斯（Beiu & Daus, 2015）[20]、山本和宫川（Yamamoto & Miyakawa, 1995）[21]、哈伊姆和波拉特（Haim & Porat, 1991）[22]、谢和陈（Hsieh & Chen, 2004）[23]、常和黄（Chang & Huang, 2010）[24]等，这些研究成果为平衡系统的扩展深入研究提供了可供借鉴的经验。

在实际工程背景的基础上，本书从不同的角度提出新的系统平衡定义，考虑不同的系统组成结构、复合失效准则、冲击环境、多功能融合、调节平衡受限运行机制等因素，分别构建四类全新的平衡系统并分析其可靠性指标，深入扩展平衡系统的研究，并为平衡系统的后续研究提供一些思路和方向。

2.2 冲击环境下系统可靠性建模研究

工程系统在外部环境中运行时，由于遭受到环境冲击的影响，不可避免地会发生失效。这些冲击可能是较高的温度、外物的摩擦甚至碰撞、超负载和超压等。例如，在地面上运行的汽车轮胎系统，当轮胎系统在路况恶劣的道路上行驶时，轮胎系统所遭受的摩擦和损坏都可以看作是外部冲击，这些冲击将影响轮胎的寿命。为了建模冲击环境下系统的可靠性问题，冲击模型应运而生。冲击模型用于刻画随机环境中运行的系统发生失效、进行维修活动等现象，其核心研究是求解系统失效时间和系统寿命等可靠性指标。冲击模型一直受到可靠性领域学者们的关注，冲击模型的研究成果也非常丰富，冲击模型逐渐成为可靠性数学理论中一个重要的研究话题。然而，平衡系统现有研究均未考虑外部冲击环境对系统状态的影响，因此，为了弥补平衡系统研究的不足，本书第 3 章和第 4 章引入系统运行的外部冲击环境，分别构建受冲击环境影响的性能平衡系统和多态平衡系统，并分析其可靠性指标，因此本节对冲击模型的相关研究进行综述。针对性能平衡系统，本书设计了一个综合性的维修策略，本节对系统冲击模型维修策略做一个简单的综述。PH 分布在冲击环境下的平衡系统可靠性建模与分析中起到了非常重要的作用，本节将简要介绍 PH 分布的概念以及相关性质。

2.2.1 系统冲击模型

1973 年，埃萨里等（Esary et al.，1973）[25]首次研究冲击模型，并假设冲击的到达服从泊松过程。冲击模型研究的核心问题是探究系统在外部随机环境中运行的失效过程。根据系统遭受冲击而失效的不同准则，冲击模型大致可以分为五大类，如表2.1所示。

表2.1   基本冲击模型及其定义

基本冲击模型类型	模型定义
累积冲击模型（cumulative shock model）[26-28]	当系统遭受外部冲击带来的累积损害超过了系统失效阈值时，则系统发生失效
游程冲击模型（run shock model）[29-30]	当系统遭受的连续冲击量游程达到了指定长度时，系统发生失效
极限冲击模型（extreme shock models）[31-33]	当系统遭受的某个冲击量超过了系统可承受的最大阈值时，则系统发生失效
δ - 冲击模型（δ-shock model）[34-36]	当相邻两次冲击到达的时间间隔小于指定阈值δ时，则系统发生失效
混合冲击模型（mixed shock model）[37-40]	由累积冲击模型、游程冲击模型、极限冲击模型和δ - 冲击模型中任意两种冲击模型结合而来。例如，结合了游程冲击模型和δ - 冲击模型的混合冲击模型中，只要以下两个事件中有一个发生，系统就会失效：系统遭受的连续冲击量达到了指定的阈值或者相邻两次冲击到达的时间间隔小于指定阈值

国内外学者从系统组成结构、冲击类型、冲击到达过程、系统失效准则等方面着手，开展了一系列冲击模型的扩展研究，取得了丰硕的研究成果，所关注的系统冲击模型有以下研究进展。

（1）系统失效准则可变的冲击模型

一些工程系统在遭受一定量的冲击损害后，其性能将变差，此时，当后续外部冲击到达时，系统将出现加速失效的情形。通过考虑此实际工程背景，以下学者研究了系统失效准则可变的冲击模型。例如，赵等（Zhao et al.，2018）[41]提出系统失效机制可变的混合冲击模型（累积和游程冲击模型的结合），在该模型中，当系统遭受一定量的冲击损害后，系统寿命出现变点，在出现变点后系统的失效机制将发生变化，系统寿命呈现加速失效的机制，这更加符合实际情况。赵等（Zhao et al.，2018）[42]构建带有自愈机制的两阶段混合冲击模型，模型假设系统在第1

阶段具有自愈性能，系统由于遭受到一定量的冲击损害后，会进入其寿命的第 2 阶段，并将失去自愈性能。

（2）系统（或者部件）多态条件下的冲击模型

很多的实际工程系统由于其较为复杂的系统结构和工作环境，系统（或者部件）呈现多个状态，即系统从完美工作状态到完全失效状态具有两个以上的状态，这样的系统称为多状态系统（multi-state systems, MSSs)[10,43]。针对多态系统的冲击模型，很多学者展开了研究。例如，赵等（Zhao et al.，2018)[44]构建了一个多态冲击模型，其中冲击类型和系统状态均为多态，模型假设当系统状态处于较差状态时，系统将更加容易失效，即系统失效机制有多种可能性。塞戈维亚和拉布（Segovia & Labeau，2013)[45]运用 PH 分布构建多态系统的冲击模型，采用 PH 分布的多个相位来表示系统的多个状态。李和彭（Li & Pham，2005)[46]构建了一个广义多态系统的可靠性冲击模型，该多态系统服从多个竞争失效过程。艾耶尔马兹（Eryilmaz，2005)[47]构建了极限冲击模型下的多态系统，当到达的冲击强度超过灾难性冲击的阈值时，系统将失效；当到达的冲击强度处于某个范围时，系统的状态将变差。

（3）考虑系统自身退化过程的冲击模型

系统自身退化模型和外部随机冲击模型相结合的复合模型，这也是可靠性领域的研究热点。例如，车等（Che et al.，2018)[48]考虑系统自身退化路径和外部冲击到达的相互影响，探究具有竞争失效准则的系统失效过程。当考虑多部件系统内各个部件退化行为互相作用和影响的情形，沈等（Shen et al.，2018)[49]分析了该系统在自身连续退化过程和随机冲击综合作用下的可靠性指标。郝等（Hao et al.，2017)[50]构建了一个综合考虑系统退化和随机冲击的可靠性模型，该模型中系统的失效准则是自身退化程度和随机冲击带来的损害程度的竞争失效准则。林等（Lin et al.，2016)[51]采用多态模型和基于物理的模型来建模系统内部件的退化过程，考虑系统自身退化和随机冲击对系统寿命造成的影响，运用马尔可夫随机过程描述系统的失效过程。

2.2.2 系统冲击模型维修策略

系统在随机冲击环境中运行一段时间后，由于受到环境中各种随机因素的综合作用，系统性能将逐渐退化，甚至出现故障。系统期望功能指用户对系统能力及其程度的要求[52]，维修活动是指为了确保系统可完成其期望功能或使其恢复系统功能所进行的活动。一些常见的工程系统，如军事国防设备、航空航天设备和工业生产制造设备等，这些系统一旦发生故障失效，将带来严重的经济损失甚至造成任务失败，因此对系统实施科学合理的维修活动，有助于降低系统随机发生故障和失效的次数，使系统稳定运行至其合理的使用寿命，从而提高系统的可靠性水平和降低系统故障成本。

目前，故障后维修（corrective maintenance）和预防性维修（preventive maintenance）是两类最常见的维修策略。故障后维修，是指系统发生故障后对其进行维修活动，目的是通过对系统进行修理或者更换部件使其由故障状态恢复到可工作状态，此类维修策略所带来的维修成本通常较高。预防性维修策略，是指在系统仍能正常工作的情况下，为了减少甚至避免系统可能发生的故障对其实施预防性维修，包括系统状态检查、更换已使用一定时间的零部件等，以降低系统发生故障的概率或延长系统使用寿命[53]。故障后维修策略是被动的维修方式，而预防性维修属于计划性的维修策略。

当系统在随机冲击环境下，如何为系统制定合理科学的维修策略成为可靠性工作者关注的重要问题[54]。例如，中川（Nakagawa，2007）在其研究中详细描述了冲击模型的含义及相应的维修策略，包括周期性检测维修和不完美维修等。朱卡和桑切斯·席尔瓦（Junca & Sanchez-Silva，2013）[56]运用复合泊松过程描述由冲击导致的系统退化过程，为此系统设计了一个基于脉冲控制模型的最优维修策略。蒙托罗·卡佐拉和佩雷斯·奥贡（Montoro-Cazorla & Perez-Ocon，2014）[57]考虑冲击具有多个来源，并且冲击来源服从马尔可夫到达过程，假设当系统遭受到一定数量的非致

平
衡
系统可靠性建模与分析

命型冲击后或遭受一个致命性冲击后发生失效，在发生指定的 K 次非致命冲击时对系统进行预防性维修，发生致命冲击时对系统进行故障后维修。查等（Cha et al. ，2017）[58] 为随机冲击环境中运行的系统设计了一个预防性（固定周期替换）维修策略，模型假设冲击对系统寿命和系统输出造成影响。崔和李（Cui & Li，2006）[59] 针对多部件系统的累积冲击模型，设计了一个机会维修策略，当系统内某个部件由于累积冲击超过阈值发生失效时，失效部件和系统内其他部件都将得到维修的机会。埃耶尔马兹（Eryilmaz，2017）假设冲击到达的时间间隔服从 Polya 过程，从而构建了系统的冲击模型，并设计和求解了该模型的最优预防性维修策略。埃耶尔马兹（2017）[61] 运用 PH 分布的相关性质，研究了极限冲击模型、游程冲击模型和通用的极限冲击模型的最优替换策略。

2. 2. 3　PH 分布

PH 分布（phase-type distribution）被定义为具有一个吸收状态的有限状态马尔可夫过程的过程时间分布，它可以有效地将一般分布纳入马尔可夫模型。PH 分布被分为离散型 PH 分布和连续型 PH 分布两大类。由于 PH 分布具有良好的通用性、解析性和运算封闭性，因此 PH 分布广泛地应用于系统冲击模型的研究。例如，对于不同的冲击模型，埃耶尔马兹（2015，2017，2016）[47,61-62]、赵等（2018a，2018b，2018c）、奥孜库提和艾耶尔马兹（Ozkut & Eryilmaz，2019）[63]、龚等（Gong et al. ，2018）、塞戈维亚和拉布（Segovia & Labeau，2013）[45] 等均采用连续型 PH 分布来描绘相邻两个连续冲击之间的时间间隔，系统寿命可以由一个复合随机变量表示，并采用 PH 分布相关性质定理求得系统寿命相关概率指标的解析表达式；蒙托罗·卡佐拉和佩雷斯·奥贡（Montoro Cazorla & Perez Ocon，2010）不仅假设两个连续冲击之间的时间间隔服从 PH 分布，同时系统的维修活动也服从 PH 分布。下面分别简要介绍离散型 PH 分布、连续型 PH 分布和 PH 分布相关定理。PH 分布的更多相关理论可参见纽特斯（Neuts，1981）[66] 和何（He，2014）[67] 的研究。

（1）离散型 PH 分布

假设一个马尔可夫链具有有限的状态空间并有一个吸收态，则离散型 PH 分布表示此马尔可夫链在进入吸收态前转移步数的分布。几何分布、负二项分布和次序几何分布是常见的离散型 PH 分布。服从离散型 PH 分布的随机变量 N 被表示为 $N \sim PH_d(\mathbf{a}, \mathbf{Q})$。如果此马尔可夫链包括 m 个转移态和 1 个吸收态 E_f，则随机变量 N 的概率分布列、累积分布函数和数学期望分别为：

$$P\{N = n\} = \mathbf{a}\mathbf{Q}^{n-1}\mathbf{u}' \tag{2.1}$$

$$P\{N \leqslant n\} = 1 - \mathbf{a}\mathbf{Q}^n\mathbf{e}' \tag{2.2}$$

$$E(N) = \mathbf{a}(\mathbf{I} - \mathbf{Q})^{-1}\mathbf{e}' \tag{2.3}$$

其中，$\mathbf{I}$ 是一个单位矩阵，$\mathbf{I} - \mathbf{Q}$ 是满秩矩阵，$n \in \mathbb{N}^+$，$\mathbf{a} = (a_1, a_2, \cdots, a_m)$ 是初始向量且满足条件 $\sum_{i=1}^{m} a_i = 1$，$\mathbf{e} = (1, 1, \cdots, 1)_{1 \times m}$。矩阵 $\mathbf{Q} = (q_{ij})_{m \times m}$ 表示 m 个转移态之间的转移概率矩阵。矩阵 $\mathbf{u}' = (\mathbf{I} - \mathbf{Q})\mathbf{e}'$ 表示转移态到吸收态的转移概率矩阵。

（2）连续型 PH 分布

$X \sim PH_c(\boldsymbol{\beta}, \mathbf{A})$ 表示随机变量 X 服从一个连续型 PH 分布。常见的连续型 PH 分布包括指数分布、爱尔朗分布、广义爱尔朗分布和 Coxian 分布。随机变量 X 的分布函数表示为：

$$F(x) = P\{X \leqslant x\} = 1 - \boldsymbol{\beta}\exp(\mathbf{A}x)\mathbf{e}' \tag{2.4}$$

其中，$m \times m$ 维的矩阵 $\mathbf{A}$ 的对角线元素是负值，非对角线元素是非负值。矩阵 $\mathbf{A}$ 所有行的元素之和是非正的。随机变量 X 的概率密度函数为：

$$f(x) = \boldsymbol{\beta}\exp(\mathbf{A}x)\mathbf{a}^0 \tag{2.5}$$

其中，$\mathbf{a}^0 = -\mathbf{A}\mathbf{e}'$。

随机变量 X 的数学期望为：

$$E(X) = -(\boldsymbol{\beta}\mathbf{A}^{-1}\mathbf{e}') \tag{2.6}$$

其中，矩阵 $\mathbf{A}$ 是满秩矩阵。

（3）PH 分布相关定理

下面列举两个本书中用到的 PH 分布的定理，证明过程可参见何（He，2014）[67]。

定理 2.1 假设两个相互独立的随机变量 X_1 和 X_2 均服从连续型 PH 分布，分别表示为 $X_1 \sim PH_c(\boldsymbol{\beta}_1, \mathbf{A}_1)$ 和 $X_2 \sim PH_c(\boldsymbol{\beta}_2, \mathbf{A}_2)$，则：

$$X_1 + X_2 \sim PH_c\left((\boldsymbol{\beta}_1, (1 - \boldsymbol{\beta}_1 \mathbf{e}')\boldsymbol{\beta}_2), \begin{bmatrix} \mathbf{A}_1 & \mathbf{a}^0\boldsymbol{\beta}_2 \\ 0 & \mathbf{A}_2 \end{bmatrix} \right) \tag{2.7}$$

其中，$\mathbf{a}^0 = -\mathbf{A}_1\mathbf{e}'$。

定理 2.2 假设随机变量 N 服从离散型 PH 分布，表示为 $N \sim PH_d(\boldsymbol{\alpha}, \mathbf{Q})$，另一组相互独立的随机变量 $X_i(i = 1, 2, \cdots)$ 服从连续型 PH 分布，表示为 $X_i \sim PH_c(\boldsymbol{\beta}, \mathbf{A})$。$\boldsymbol{\alpha}$ 和 $\boldsymbol{\beta}$ 均是随机向量，并且分别满足条件 $\boldsymbol{\alpha}\mathbf{e}' = 1$ 和 $\boldsymbol{\beta}\mathbf{e}' = 1$，则可求得：

$$\sum_{i=1}^{N} X_i \sim PH_c(\boldsymbol{\beta} \otimes \boldsymbol{\alpha}, \ \mathbf{A} \otimes \mathbf{I} + (\mathbf{a}^0\boldsymbol{\beta}) \otimes \mathbf{Q}) \tag{2.8}$$

其中，$\mathbf{I}$ 表示单位矩阵，$\mathbf{a}^0 = -\mathbf{A}\mathbf{e}'$，$\otimes$ 是一个 Kronecker 乘积。

2.3　系统运维策略研究现状

2.3.1　平衡调节策略

在实际工程应用中，一些关键设备需要在运行过程中时刻保持平衡，以保证系统运行的平稳性及可靠性。例如，装配生产线系统，一个完整的装配生产线通常包含多道装配工序，由于不同工序所使用的设备在制作工艺、操作方法、运行环境等方面均有差异，导致系统运行一段时间后，不同加工设备性能水平不同，每道工序的作业效率也不同，若不及时加以调整，就会出现产能过剩或等待浪费等现象，因此在实际生产中会对装配生产线的各道工序进行性能监测与分析，适时调整不同工序的工作载荷，实现生产线的整体效率均衡，提高整体利用率，降低性能损耗，节约运行费用。因此，平衡系统的平衡调节问题是十分重要的。

在现有研究中，对于平衡系统调节策略的研究还较为有限，而且关于平衡调节策略的研究主要都是围绕基于部件位置和数量的平衡系统展开。针对基于部件位置的平衡系统，在华和埃尔赛义德（Hua & Elsayed，2016）[68]的研究中，如果有一个部件失效，可以通过关闭其对称位置的部件来保持这一对部件同时工作或失效，以使系统在运行过程中时刻保持平衡。针对基于部件数量的平衡系统，在崔等（Cui et al.，2008）[69]构建的包含 m 个区的 n 中取 k（F）平衡系统中，当某个分区内有一个部件失效时，可以通过关闭或重启其他分区内的部件来保证各个分区内工作部件数量相等，从而保证系统平衡；赵等（Zhao et al.，2020）[70]构建了包含多个功能区的平衡系统，并考虑了部件关闭之后温贮备的情形；王等（Wang et al.，2020）[71]考虑了部件的关闭和重启功能可能受到限制的情况，对平衡系统可靠性也造成一定影响。

而针对基于部件状态的平衡系统，现有研究还没有关注其平衡调节策略。然而，由于许多工程系统在运行过程中的失衡会导致严重后果，因此，本书以此为关注点，对基于部件状态的多态平衡系统调节策略的设计与优化问题开展了相关研究。

2.3.2　部件交换策略

在工程实践中，有一类系统由多个部件组成，且系统中不同位置上部件的结构和功能相同，可以互相替换。由于部件处于不同位置时的运行载荷和工作环境不同，在系统长时间运行后，会导致不同部件的工作性能呈现出较大差异。例如，对于前驱的四轮汽车，两个前轮（驱动轮）往往比两个后轮（非驱动轮）磨损得快，而且发动机等部件通常在汽车的前方，导致前轮的负载要比后轮大，另外前轮需要带动汽车转向，受到的侧向力和摩擦力也更大；此外，由于转动力矩的作用，左右轮胎在前后轴上的法向力不同，导致左右轮胎的磨损程度和故障率也不同[72-73]。

为了使汽车的四轮磨损均匀，提高汽车轮胎整体的使用寿命，同时保证汽车性能，保障行车安全，通常需要在汽车行驶了一定里程或一定时间后进行轮胎换位操作[74]。又如，在水处理系统中，通常包含多个快速重力过滤器，由于来自不同渠道的污水受污染程度不同，为过滤器带来的工作负载也不同，在长时间使用后，可以通过交换快速中立过滤器的污水来源来实现部件交换，使不同过滤器的工作效率均匀退化，提高污水处理系统整体使用寿命。基于以上实际问题，朱等（Zhu et al.，2020）[75]提出了多部件系统的部件交换策略问题，并对部件交换时刻和方案进行了优化。

在部件交换策略问题的研究中，主要包含三个关键要素：系统自身结构、部件退化规律和部件交换策略。在系统自身结构方面，已有的研究主要集中于一些较为传统的结构，如串联系统[75-77]、并联系统[75]、n 中取 k 系统[75,78]等。付等（Fu et al.，2019）[78]提出了退化型 n 中取 θ_s 系统和连续退化型 n 中取 θ_s 系统，该项研究中给出了相应的结构函数和特定的约束条件来说明他们提出的优化模型。在部件退化规律方面，目前的研究通常采用退化路径模型（degradation-path model）来描述部件的退化过程，部件的退化程度往往随时间增加而加重，通过构建不同的退化路径函数，可以描述不同的退化模式。这些研究将部件的内部退化视为状态退化的主要原因，而对于一些在恶劣环境下工作的系统，严重的外部冲击对其带来的影响可能远大于自身损耗，成为部件性能退化的主要因素，现有研究对在冲击环境下工作的系统的部件交换策略没有涉及。在部件交换策略方面，可以将现有研究分为两类：一是针对不可修系统设计的部件交换策略。例如，朱等（2020）[75]构建了不可修的退化系统，该系统由多个同型可交换部件组成，其退化过程用退化路径模型来描述，在部件交换优化模型中，目标函数是系统寿命最大化，决策变量是部件交换的时间和具体交换方案；付等（2019）[78]考虑了包含部件热退化和冷退化两种情形的不可修系统，构建了以提高系统寿命为目标函数的优化模型，提出了一种基于重要度的求解方法。二是针对可修系统设计的部件交换和系统维修相结合的策略。例如，付等（2019）[77]为可修串联系统设计了一种结合周期性预防性维修、周期性部件交换和紧急情形下小修的综合维修策略；孙等（Sun et al.，2019）[76]为串联系统设计了一种包含部件交换和视情维修的综合维修策略；付等（2020）[79]设计了在小修费用随时间增加而增加的情形下部件交换和周期性预防维修的综合维修策略。

在已有的部件交换策略研究中，主要集中于比较基础的系统结构如串联系统、并联系统等，且在部件退化规律方面主要考虑了部件自身退化，没有考虑外部环境因素对部件状态退化的影响，因此本书将对冲击环境下多态平衡系统的部件交换策略问题开展研究。

2.3.3 任务终止策略

有些工程系统往往需要在一段规定时间内执行一项特定的任务[80-84]。例如，军用无人机系统需要在规定时间内完成侦察任务，航天测控系统需要在规定时间内完成对卫星的测轨、定位等任务。为准确衡量任务的执行情况从而对系统进行指挥控制，通常可以用任务可靠度（mission success probability）这一指标来表示系统能够成功完成任务的概率[85]。但对于一些安全关键型系统来说，系统一旦失效，将造成难以预估的损失。例如，军用无人机系统若坠毁，可能会造成情报泄露等严重后果，因此，保障此类系统的安全往往比成功执行任务更为重要。为判断系统的生存能力，通常用系统生存概率（system survivability）这一指标来表示系统在执行任务期间能够正常工作的概率。在这种情况下，由于系统的性能水平会随着任务执行逐渐退化，导致系统生存概率逐渐降低，所以往往会在系统的性能退化到一定程度时直接终止任务，并对系统采取救援措施以保障系统安全[86-88]。

对于任务终止问题的研究主要涉及两个要点：系统运行特点和任务终止条件。系统运行特点包括系统结构、系统运行环境等，系统结构主要包括一些基本的结构类型，如串联系统[89]、n 中取 k 系统[90]、贮备系统[91-92]等，目前对平衡系统任务终止策略的研究较为有限，仅吴等（Wu et al.，2021)[93]针对基于部件数量的平衡系统设计了任务终止策略；系统运行环境包括只考虑系统内部退化[94]和系统遭受外部冲击[85]两种情形。任务终止条件是指需要进行任务终止时系统运行时间或性能水平达到的条件，通常要根据系统运行特点事先确定一个或多个观测指标，当该指标达到某阈值时，便终止任务同时开展救援活动。本书的研究对象为多态平衡系统，属于多态多部件系统，针对多态系统，可以将系统状态作为任务终止指标，如赵等（2020)[94]以退化系统为研究对象，以系统状态为任务终止阈值，设计了任务终止和检测策略；针对多部件系统，通常可以将系统中的失效部件数作为任务终止指标，如杨等（Yang et al.，2020)[95]考虑了具有贮备部件的系统，以贮备部件状态和失效部件个数同时作为任务终止阈值，并对其进行了优化；针对冲击环境下运行的系统，可以将冲击次数视为任务终止指标，如列维京等（Levitin et al.，2021)[96]以冲击环境下执行多尝试任务的可修系统为研究对象，以冲击次数为任务终止阈值，为其设计了任务终止策略。

在现有文献中，针对基于部件状态平衡系统的任务终止问题尚未开展研究，因此本书将对多态平衡系统进行任务终止策略研究，并根据平衡系统的特点，设计新的任务终止指标，对任务终止阈值进行优化。

2.4　系统可靠性相关概念与分析方法

本节将回顾可靠性理论的发展，介绍可靠性工作的作用以及基本内容，并阐述本书中所涉及的可靠性指标定义。在对系统进行可靠性分析和评估时，在构建适当的可靠性模型对系统进行分析和描述后，还需要确定采用哪一个系统可靠性分析方法对系统可靠性相关指标进行计算，即明确系统可靠性分析的方法。由于系统可靠性分析是可靠性领域的研究热点，系统可靠性分析方面的研究成果丰硕，并且学者们不断对可靠性分析方法进行探索和改进，因此系统可靠性分析方法多种多样，如随机微分方程[97-98]、随机过程方法[99-103]、Monte Carlo 仿真模拟方法[104-107]、通用生成函数法[108-112]、最小路集（割集）方法[113-116]、图论的方法[117-119]、近似算法[120-122]、递推方程算法[123-126]等。在本书的研究中，主要采用的可靠性分析方法是有限马尔可夫链嵌入法、马尔可夫过程嵌入法及通用生成函数法，在 2.4.2 – 2.4.4 三个小节详细地介绍和综述这三个方法。

2.4.1　系统可靠性相关概念

可靠性相关研究诞生于 20 世纪 40 年代末，起源于军用设备的故障问题，至今已有 70 多年的历史。经过半个多世纪的发展，可靠性理论取得了重要的进展，已日臻成熟，逐步形成了包括狭义可靠性、维修性、测试性、保障性、安全性五个方面为主要内容的技术体系。可靠性理论是以产品寿命特征为研究对象的一门综合学科，涉及基础科学、技术科学和管理科学等许多领域[1]。根据国际标准化组织（ISO 8402）的定义，可靠性是指系统在给定的环境和运行条件下和在给定的时间内完成规定功能的能力[127]。随着工业技术的发展，工程系统日益向大型化、复杂化和微观化等方向发展，如航空、航天、国防、能源等重大工程领域所涉及的系统，此外，新技术、新材料和新工艺的不断涌现，工程系统更新速度快，使得这些复杂系统的可靠性问题变得更为突出。为了保证产品或系统能够安全生产和稳定运行，必须引入可靠性理论对其进行分析和评估[128]。开展可靠性工作有助于降低这些工程系统的失效率以及故障损失，提升系统的可靠性水平。

可靠性工作通常包括可靠性论证、可靠性分析、可靠性设计、可靠性试验以及评价、生产过程的可靠性控制和使用维护阶段的可靠性数据收集、处理与评估等工作[129]。其中，在系统可靠性分析的工作中，需要选用能够反映系统可靠程度和性能的指标来评估系统可靠性。系统可靠性指标用于以定量的方式刻画系统可靠程度，可以有效地获悉系统寿命的变化规律，并对系统维修策略和系统优化设计的制定提供依据和支撑。系统可靠性指标通常包括可靠度、可用度、系统平均寿命、失效率、首次故障时间分布、平均开工/停工时间等。下面简要介绍本书中涉及的可靠性指标，即系统可靠度和系统平均寿命。

系统可靠度：产品在规定的条件下、在规定的时间内，完成规定功能的概率。通常采用一个非负随机变量 X 表示系统寿命，其分布函数为：

$$F(t) = P\{X \leqslant t\}, \ t \geqslant 0 \tag{2.9}$$

在获得系统寿命的分布函数 $F(t)$ 后，便可以得到在时刻 t 前系统正常工作，也就是系统不发生失效的概率为：

$$R(t) = P\{X > t\} = 1 - P\{X \leqslant t\} = 1 - F(t) \tag{2.10}$$

其中，我们称 $R(t)$ 为系统的可靠度函数或可靠度。

对于给定的系统，当确定了系统寿命 X 这个随机变量后，则系统的平均寿命可由下式求得：

$$E(X) = \int_0^\infty t \mathrm{d}F(t) \tag{2.11}$$

系统的平均寿命可以进一步写成：

$$E(X) = \int_0^\infty [1 - F(t)] \mathrm{d}t = \int_0^\infty R(t) \mathrm{d}t \tag{2.12}$$

2.4.2 有限马尔可夫链嵌入法

有限马尔可夫链嵌入法（finite Markov chain imbedding approach，FMCIA）的相关研究开始于 1986 年。付（Fu, 1986）[130] 首次提出 FMCIA 方法，将其用于分析和计算 n 中取连续 $k(F)$ 系统的可靠性，这篇文章代表了 FMCIA 方法雏形的诞生。随后，付和科特拉斯（Fu & Koutras, 1994）[131] 在 1994 年发表了游程分布理论的研究成果，该方法才正式被命名为有限马尔可夫链嵌入法。在解决和建模可靠性领域相关研究问题上，此方法被证明具有高效性和准确性[132-133]，从此成为非常流行并且有效的建模方法。崔等（2010）[134] 和吴（2013）[135] 分别详尽地综述了 FMCIA 方法在可靠性领域的应用和发展。

在系统可靠性模型构建和分析方面，应用 FMCIA 方法的成果非常丰富。考虑不同的系统结构和不同的系统失效准则等，很多学者运用FMCIA展开了相关研究，评估和分析各类系统的可靠性[24,136-144]。例如，针对多态系统，赵和崔（Zhao & Cui, 2010）[140]运用 FMCIA 分析广义多态 n 中取 $k(\mathrm{F})$ 系统的可靠性，给出系统状态分布的统一表达式；赵等（2012）[142]运用 FMCIA 分析多态连续 k 系统的可靠性，给出系统状态分布的统一表达式，以及系统某个状态出现的等待时间期望、概率分布列和分布函数；赵等（2011）[145]采用 FMCIA 分析二维连续 n 中取 $k(\mathrm{F})$ 系统的可靠性，在该系统中的部件和系统的状态都分为工作、部分工作和失效。关于考虑部件相依关系的研究，崔等（2006）[137]利用 FMCIA 求得 (n,f,k) 和 $\langle n,f,k \rangle$ 系统的可靠度计算公式，该系统中部件具有马尔可夫相依的关系；林等（Lin et al., 2016）[141]考虑相邻两个子区域共用一个部件的特点，构建了 n_r 中取连续 $k_\mathrm{r}(\mathrm{F})$ 折线形模型和多边形模型，并采用 FMCIA 分析两个模型的可靠性指标。

在系统冲击模型相关研究中，一些学者运用 FMCIA 方法建模系统在随机外部冲击环境下的失效过程。赵等（2018a）[41]基于 FMCIA 方法，研究了带转折点的混合冲击模型；赵等（2018b）[42]运用 FMCIA 方法分析带转折点和自愈性能的两阶段冲击模型，并求得一系列概率指标的解析表达式；赵等（2018c）[44]采用 FMCIA 方法分析失效规则可变的多态冲击模型，在该冲击模型中冲击类型和系统状态可分为多态。此外，FMCIA 方法也广泛地应用于以下方面的研究：系统启动验证试验[13,146-153]、质量控制[154-157]、负二项分布扩展研究[158-159]、DNA 序列分析[160-161]、游程理论和扫描统计量研究[162-163]等。

运用 FMCIA 方法对系统可靠性进行建模的基本思路是：当在系统中加入一个部件时，该部件的状态将对整个系统的状态产生影响，并且系统状态之间的转移规律具有马尔可夫性质[128]。建模的基本步骤包括以下三步：第一，基于研究的实际问题，构建恰当的马尔可夫链用于刻画系统状态变化的情况；第二，基于所研究系统的特点，当系统中加入一个部件时，明确所定义的马尔可夫链各个状态之间的转移规则；第三，基于 Chapman-Kolmogorov 方程，推导求得系统可靠度的解析表达式。下面以一个简单的 n 中取连续 $k(\mathrm{F})$ 系统为示例阐述运用 FMCIA 进行系统可靠性建模的步骤。n 中取连续 $k(\mathrm{F})$ 系统由 n 部件组成，其部件按线形排列并按顺序标号为部件 $1,2,\cdots,n$。当系统中连续失效部件的数量达到 k 个时，系统发生失效。

第一，定义随机变量 S_m 表示系统中前 m 个部件中连续失效部件的数量。构建与随机变量 S_m 相关的马尔可夫链 $\{X_m, m=1,2,\cdots,n\}$。系统的状态空间为 $\Omega_1 = \{s, 0 \leqslant s < k\} \cup \{E_f\}$。$E_f$ 是马尔可夫链 $\{X_m, m=1,2,\cdots, n\}$ 的吸收态，表示系统发生失效。$X_m = s$ 表示系统的前 m 个部件中共有 s 个连续失效部件。

第二，q_m 表示系统中第 m 个部件失效的概率，则系统各个状态之间的转移规则如下所示：

① 当 $0 \leqslant s < k-1$ 时，$P\{X_m = s+1 | X_{m-1} = s\} = q_m$；

② 当 $0 \leqslant s < k$ 时，$P\{X_m = 0 | X_{m-1} = s\} = 1 - q_m$；

③ 当 $s = k-1$ 时，$P\{X_m = E_f | X_{m-1} = s\} = q_m$；

④ $P\{X_m = E_f | X_{m-1} = E_f\} = 1$；

⑤ 其他概率均为零。

当确定系统各状态之间的转移规则后，可以求得相应的一步转移概率矩阵 Λ_m。

第三，基于 Chapman-Kolmogorov 方程，n 中取连续 $k(\mathrm{F})$ 系统可靠度计算公式为 $R_{sys} = \boldsymbol{\pi}_0 \prod_{m=1}^{n} \Lambda_m \mathbf{e}^T$，其中，$\boldsymbol{\pi}_0 = (1,0,\cdots,0)_{1 \times (k+1)}$，$\mathbf{e} = (1,\cdots, 1,0)_{1 \times (k+1)}$。

2.4.3　马尔可夫过程嵌入法

本书采用马尔可夫过程嵌入法（markov processes imbedding approach，MPIA）分析和推导平衡系统可靠性相关概率指标。马尔可夫过程嵌入法与有限马尔可夫链方法相似，但也有不同之处。在马尔可夫过程嵌入法中，时间是连续的，状态空间的状态是离散的。在系统可靠性分析方面，马尔可夫过程嵌入法是一个有效的方法，例如，崔等（2018a，2018b）采用马尔可夫过程嵌入法分析两种类型平衡系统的可靠性；霍克斯等（Hawkes et al.，2011）[164]运用有限状态的马尔可夫随机过程建模具有两个转换机制的系统运行过程，并推导出系统可靠度的计算公式；沈和崔（Shen & Cui，2016）[165]构建了一个具有 K 个运行机制的系统可靠性模型，采用带有 K 个不同转移率矩阵的马尔可夫过程分析系统的可靠性等。

本书所采用的马尔可夫过程是指状态空间是离散的，但时间是连续变化的连续时间马尔可夫过程。运用马尔可夫过程嵌入法分析系统可靠性的基本步骤包括以下三步：第一，以系统的运行实际情况为基础，构建恰当的随机点过程，用于描绘系统状态变化的情况；第二，基于所研究系统的运行机制，明确系统各个状态之间的转移规则；第三，当得到系统各个状态之间的转移率矩阵后，推导系统可靠度的计算公式。下面以一个简单的 n 中取 $k(\mathrm{F})$ 系统为例阐述马尔可夫过程嵌入法在系统可靠性分析中的应用。n 中取 $k(\mathrm{F})$ 系统由 n 个部件构成，系统中部件的寿命均服从失效率为 λ 的指数分布，当该系统中失效部件的数量达到 k 个时，则系统发生失效。

第一，为了描述系统运行过程，构建随机点过程 $\{Y(t)\} = v$，其中 v 表示系统状态，即系统中失效部件的个数。假设 F_s 代表系统的失效状态，即系统中失效部件的数目达到 k 个。

第二，n 中取 $k(\mathrm{F})$ 系统各个状态之间的转移规则如下所示：

① 当 $0 \leqslant v < k-1$ 时，转移情景为 $v \to v+1$，相应的转移率为 $(n-v)\lambda$；

② 当 $v = k-1$ 时，转移情景为 $v \to F_s$，相应的转移率为 $(n-k+1)\lambda$；

③ 其他转移率均为零。

根据上述系统各个状态之间的转移规则，可以得到系统各个状态之间的转移率矩阵 $\mathbf{Q}$。

第三，系统可靠度函数表示为 $R(t) = \boldsymbol{\pi}_0 \exp(\mathbf{Q}t) \mathbf{I}^T$，其中，$\boldsymbol{\pi}_0 = (1,0,\cdots,0)_{1 \times k}$，$\mathbf{I} = (1,1,\cdots,1)_{1 \times k}$。

2.4.4　通用生成函数法

1986 年，乌沙科夫（Ushakov，1986）[166] 首次提出通用生成函数
（universal generating function，UGF）理论，UGF 的基本思想是采用多项
式表示离散随机变量，基于系统的组成结构及具体的模型描述假设，定
义离散随机变量的运算规则及多项式的组合算子，然后利用递归运算得
到系统的通用生成函数。UGF 在多状态离散系统可靠性分析方面是一个
非常有效的工具[167]。例如，列维京（Levitin，2005）[168] 全面地总结了
UGF 的数学基础理论，并以一些实际的多态系统为例，阐释如何运用
UGF 求解这些系统的可靠度指标。考虑部件之间的相依性，列维京
（2004）[169] 运用 UGF 方法求得多态系统可靠度的解析表达式。列维京和
李斯尼安斯基（Levitin & Lisnianski，1999）[170] 运用 UGF 方法完成了串并
联多态系统可靠性重要度分析以及系统输出性能指标灵敏度分析。欧尚
尼（Ossai，2019）[171] 运用 UGF 方法分析可修多态系统在不同的维修策略
活动下的可靠性指标。贾法尔和菲安妮德拉（Jafary & Fiondella，2016）[110]
考虑多态部件之间的关联性，运用 UGF 方法分析了多态系统的可靠性。
此外，UGF 方法被广泛地应用于总线型共享系统的可靠性分析研究。例
如，列维京（2011）[172] 运用 UGF 方法研究了串联总线型共享系统的可靠
性；肖和彭（Xiao & Peng，2014）[173] 采用 UGF 方法研究了串并联总线型
共享系统的可靠性问题；余等（Yu et al.，2014）[174] 考虑总线型共享型
系统是可修系统，运用 UGF 方法求得该系统可靠度的解析表达式；赵等
（Zhao et al.，2018）[111] 运用 UGF 方法分析了 n 中取 $k(G)$ 多态总线型
享系统的可靠性；彭（Peng，2019）[175] 运用 UGF 方法分析了具有层级式
共享组的多态系统的可靠性指标。下面简要介绍通用生成函数法的基础
理论，包括通用生成函数基本定义和组合算子性质。

假设 $X_1,X_2,\cdots,X_n$ 是 n 个相互独立的离散型随机变量，$\mathbf{x}_i = \{x_{i0},x_{i1},\cdots,$
$x_{im_i}\}$ 和 $\mathbf{p}_i = \{p_{i0},p_{i1},\cdots,p_{im_i}\}$ 共同组成了随机变量 X_i 的概率分布列，其中
$p_{ij} = P\{X_i = x_{ij}\}, j = 0,1,\cdots,m_i$。为了求得任意函数 $f(X_1,X_2,\cdots,X_n)$ 的概率

分布列，即需要明确该函数所有可能的取值以及各取值对应的概率。参数组合$(X_1, X_2, \cdots, X_n)$共计组合数为：

$$K = \prod_{i=1}^{n} (m_i + 1) \tag{2.13}$$

其中，$m_i + 1$ 代表变量 X_i 可能取值的总数。随机变量的第 j 次组合对应的函数值为 $f_j = f(x_{1j_1}, x_{2j_2}, \cdots, x_{nj_n})$，由于 n 个随机变量是相互独立的，则其概率表示为：

$$q_j = \prod_{i=1}^{n} p_{ij_i} \tag{2.14}$$

不同的参数组合可能会产生同样的函数值，则 $f(X_1, X_2, \cdots, X_n)$ 取得某值的概率等于该值所对应的所有参数组合概率的和。A_h 表示函数 f_h 对应的所有参数组合的集合，函数 $f(X_1, X_2, \cdots, X_n)$ 可取不同值的总数为 H，则函数 f 的概率分布列为：

$$\mathbf{y} = (f_h : 1 \leqslant h \leqslant H), \mathbf{q} = \left(\sum_{(x_{1j_1}, x_{2j_2}, \cdots, x_{nj_n}) \in A_h} \prod_{i=1}^{n} p_{ij_i} : 1 \leqslant h \leqslant H \right) \tag{2.15}$$

z 变换用于随机变量及其状态数量较大的情景。z 变换和组合算子相结合的方法就是通用生成函数法。随机变量 X_i 的概率分布列为 $\mathbf{x}_i = \{x_{i0}, x_{i1}, \cdots, x_{im_i}\}$，$\mathbf{p}_i = \{p_{i0}, p_{i1}, \cdots, p_{im_i}\}$。随机变量 X_i 的 z 变换可以表示为：

$$U_i(z) = p_{i0}z^{x_{i0}} + p_{i1}z^{x_{i1}} + \cdots + p_{im_i}z^{x_{im_i}} = \sum_{j=0}^{m_i} p_{ij}z^{x_{ij}} \tag{2.16}$$

在式（2.16）中，变量 z 用于区分随机变量 X_i 可能的取值及其相应的概率。在获得单个随机变量 X_i 的 z 变换后，可以求得函数 $f(X_1, X_2, \cdots, X_n)$ 在组合算子 $\underset{f}{\otimes}$ 作用下的 z 变换：

$$U(z) = \underset{f}{\otimes} (U_1(z), U_2(z), \cdots, U_n(z))$$

$$= \underset{f}{\otimes} \left(\sum_{j_1=0}^{m_1} p_{1j_1}z^{x_{1j_1}}, \sum_{j_2=0}^{m_2} p_{2j_2}z^{x_{2j_2}}, \cdots, \sum_{j_n=0}^{m_n} p_{nj_n}z^{x_{nj_n}} \right)$$

$$= \sum_{j_1=0}^{m_1} \sum_{j_2=0}^{m_2} \cdots \sum_{j_n=0}^{m_n} \left(\prod_{i=1}^{n} p_{ij_i} z^{f(x_{1j_1}, x_{2j_2}, \cdots, x_{nj_n})} \right) \qquad (2.17)$$

组合算子 $\underset{f}{\otimes}$ 具有的性质取决于函数 $f(X_1, X_2, \cdots, X_n)$ 的性质，如下所示。

① 若函数具有迭代性，即 $f(X_1, X_2, \cdots, X_n) = f(f(X_1, X_2, \cdots, X_{n-1}), X_n)$，则组合算子 $\underset{f}{\otimes}$ 也具有迭代性，表示为：

$$\begin{aligned} U(z) &= \underset{f}{\otimes} (U_1(z), U_2(z), \cdots, U_n(z)) \\ &= \underset{f}{\otimes} (\underset{f}{\otimes} (U_1(z), U_2(z), \cdots, U_{n-1}(z)), U_n(z)) \qquad (2.18) \end{aligned}$$

② 若函数 f 具有结合性，即：

$$f(X_1, \cdots, X_j, X_{j+1}, \cdots, X_n) = f(f(X_1, \cdots, X_j), f(X_{j+1}, \cdots, X_n))$$

则对于任意 j，组合算子 $\underset{f}{\otimes}$ 也具有组合性，表示为：

$$\begin{aligned} &\underset{f}{\otimes} (U_1(z), U_2(z), \cdots, U_n(z)) \\ &= \underset{f}{\otimes} (\underset{f}{\otimes} (U_1(z), \cdots, U_{j-1}(z)), \underset{f}{\otimes} (U_j(z), \cdots, U_n(z))) \qquad (2.19) \end{aligned}$$

③ 如果函数 f 具有交换性，即：

$$f(X_1, \cdots, X_j, X_{j+1}, \cdots, X_n) = f(X_1, \cdots, X_{j+1}, X_j, \cdots, X_n)$$

则对于任意 j，组合算子 $\underset{f}{\otimes}$ 也具有交换性，表示为：

$$\begin{aligned} &\underset{f}{\otimes} (U_1(z), \cdots, U_j(z), U_{j+1}(z), \cdots, U_n(z)) \\ &= \underset{f}{\otimes} (U_1(z), \cdots, U_{j+1}(z), U_j(z), \cdots, U_n(z)) \qquad (2.20) \end{aligned}$$

2.5 本章小结

本章以本书的主要研究内容为出发点，首先，全面分析了平衡系统可靠性建模与分析的发展现状和未来发展趋势，并详细论述了现有研究，主要包括以多旋翼无人机系统为典型应用的平衡系统可靠性模型、以更一般化的平衡定义为核心的平衡系统可靠性模型和以系统平衡结果为系统状态判定依据的平衡系统可靠性模型。其次，以受冲击环境影响的系统为研究对象，阐述系统冲击模型现有研究，并总结系统冲击模型的相关维修策略。此外，本章简要地介绍了 PH 分布基本概念和定理，为本书开展研究工作奠定理论基础。最后，针对本书主要采用的系统可靠性建模和分析的三个方法，分别综述了三个方法的已有研究现状，并给出每个方法的相关概念和核心内容。

第 *3* 章

性能平衡系统可靠性建模与分析

3.1 引言

    在实际工程应用中，一些工程系统由于性能失衡而发生失效，这种实际工程情形广泛见于储能工程领域，其中以新能源电动汽车的"电池均衡"问题最为典型。"电池均衡"问题一直以来是电动汽车电池厂家面临的一个重大难题，它将导致电动车出现续航里程不足、充电电量达不到标称电量等问题[176]。众所周知，在电动汽车的使用过程中，每一次的充电或放电都将对电池组中的电池带来损耗，则每一次的充电或放电都可以看作对电池的冲击[177]。此外，对电动汽车电池来说，过热或过冷的外部环境也可看作是对电池的冲击。对于每一块电池而言，到达的冲击以一定的概率对其造成损害，以另一个概率对电池不造成损害。当电池组系统遭受一定量的冲击后，由于冲击带来的累积损害程度不同，所有的电池将处于不同的电荷状态（state of charge，SOC）。由于受到严重的冲击损害，电池组中一些电池处于非常差的电荷状态，即较差的运行性能状态。如果电池组中的电池采用串联连接方式，整个电池组的性能则取决于处于较差工作状态电池的性能[178]。电动汽车电池组的电池均衡问题指各个电池性能之间的差异性将加重各个电池运行性能的不均衡，从而导致整个电池组系统的加速失效[179-180]。

以电动汽车电池组系统的"电池均衡"为例，本章建模储能工程系统的性能平衡问题，构建了性能平衡系统可靠性模型。在性能平衡系统中，系统由 n 个部件串联组成，各个部件的生命周期被分成两个阶段，当处于较差工作阶段（第二阶段）的部件位置和数量集中在系统内某一范围内时，这些处于较差工作状态的部件将继续分担系统中的工作负载，此时这些部件会进入加速失效的过程，而系统也会进入加速失效的过程。本书将此情形定义为系统失去性能平衡，并且此时系统由于失去性能平衡而停止工作，需要进行维修。本章构建了三个系统失去性能平衡的竞争判定准则，如果处于较差工作阶段的部件位置和数量满足任何一个失去性能平衡的判定准则，则整个系统因失去性能平衡而停止工作。此外，单个部件失效也可能引起整个系统失效。通过改进有限马尔可夫链嵌入法，本章首次采用两步有限马尔可夫链嵌入法分析性能平衡系统的一系列概率指标，如系统可靠度和期望冲击长度等。针对性能平衡系统，本章设计了一个包括预防性维修、故障后维修和机会维修的综合性维修策略；以最小化单位时间内维修成本为目标函数，构建了维修策略参数优化模型，并采用仿真的方法获得相应的近似模型最优解。本章最后以电动汽车电池组系统为例验证所建模型和维修策略的有效性，并给出了丰富的算例对各个模型参数进行灵敏度分析。

给出本章所用符号的含义：

X_i 具有一般连续型 PH 分布的独立同分布随机变量，表示第 $i-1$ 次和第 i 次（$i=1,2,\cdots$）冲击之间的时间间隔。

n 系统中部件的个数。

L 系统遭受的冲击个数。

d_1 两个带稀疏 d_1 的连续有效冲击之间无效冲击的最大值。

d_2 两个带稀疏 d_2 连续处于第二阶段部件之间处于第一阶段部件的最大值。

k_{c1}　　使部件生命周期达到变点所需的带稀疏 d_1 的连续有效冲击的数目。

k_{c2}　　使部件失效的连续有效冲击的数目。

k_t　　使部件失效的累积有效冲击的数目。

b_{cw}　　造成系统性能失衡的连续处于第二阶段部件的数目。

b_{cdw}　　造成系统性能失衡的带稀疏 d_2 连续处于第二阶段部件的数目。

b_{tw}　　造成系统性能失衡的累积处于第二阶段部件的数目。

c_{ins}　　预防性维修的观测成本。

c_r　　替换失效部件的成本。

c_2　　修复处于第二阶段部件的成本。

T_p　　预防性维修的观测周期。

T_{fc}　　由单个部件失效而导致系统失效时的系统寿命。

T_{fs}　　由系统失去性能平衡而导致系统失效时的系统寿命。

PH_d　　离散型 PH 分布。

PH_c　　连续型 PH 分布。

3.2　模型假设和模型描述

　　本书考虑一个多部件串联系统，系统由 n 个部件构成。在系统运行过程中，系统中的部件随时遭受外部环境中随机冲击的影响，而这些冲击可能会给部件带来有效的损害。因此，冲击可以分为两个类型——有效冲击和无效冲击。有效冲击会给部件带来一定程度的损害，无效冲击不会给部件带来损害。在冲击的到达序列中，本书用"1"表示有效冲击，用"0"代表无效冲击。对于系统中第 i 个部件来说，有效冲击发生的概率为 p_i，无效冲击发生的概率为 $q_i = 1 - p_i$，本书采用 $X_i (i > 1)$ 表示第 $i-1$ 次和第 i 次到达冲击之间的时间间隔。

　　系统中的部件在冲击环境下运行。当部件遭受的有效冲击较为频繁和集中的时候，部件的状态将变得比较差，当部件遭受到随后的有效冲击后，部件呈现加速失效的情况。本书将这个现象理解为部件进入部件寿命的第二阶段，也就是较差工作阶段。在本章中，提出部件寿命的变点是指部件从第一阶段（完好运行状态）转到第二阶段（较差的运行状态）。具体来说，通过考虑稀疏连续的概念，部件寿命的变点指部件遭受 k_{c1} 个带稀疏 d_1 的连续有效冲击。稀疏连续 d 的含义是指如果两个相邻成功试验之间失败试验的次数小于等于 d，则称这两个成功试验为带稀疏 d 的两次连续成功[148]。当部件在其第二阶段工作时，如果部件遭受到 k_{c2} 次连续有效冲击或者 k_t 次累积有效冲击后，无论哪个事件先发生，部件都会失效。系统中部件的两阶段失效过程如图 3.1 所示。

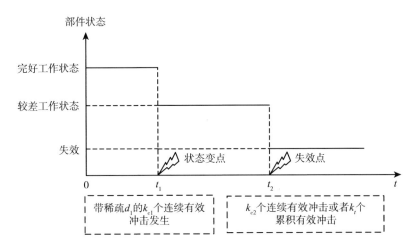

图 3.1　带变点的两阶段部件失效过程

从整个系统的角度来看，系统的性能平衡取决于处于第二阶段的部件数量及排列的位置，因此，本章构建了以下三个系统失去性能平衡的判定准则。

系统性能失衡准则 A：系统中连续处于第二阶段部件的个数大于等于 b_{cw} 时，系统失去性能平衡；

系统性能失衡准则 B：系统中带稀疏 d_2 的连续处于第二阶段部件的个数大于等于 b_{cdw} 时，系统失去性能平衡；

系统性能失衡准则 C：系统中累积处于第二阶段部件的个数大于等于 b_{tw} 时，系统失去性能平衡。

其中，这三个参数满足 $b_{cw} \leq b_{cdw} \leq b_{tw}$。只要满足准则 A、B 和 C 中的任何一个准则，表明系统中处于较差工作状态的部件的数量及排列准则超过了阈值，此时系统将失去性能平衡并且停止工作。这等价于只有准则 A、B 和 C 同时都不发生时，系统才能保持性能平衡的状态。

为了更好地理解系统性能平衡的准则，以由六块电池组成的电动汽车电池组系统为例来说明所构建的多部件性能平衡系统的失效准则。当部件失效过程的模型参数为 $k_{c1}=3$，$d_1=1$，$k_{c2}=3$，$k_t=4$，以及系统性能平衡的模型参数为 $b_{cw}=2$，$b_{cdw}=3$，$d_2=1$，$b_{tw}=4$ 时，系统的四个可能的失效情形如图 3.2 所示。在图 3.2 中，横轴代表时间轴，部件遭受的有效冲击和无效冲击分别由"1"和"0"表示。在失效情景（a）中，1 号电

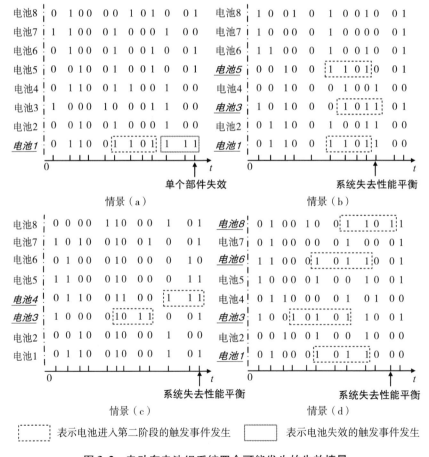

图 3.2　电动车电池组系统四个可能发生的失效情景

池是电池组系统中唯一一个进入第二运行阶段的部件，当它在其第二阶段遭受到 $k_{c2}=3$ 个连续有效冲击后，1 号电池失效，并且整个电池组系统失效。在失效情景（b）中，1 号、3 号和 5 号电池以较差的工作状态运行，此时满足系统失去性能平衡的准则 B（$b_{cdw}=3$，$d_2=1$），则系统失去性能平衡并失效。在失效情景（c）中，当两个连续的电池在较差的工作状态运行时，此时满足准则 A（$b_{cw}=2$），则系统失去性能平衡并失效。失效情景（d）描绘系统失去性能平衡并失效是由于总共四块电池均处于较差的工作状态，满足准则 C（$b_{tw}=4$）。图 3.2 仅列举了四个电池组系统失效的情景，基于本章所构建的模型，可能有更多的系统失效情景发生。

3.3 性能平衡系统可靠性分析

在本节中，运用两步有限马尔可夫链嵌入法分析和推导性能平衡系统的可靠性相关概率指标，其中第一步运用有限马尔可夫链嵌入法建模系统中部件的失效过程；第二步运用有限马尔可夫链嵌入法，从整个系统的角度建模系统的失效过程，并推导了性能平衡系统可靠性相关的概率指标的解析表达式。

3.3.1 部件可靠度及相关概率指标

以部件为研究对象，采用第一步有限马尔可夫链嵌入法获得系统中部件的失效概率以及部件处于较差工作状态的生存概率的解析表达式。在 m 次随机冲击的序列中，定义以下四个随机变量：N_{mi}^{cs1} 表示第 i 个部件在其第一阶段所遭受的带稀疏 d_1 连续有效冲击的个数；当 $N_{mi}^{cs1}>0$ 时，N_{mi}^{d} 表示第 i 个部件在其第一阶段所遭受的有效冲击后尾随的无效冲击个数，否则，当 $N_{mi}^{cs1}=0$ 时，N_{mi}^{d} 的值为 0，并且 0 只是符号，没有具体的含义；N_{mi}^{cs2}表示第i个部件在其第二阶段所遭受的连续有效冲击个数；N_{mi}^{ts}表示第i个部件在其第二阶段所遭受的累积有效冲击个数。与随机变量N_{mi}^{cs1}、N_{mi}^{d}、N_{mi}^{cs2}和N_{mi}^{ts}相关的有限马尔可夫链定义如下：

$$Y_{mi} = (N_{mi}^{cs1}, N_{mi}^{d}, N_{mi}^{cs2}, N_{mi}^{ts}), m = 0, 1, \cdots$$

其中，Y_{mi}表示第i个部件共遭受m次冲击时所处的状态。

部件的状态空间为：

$$\Omega_{mi} = \{ (n_i^{cs1}, n_i^{d}, n_i^{cs2}, n_i^{ts}),$$
$$0 \leq n_i^{cs1} \leq k_{c1}, 0 \leq n_i^{d} \leq d_1, 0 \leq n_i^{cs2} < k_{c2}, 0 \leq n_i^{ts} < k_t \} \cup \{ E_{fc}^{i} \}$$

当$n_i^{cs1} = 0$时，$n_i^{d} = 0$。部件的初始状态为$Y_{0i} = (0,0,0,0)$，E_{fc}^{i}是马尔可夫链的吸收态，表示部件发生失效。表 3.1 给出了马尔可夫链$\{Y_{mi}, m \geq 0\}$的一步转移概率矩阵Λ_{mi}^{f}中转移状态之间的转移规则。

表 3.1 Λ_{mi}^{f}中的转移概率

编号	适用性	状态转移情形	一步转移概率
1	$0 < n_i^{cs1} < k_{c1}$, $0 \leq n_i^{d} \leq d_1$, $n_i^{cs2} = 0$, $n_i^{ts} = 0$	$Y_{(m-1)i} = (n_i^{cs1}, n_i^{d}, n_i^{cs2}, n_i^{ts}) \rightarrow$ $Y_{mi} = (n_i^{cs1} + 1, 0, 0, 0)$	p_i
2	$n_i^{cs1} = 0$, $n_i^{d} = 0$, $n_i^{cs2} = 0$, $n_i^{ts} = 0$	$Y_{(m-1)i} = (n_i^{cs1}, n_i^{d}, n_i^{cs2}, n_i^{ts}) \rightarrow$ $Y_{mi} = (n_i^{cs1} + 1, 0, 0, 0)$	p_i
3	$n_i^{cs1} = 0$, $n_i^{d} = 0$, $n_i^{cs2} = 0$, $n_i^{ts} = 0$	$Y_{(m-1)i} = (n_i^{cs1}, n_i^{d}, n_i^{cs2}, n_i^{ts}) \rightarrow$ $Y_{mi} = (0,0,0,0)$	$1 - p_i$
4	$0 < n_i^{cs1} < k_{c1}$, $0 \leq n_i^{d} < d_1$, $n_i^{cs2} = 0$, $n_i^{ts} = 0$	$Y_{(m-1)i} = (n_i^{cs1}, n_i^{d}, n_i^{cs2}, n_i^{ts}) \rightarrow$ $Y_{mi} = (n_i^{cs1}, n_i^{d} + 1, 0, 0)$	$1 - p_i$

编号	适用性	状态转移情形	一步转移概率
5	$0 < n_i^{cs1} < k_{c1}$, $n_i^d = d_1$, $n_i^{cs2} = 0$, $n_i^{ts} = 0$	$Y_{(m-1)i} = (n_i^{cs1}, n_i^d, n_i^{cs2}, n_i^{ts}) \rightarrow$ $Y_{mi} = (0,0,0,0)$	$1 - p_i$
6	$n_i^{cs1} = k_{c1}$, $n_i^d = 0$, $0 \leqslant n_i^{cs2} < k_{c2} - 1$, $n_i^{cs2} \leqslant n_i^{ts} < k_t - 1$	$Y_{(m-1)i} = (n_i^{cs1}, n_i^d, n_i^{cs2}, n_i^{ts}) \rightarrow$ $Y_{mi} = (n_i^{cs1}, n_i^d, n_i^{cs2}+1, n_i^{ts}+1)$	p_i
7	$n_i^{cs1} = k_{c1}$, $n_i^d = 0$, $0 \leqslant n_i^{cs2} < k_{c2}$, $n_i^{cs2} \leqslant n_i^{ts} < k_t$	$Y_{(m-1)i} = (n_i^{cs1}, n_i^d, n_i^{cs2}, n_i^{ts}) \rightarrow$ $Y_{mi} = (n_i^{cs1}, n_i^d, 0, n_i^{ts})$	$1 - p_i$
8	$n_i^{cs1} = k_{c1}$, $n_i^d = 0$, $n_i^{cs2} = k_{c2} - 1$, $n_i^{cs2} \leqslant n_i^{ts} \leqslant k_t - 1$	$Y_{(m-1)i} = (n_i^{cs1}, n_i^d, n_i^{cs2}, n_i^{ts}) \rightarrow$ $Y_{mi} = E_{fc}^i$	p_i
9	$n_i^{cs1} = k_{c1}$, $n_i^d = 0$, $0 \leqslant n_i^{cs2} < k_{c2} - 1$, $n_i^{ts} = k_t - 1$	$Y_{(m-1)i} = (n_i^{cs1}, n_i^d, n_i^{cs2}, n_i^{ts}) \rightarrow$ $Y_{mi} = E_{fc}^i$	p_i
10	不适用的	$Y_{(m-1)i} = E_{fc}^i \rightarrow Y_{mi} = E_{fc}^i$	1

根据表 3.1，可以求得一步转移概率矩阵 $\boldsymbol{\Lambda}_{mi}^f$。根据马尔可夫链的理论，一步转移概率矩阵 $\boldsymbol{\Lambda}_{mi}^f$ 可以被划分为以下四个部分：

$$\boldsymbol{\Lambda}_{mi}^f = \begin{bmatrix} \mathbf{Q}_i & \mathbf{R}_i \\ \mathbf{0}_i & \mathbf{I}_i \end{bmatrix}_{(N_T+1) \times (N_T+1)} \tag{3.1}$$

其中，转移态的总数为 $N_T = (k_{c1} - 1)(d_1 + 1) + 1 + \dfrac{1}{2} k_{c2}(2k_t - k_{c2} + 1)$。

$\mathbf{Q}_i$ 表示各个转移态之间的一步转移概率矩阵，是一个 $N_T \times N_T$ 矩阵；$\mathbf{R}_i$ 表示转移态到吸收态的一步转移概率矩阵，是一个 $N_T \times 1$ 的矩阵；

$\mathbf{0}_i$ 是一个 $1 \times N_T$ 的零矩阵，表示吸收态到转移态的一步转移概率矩阵；$\mathbf{I}_i$ 表示吸收态之间的一步转移概率矩阵，是一个单位矩阵。此外，$\mathbf{Q}_i$ 可以进一步被分解为以下四个部分：

$$\mathbf{Q}_i = \begin{bmatrix} \mathbf{A}_i & \mathbf{B}_i \\ \mathbf{0} & \mathbf{C}_i \end{bmatrix}_{N_T \times N_T} \tag{3.2}$$

第 i 部件处于第一阶段和第二阶段的中间转移态的个数分别为：

$$n_1 = (k_{c1} - 1)(d_1 + 1) + 1, \quad n_2 = \frac{1}{2} k_{c2} (2k_t - k_{c2} + 1)$$

矩阵 $\mathbf{A}_i$（维度 $n_1 \times n_1$）包含部件在第一阶段时转移态之间的转移概率；矩阵 $\mathbf{C}_i$（维度 $n_2 \times n_2$）包含部件在第二阶段时转移态之间的转移概率；矩阵 $\mathbf{B}_i$（维度 $n_1 \times n_2$）包含部件从第一阶段转移到第二阶段的转移概率。

冲击长度用 L 来表示。当第 i 个部件在遭受 l 次冲击后失效时，冲击长度 L 的概率分布列和分布函数为：

$$P_{cf}^i(L = l) = \boldsymbol{\pi}_0 (\mathbf{Q}_i)^{l-1} \mathbf{R}_i \tag{3.3}$$

$$P_{cf}^i(L \le l) = \boldsymbol{\pi}_0 \sum_{j=0}^{l-1} (\mathbf{Q}_i)^j \mathbf{R}_i \tag{3.4}$$

其中，$\boldsymbol{\pi}_0 = (1, 0, \cdots, 0)_{1 \times N_T}$。

为了分析整个系统的可靠性指标，必须先求得单个部件处于第二阶段工作的生存概率的解析表达式。判断第 i 个部件处于第二阶段的关键性条件是 $n_i^{cs1} = k_{c1}$，因此，对于单个部件而言，在部件遭受 l 次冲击后，部件处于第一阶段和第二阶段的生存概率分别为：

$$P_{c1}^i(L = l) = \boldsymbol{\pi}_0 (\mathbf{Q}_i)^l \mathbf{e}_1' \tag{3.5}$$

$$P_{c2}^i(L = l) = \boldsymbol{\pi}_0 (\mathbf{Q}_i)^l \mathbf{e}_2' \tag{3.6}$$

其中，$\boldsymbol{\pi}_0 = (1, 0, \cdots, 0)_{1 \times N_T}$；$\mathbf{e}_1 = (\underbrace{1, \cdots, 1}_{(k_{c1}-1)(d_1+1)+1}, \underbrace{0, \cdots, 0}_{\frac{1}{2}k_{c2}(2k_t - k_{c2}+1)})$，$\mathbf{e}_2 = (\underbrace{0, \cdots, 0}_{(k_{c1}-1)(d_1+1)+1},$

$\underbrace{1, \cdots, 1}_{\frac{1}{2}k_{c2}(2k_t - k_{c2}+1)})$。

此外，针对连续时间的情形，定义随机变量 S_i^f 表示第 i 个部件失效时所遭受冲击的总次数。变量 S_i^f 的定义表明关于部件状态的马尔可夫链进入到了吸收态，则变量 S_i^f 服从离散型的 PH 分布，表示为 $S_i^f \sim PH_d(\boldsymbol{\alpha}_i^f,$ $\mathbf{Q}_i)$，其中 $\boldsymbol{\alpha}_i^f = (1,0,\cdots,0)_{1 \times N_T}$。定义随机变量 S_i^{g2} 表示第 i 个部件进入其第二阶段时所遭受冲击的总次数。如果将部件处于第一阶段的状态看作是转移态，将部件进入第二阶段看作是吸收态，则变量 S_i^{g2} 也将服从离散型 PH 分布，表示为 $S_i^{g2} \sim PH_d(\boldsymbol{\alpha}_i^{g2}, \mathbf{A}_i)$，其中 $\boldsymbol{\alpha}_i^{g2} = (1,0,\cdots,0)_{1 \times n_1}$。接着，可以构建一个新的一步转移概率矩阵 $\boldsymbol{\Lambda}_{mi}^{g2}$ 为：

$$\boldsymbol{\Lambda}_{mi}^{g2} = \begin{bmatrix} \mathbf{A}_i & \mathbf{R}_i^{g2} \\ \mathbf{0} & \mathbf{I} \end{bmatrix}_{(n_1+1) \times (n_1+1)} \tag{3.7}$$

假设冲击到达的时间间隔 $X_j(j \geq 1)$ 服从连续型 PH 分布，表示为 $X_j \sim PH_c(\boldsymbol{\gamma}, \boldsymbol{\eta})$。定义随机变量 M_i^f 和 M_i^{g2} 分别表示第 i 个部件失效及进入其第二阶段所需要的时间，可以求得两个变量的表达式为：

$$M_i^f = \sum_{j=1}^{S_i^f} X_j \tag{3.8}$$

$$M_i^{g2} = \sum_{j=1}^{S_i^{g2}} X_j \tag{3.9}$$

基于 PH 分布的相关性质[67]，求得随机变量 M_i^f 和 M_i^{g2} 分布的表达式分别为：

$$M_i^f \sim PH_c(\boldsymbol{\gamma} \otimes \boldsymbol{\alpha}_i^f, \boldsymbol{\eta} \otimes \mathbf{I} + (\mathbf{a}^0 \boldsymbol{\gamma}) \otimes \mathbf{Q}_i) \tag{3.10}$$

$$M_i^{g2} \sim PH_c(\boldsymbol{\gamma} \otimes \boldsymbol{\alpha}_i^{g2}, \boldsymbol{\eta} \otimes \mathbf{I} + (\mathbf{a}^0 \boldsymbol{\gamma}) \otimes \mathbf{A}_i) \tag{3.11}$$

其中，$\mathbf{a}^0 = -\boldsymbol{\eta}\mathbf{e}^T$，$\mathbf{I}$ 是单位矩阵，$\otimes$ 是 Kronecker 积。随机变量 M_i^f 和 M_i^{g2} 的累积分布函数分别表示为：

$$P(M_i^f \leq t) = 1 - (\boldsymbol{\gamma} \otimes \boldsymbol{\alpha}_i^f)\exp((\boldsymbol{\eta} \otimes \mathbf{I} + (\mathbf{a}^0 \boldsymbol{\gamma}) \otimes \mathbf{Q}_i)t)\mathbf{e}^T \tag{3.12}$$

$$P(M_i^{g2} \leq t) = 1 - (\boldsymbol{\gamma} \otimes \boldsymbol{\alpha}_i^{g2})\exp((\boldsymbol{\eta} \otimes \mathbf{I} + (\mathbf{a}^0 \boldsymbol{\gamma}) \otimes \mathbf{A}_i)t)\mathbf{e}^T \tag{3.13}$$

然后，定义随机变量 $P_{cf}^i(t)$、$P_{c1}^i(t)$ 和 $P_{c2}^i(t)$ 分别表示在时刻 t 时，

第 i 个部件失效、处于其第一阶段和第二阶段的概率，三个随机变量的表达式分别为：

$$P_{cf}^i(t) = P(M_i^f \leq t) \tag{3.14}$$

$$P_{c1}^i(t) = 1 - P(M_i^{g_2} \leq t) \tag{3.15}$$

$$P_{c2}^i(t) = P(M_i^{g_2} \leq t) - P(M_i^f \leq t) \tag{3.16}$$

3.3.2 性能平衡系统可靠度及相关概率指标

基于 3.3.1 节的分析，获得单个部件失效的概率、部件处于第一阶段和处于第二阶段的生存概率解析表达式后，本小节第二次运用有限马尔可夫链嵌入法计算整个系统的可靠度函数、整个系统失效时的期望冲击长度以及系统期望寿命的计算公式。

在系统的前 k 个部件中，定义以下四个随机变量：N_k^{cw} 表示在前 k 个部件中连续处于第二阶段工作部件的数目；N_k^{cdw} 表示在前 k 个部件中带稀疏 d_2 的连续处于第二阶段工作部件的数目；当 $N_k^{cdw} > 0$ 时，N_k^{dw} 表示在前 k 个部件后尾随的第一阶段工作部件的数目；当 $N_k^{cdw} = 0$ 时，$N_k^{dw} = 0$ 并且此时 N_k^{dw} 只是个符号，不具有具体的含义；N_k^{tw} 表示在前 k 个部件中累积处于第二阶段工作部件的数目。根据模型假设，针对整个系统，构建与随机变量 N_k^{cw}，N_k^{cdw}，N_k^{dw}，N_k^{tw} 相关的马尔可夫链 $\{Y_k, 1 \leq k \leq n\}$ 如下：

$$Y_k = (N_k^{cw}, N_k^{cdw}, N_k^{dw}, N_k^{tw}), k = 1, 2, \cdots, n$$

马尔可夫链的状态空间为：

$$\Omega_k = \{S_k\} \cup \{E_{fs}\}$$
$$= \{(n^{cw}, n^{cdw}, n^{dw}, n^{tw}), 0 \leq n^{cw} < b_{cw}, n^{cw} \leq n^{cdw} < b_{cdw},$$
$$0 \leq n^{dw} \leq d_2, n^{cdw} \leq n^{tw} < b_{tw}\} \cup \{E_{fs}\}$$

当 $n^{cdw} = 0$ 时，$n^{dw} = 0$。其中，Y_k 表示由前 k 个部件组成的子系统所处的状态。E_{fs} 表示系统失去性能平衡时的吸收状态，可能由 7 个事件造成：事件 1 ~ 事件 3 指分别由准则 A、B 和 C 的发生造成系统失去性能平衡；事件 4 ~ 事件 6 指准则 A、B 和 C 中任意两个且只有两个准则被满足时，系统失去性能平衡；事件7指准则A、B和C同时被满足时，系统失去性能平衡。

考虑系统所有的失效准则，包括单部件失效和系统性能失衡的失效准则，E_f表示系统失效的总吸收态，包括E_{fs}和E_{fc}^k，E_{fc}^k代表由第k个部件失效导致系统失效的吸收态。从整个系统的角度来看，接下来给出构造一步转移概率矩阵$\mathbf{\Lambda}_k$的算法。

构造性能平衡系统的一步转移概率矩阵的算法如下。

步骤1： $Y_{k-1} = (n^{cw}, n^{cdw}, n^{dw}, n^{tw})$已知，转至步骤2。

步骤2： 如果第k个部件是失效部件，发生的概率为$P_{cf}^k(L \leq l)$，则令$Y_k = E_{fc}$并且算法结束；

否则如果第k个部件是工作部件，发生的概率为$1 - P_{cf}^k(L \leq l)$，转至步骤3。

步骤3： 如果第k个部件处于第二运行阶段，发生的概率为$P_{c2}^k(L = l)$，则转至步骤4；

否则如果第k个部件处于第一运行阶段，发生的概率为$P_{c1}^k(L = l)$，则转至步骤7；

步骤4： 如果$n^{tw} = b_{tw} - 1$，则令$Y_k = E_{fc}$并且算法结束；

否则如果$n^{tw} \neq b_{tw} - 1$，则转至步骤5。

步骤5： 如果$n^{cdw} = b_{cdw} - 1$，则令$Y_k = E_{fc}$并且算法结束；

否则如果$n^{cdw} \neq b_{cdw} - 1$，则转至步骤6。

步骤6： 如果$n^{cw} = b_{cw} - 1$，则令$Y_k = E_{fc}$并且算法结束；

否则如果$n^{cw} \neq b_{cw} - 1$，则令$Y_k = (n^{cw} + 1, n^{cdw} + 1, 0, n^{tw} + 1)$并且算法结束。

步骤7： 如果$n^{cdw} = 0$，则令$Y_k = (0, 0, 0, n^{tw})$并且算法结束；

否则如果$n^{cdw} \neq 0$，则转至步骤8。

步骤8： 如果$n^{dw} = d_2$，则令$Y_k = (0, 0, 0, n^{tw})$并且算法结束；

否则如果$n^{dw} \neq d_2$，则令$Y_k = (0, n^{cdw}, n^{dw} + 1, n^{tw})$并且算法结束。

平衡系统可靠性建模与分析

基于系统各个转移态的转移规律，运用有限马尔可夫链嵌入法的理论，一步转移概率矩阵 $\boldsymbol{\Lambda}_k$ 可以被划分为以下四个部分：

$$\boldsymbol{\Lambda}_k = \begin{bmatrix} \mathbf{D}_{N_H \times N_H} & \mathbf{F}_{N_H \times 2} \\ \mathbf{0}_{2 \times N_H} & \mathbf{I}_{2 \times 2} \end{bmatrix}_{(N_H + 2) \times (N_H + 2)} \tag{3.17}$$

其中，H 表示所有状态集，转移态的数目为 N_H。$\mathbf{D}_{N_H \times N_H}$ 表示转移态之间的一步转移概率矩阵。$\mathbf{F}_{N_H \times 2}$ 表示转移态到吸收态的一步转移概率矩阵。$\mathbf{0}_{2 \times N_H}$ 表示吸收态到转移态的一步转移概率矩阵，因为不可能发生，因此是一个零矩阵。$\mathbf{I}_{2 \times 2}$ 表示吸收态之间的一步转移概率矩阵，是一个单位矩阵。

假设系统由 n 个部件构成。基于一步转移概率矩阵 $\boldsymbol{\Lambda}_k$，可以求得与系统中部件个数以及冲击长度相关概率指标的解析表达式。由 n 个部件构成的性能平衡系统在遭受 l 个冲击后的可靠度函数为：

$$R(l) = \boldsymbol{\pi}_0 \prod_{j=1}^{n} \mathbf{D}_j \mathbf{e}^T \tag{3.18}$$

其中，$\boldsymbol{\pi}_0 = (1, 0, \cdots, 0)_{1 \times N_H}$，$\mathbf{e} = (1, 1, \cdots, 1)_{1 \times N_H}$，$\mathbf{D}_j$ 表示在系统遭受 l 个冲击后系统各个状态之间的一步转移概率矩阵。系统遭受 l 个冲击后冲击长度 L 的概率分布函数为：

$$P_{sf}\{L \leqslant l\} = 1 - R(l) = 1 - \boldsymbol{\pi}_0 \prod_{j=1}^{n} \mathbf{D}_j \mathbf{e}^T \tag{3.19}$$

可由下式计算求得冲击长度 L 的概率分布列：

$$P_{sf}\{L = l\} = P_{sf}\{L \leqslant l\} - P_{sf}\{L \leqslant l-1\} = \boldsymbol{\pi}_0 \prod_{j=1}^{n} \mathbf{D}_j^* \mathbf{e}^T - \boldsymbol{\pi}_0 \prod_{j=1}^{n} \mathbf{D}_j \mathbf{e}^T \tag{3.20}$$

其中，$\mathbf{D}_j^*$ 表示系统遭受 $l-1$ 个冲击后系统各个转移态之间的一步转移概率矩阵。定义 L_s 表示系统失效时系统遭受的冲击总个数，当系统失效时，期望的冲击长度 $E(L_s)$ 表示为：

$$E(L_s) = \sum_{l=1}^{\infty} l \times P_{sf}\{L = l\} \tag{3.21}$$

此外，针对连续时间的情形，构建相似的有限马尔可夫链，在离散情况下的一步转移概率矩阵 $\mathbf{\Lambda}_k$ 的基础上，用 $P_{cf}^k(t)$、$P_{c1}^k(t)$ 和 $P_{c2}^k(t)$ 分别替换 $P_{cf}^k(L \leqslant l)$、$P_{c1}^k(L = l)$ 和 $P_{c2}^k(L = l)$，便可以求得连续时间情形下的一步转移概率矩阵 $\mathbf{\Lambda}_k(t)$。连续时间情形下，系统的可靠度函数表示为：

$$R(t) = \boldsymbol{\pi}_0 \prod_{j=1}^{n} \mathbf{D}_j(t) \mathbf{e}^T \tag{3.22}$$

其中，$\mathbf{D}_j(t)$ 表示在时刻 t 时，系统各个转移态之间的一步转移概率矩阵。定义随机变量 T 表示系统寿命，则系统期望寿命为：

$$E(T) = \int_0^{\infty} R(t)\,\mathrm{d}t \tag{3.23}$$

3.4　性能平衡系统维修策略

针对本章所构建的性能平衡系统，本小节设计一个包含预防性维修策略、故障后维修策略和机会维修策略的综合性维修策略。预防性维修策略是指在系统失效前，对系统实施一些必要的维修工作，目的是保证系统可以处于良好的工作状态。在提升工程系统的可靠性方面，预防性维修手段非常重要，可以降低系统的失效率并减少维修总成本。只要系统发生失效，就应采用故障后维修策略使系统重新运行起来。在多部件系统中，当系统中某个部件失效时，此时产生维修机会，除了对失效的部件进行更换或修复，可以对其他没有失效的部件进行机会维修活动。任意一个维修活动（预防性维修或者故障后维修）完成后，代表这个系统一个完整的生命周期。在下面的分析中，本书忽略维修活动的时间，假设可以瞬时完成所有的维修活动。部件和整个系统的状态可以被一个监测设备实时观测，包括部件所处的状态和系统所处的状态等。表 3.2 给出维修策略的规则和对应事件发生的概率。

表 3.2　　　　　　　　　　　　维修策略规则

编号	情形	周期长度	成本	发生的概率
1	$T_p < T_{fc}$ 和 $T_p < T_{fs}$	T_p	$c_{ins} + k_1 c_2$	$P_{m1}^{k_1} = P\{T_p < T_{fc}, T_p < T_{fs}, m_g = k_1\}$
2	$T_{fc} \leq T_p$ 和 $T_{fc} \leq T_{fs}$	T_{fc}	$hc_r + k_2 c_2$	$P_{m2}^{k_2,h} = P\{T_{fc} \leq T_p, T_{fc} \leq T_{fs}, m_g = k_2, m_r = h\}$
3	$T_{fs} \leq T_p$ 和 $T_{fs} \leq T_{fc}$	T_{fs}	$k_3 c_2$	$P_{m3}^{k_3} = P\{T_{fs} \leq T_p, T_{fs} \leq T_{fc}, m_g = k_3\}$

当整个系统处于运行的状态，由于外部冲击，处于第二阶段的部件已经被严重地损坏，因此在系统固定的年龄 T_p 时，对系统中处于第二阶段的部件进行预防性维修。对单个处于第二阶段部件进行预防性维修的成本为 c_2，预防性维修观测的成本为 c_{ins}。由于系统的失效可能由两个原因造成，即单个部件失效和系统失去性能平衡，因此，故障后维修有以下两个情景：①如果是部件失效导致整个系统失效，则应该替换系统中所有的失效部件，单个失效部件的替换成本为 c_r；同时，借助维修的机会窗口，对系统中处于第二阶段的部件进行机会维修，单个部件的机会维修成本为 c_2；考虑冲击给部件带来的损害程度不同，成本参数 c_r 和 c_2 应该满足 $c_r > c_2$。②如果由于系统失去性能平衡而失效，则对系统中所有处于第二阶段的部件进行维修，单个部件的维修成本为 c_2。无论发生哪种维修活动，都产生了对系统中处于第一阶段部件的小修机会，由于处于第一阶段的部件仍然呈现完好的工作性能，因此对第一阶段部件的维修活动的成本非常低，并假设忽略不计。

在表 3.2 中，T_{fc} 表示系统由于单部件失效而失效时的系统寿命，T_{fs} 表示系统由于失去性能平衡而失效时的系统寿命。定义变量 m_g 和 m_r 分别表示此时系统中处于第二阶段部件的数量和失效部件的数量。维修情景 1，指在系统失效前（无论哪种原因导致系统失效）对系统实施预防性维修策略。维修情景 2，指在预防性维修前，系统由于部件失效而失效，对系统进行故障后维修，并对系统中的 k_2 个处于较差工作阶段的部件进行机会维修。维修情景 3，指在预防性维修前，系统由于失去性能平衡而失效，因此对系统进行故障后维修，即对系统中的 k_3 个处于较差工作阶段的部件进行维修。基于以上分析，以最小化单位时间内平均维修成本为目标函数，构建关于预防性维修周期 T_p 的最优化模型：

$$\min C(T_p) =$$

$$\frac{\sum_{k_1=0}^{b_{tw}-1}(c_{ins}+k_1 c_2)\times P_{m1}^{k_1} + \sum_{k_2=0}^{b_{tw}-1}\sum_{h=1}^{n-k_2}[(hc_r+k_2 c_2)\times P_{m2}^{k_2,h}]+\sum_{k_3=0}^{b_{tw}}(k_3 c_2)\times P_{m3}^{k_3}}{E(\min(T_p,T_{fc},T_{fs}))}$$

$$(3.24)$$

假设冲击到达的时间间隔 $X_i(i>1)$ 服从连续型 PH 分布，表示为 $X_i \sim PH_c(\boldsymbol{\gamma},\boldsymbol{\eta})$。在式（3.24）中，由于系统寿命 T_{fc} 和 T_{fs} 存在相依关系，因此，很难求得单位时间内平均维修成本 $C(T_p)$ 的解析表达式。为了求解以上的问题，仿真的方法被广泛采用。因此，本章采用仿真的方法去求解近似最优预防性维修观测周期。

当 T_p 是某个具体值时，图 3.3 给出了求得 $C(T_p)$ 的仿真流程。在图 3.3 中，J 表示仿真运行的次数，T_f 表示当前的系统寿命。向量 $\mathbf{H}_{s2}$ 是一个 3×1 的矩阵，三个元素分别表示处于第二阶段的部件总数、失效部件总数和系统性能平衡的状态（"0"代表系统处于运行状态，"1"代表系统由于性能失衡而失效）。在所有维修活动后，向量 $\mathbf{H}_{s2}$ 里所有的元素都将归零，因为处于第二阶段的部件都将被维修，并修复如新。向量 $\mathbf{K}_s$ 是一个 $n\times4$ 的矩阵，包含了 n 个部件的冲击到达序列的实时情况，表示为 $(n_i^{cs1},n_i^d,n_i^{cs2},n_i^{ts})$，$i=1,2,\cdots,n$。在系统运行的一次周期结束并完成相应的维修活动后，向量 $\mathbf{K}_s$ 中所有元素都将归零。对于一个具体的 T_p，C_t 和 L_t 分别表示完成 J 次仿真后的维修总成本和系统周期总长度。本书选定一个合适的 T_p 取值范围 $(T_{\min},T_{\max})$，选取步长为 0.1，对范围内所有的 T_p 进行 J 次仿真，并求得所有 T_p 的单位时间内平均维修成本 $C(T_p)=C_t/L_t$。在求得所有 $C(T_p)$ 后，可以找到其中的最小值 $C(T_p^*)$，并求得相应的近似最优预防性维修周期 T_p^*。性能平衡系统维修策略的设计与优化，为系统工程师对具有性能平衡特征的系统实施有效管理和科学维护提供决策依据。

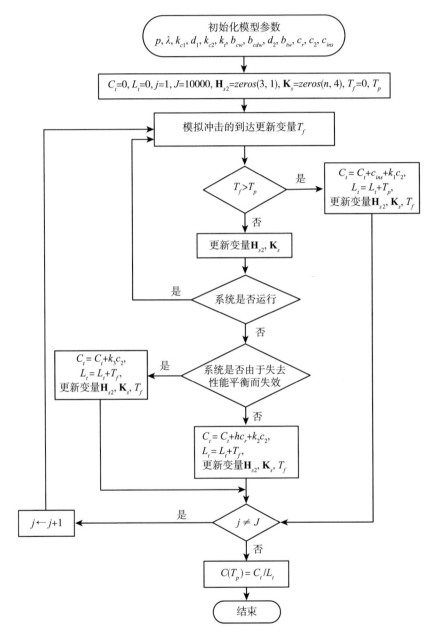

图 3.3　维修策略的仿真流程

3.5 工程应用实例

以一个实际的工程应用实例——电动汽车电池组系统为例，本节将给出丰富的算例来验证本章所构建模型的有效性。本节还对模型中所涉及的各个参数进行灵敏度分析，对比分析出各个参数对电池组系统概率指标的影响和作用。此外，对于本章设计的性能平衡系统维修策略，本小节也给出了相应的数值算例和分析。

3.5.1 电池组系统可靠度

考虑一个电动汽车电池组系统，系统由六个电池构成。由于外部冲击带来的损害，系统中所有的电池都可能会失效。当所有的电池处于工作状态，并且整个电池组系统处于性能平衡的情况下，整个系统才可以正常运行。假设系统中第 i 个电池的失效机制参数为 $p_i = 0.3, k_{c1} = 2, d_1 = 1, k_{c2} = 2, k_t = 3$（$i = 1, 2, \cdots, 6$）。因此，第 i 个电池的转移状态个数 N_T 为 8，其状态空间 Ω_{mi} 为：

$$\Omega_{mi} = \left\{ \begin{array}{l} (0,0,0,0),(1,0,0,0),(1,1,0,0),(2,0,0,0),(2,0,1,1), \\ (2,0,0,1),(2,0,1,2),(2,0,0,2) \end{array} \right\} \cup \left\{ E_{fc}^i \right\}$$

根据 3.3.1 节的分析，当第 i 个电池失效参数为 $k_{c1} = 2, d_1 = 1, k_{c2} = 2, k_t = 3$ 时，第 i 个电池各个状态之间的转移情况如图 3.4 所示。

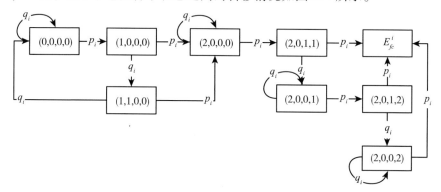

图 3.4 第 i 个电池各个状态的状态转移示例

当 $p_i = 0.3$ 时，第 i 个电池各个状态之间的一步转移概率矩阵 $\boldsymbol{\Lambda}_{mi}^f$ 为：

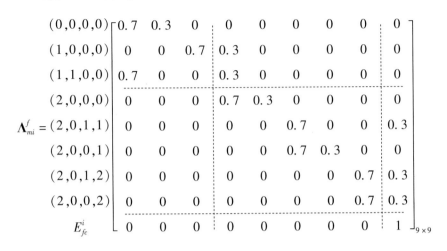

$$\boldsymbol{\Lambda}_{mi}^f = \begin{matrix} (0,0,0,0) \\ (1,0,0,0) \\ (1,1,0,0) \\ (2,0,0,0) \\ (2,0,1,1) \\ (2,0,0,1) \\ (2,0,1,2) \\ (2,0,0,2) \\ E_{fc}^i \end{matrix} \begin{bmatrix} 0.7 & 0.3 & 0 & 0 & 0 & 0 & 0 & 0 & 0 \\ 0 & 0 & 0.7 & 0.3 & 0 & 0 & 0 & 0 & 0 \\ 0.7 & 0 & 0 & 0.3 & 0 & 0 & 0 & 0 & 0 \\ 0 & 0 & 0 & 0.7 & 0.3 & 0 & 0 & 0 & 0 \\ 0 & 0 & 0 & 0 & 0 & 0.7 & 0 & 0 & 0.3 \\ 0 & 0 & 0 & 0 & 0 & 0.7 & 0.3 & 0 & 0 \\ 0 & 0 & 0 & 0 & 0 & 0 & 0 & 0.7 & 0.3 \\ 0 & 0 & 0 & 0 & 0 & 0 & 0 & 0.7 & 0.3 \\ 0 & 0 & 0 & 0 & 0 & 0 & 0 & 0 & 1 \end{bmatrix}_{9 \times 9}$$

其中，$\mathbf{Q}_i = \begin{bmatrix} 0.7 & 0.3 & 0 & 0 & 0 & 0 & 0 & 0 \\ 0 & 0 & 0.7 & 0.3 & 0 & 0 & 0 & 0 \\ 0.7 & 0 & 0 & 0.3 & 0 & 0 & 0 & 0 \\ 0 & 0 & 0 & 0.7 & 0.3 & 0 & 0 & 0 \\ 0 & 0 & 0 & 0 & 0 & 0.7 & 0 & 0 \\ 0 & 0 & 0 & 0 & 0 & 0.7 & 0.3 & 0 \\ 0 & 0 & 0 & 0 & 0 & 0 & 0 & 0.7 \\ 0 & 0 & 0 & 0 & 0 & 0 & 0 & 0.7 \end{bmatrix}$

$$\mathbf{A}_i = \begin{bmatrix} 0.7 & 0.3 & 0 \\ 0 & 0 & 0.7 \\ 0.7 & 0 & 0 \end{bmatrix}$$

根据式（3.3）和式（3.4）可以求得，第 i 个电池在受到 10 个冲击后，冲击长度 L 的概率分布列和分布函数分别为：

$$P_{cf}^i(L = 10) = \boldsymbol{\pi}_0 \mathbf{Q}_i^9 \mathbf{R}_i = 0.0426,$$

$$P_{cf}^i(L \leqslant 10) = \boldsymbol{\pi}_0 \sum_{j=0}^{9} (\mathbf{Q}_i)^j \mathbf{R}_i = 0.1863$$

此外，根据式（3.5）和式（3.6）可以求得，在遭受到 10 个冲击后，第 i 个电池处于第一阶段和第二阶段的生存函数分别为：

$$P_{c1}^i(L=10) = \boldsymbol{\pi}_0(\mathbf{Q}_i)^{10}\mathbf{e}_1' = 0.3401,$$

$$P_{c2}^i(L=10) = \boldsymbol{\pi}_0(\mathbf{Q}_i)^{10}\mathbf{e}_2' = 0.4736$$

从整个电池组系统的角度来看，当电池组系统的性能平衡指标参数为 $b_{cw}=2$，$b_{cdw}=3$，$d_2=1$，$b_{tw}=4$ 时，有限马尔可夫链 $\{Y_k, 1 \leq k \leq n\}$ 的状态空间为：

$$\Omega_k = \left\{\begin{array}{l}(0,0,0,0),(1,1,0,1),(0,1,1,1),(1,2,0,2),(0,2,1,2),\\ (0,0,0,2),(1,1,0,3),(0,1,1,3),(0,0,0,3),(0,0,0,1),\\ (1,1,0,2),(0,1,1,2),(1,2,0,3),(0,2,1,3)\end{array}\right\}$$
$$\cup \{E_{fc}\} \cup \{E_{fs}\}$$

电池组系统各个状态之间的转移示例如图 3.5 所示。为了使图 3.5 更加清晰，系统吸收态 E_{fc} 和 E_{fs} 在图中均出现了两次。在系统两个状态之间的连接线上给出了状态转移概率值。

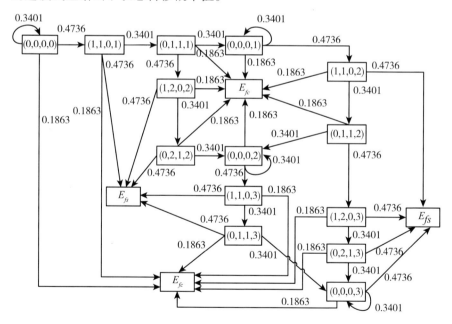

图 3.5　当参数为 $b_{cw}=2$，$b_{cdw}=3$，$d_2=1$，$b_{tw}=4$ 时电池组系统的状态转移示例

根据式（3.18）和式（3.21）可以求得，在遭受 10 个冲击后，整个电池组系统的可靠度和期望冲击长度分别为：

$$R(10) = \boldsymbol{\pi}_0 \prod_{j=1}^{6} \mathbf{D}_j \mathbf{e}^T = 0.0528$$

$$E(L_s) = \sum_{l=1}^{\infty} l \times P_{sf}\{L = l\} = 5.7346$$

其中，$\boldsymbol{\pi}_0 = (1, 0, \cdots, 0)_{1 \times 14}$，$\mathbf{e} = (1, 1, \cdots, 1)_{1 \times 14}$。

针对连续时间的情形，假设冲击到达的时间间隔 X_j 服从指数分布，表示为 $X_j \sim PH_c(1, -0.5)$。当电池组系统遭受 10 个冲击后，可以分别求得随机变量 S_i^f，S_i^{g2}，M_i^f 和 M_i^{g2} 的计算公式为：

$$S_i^f \sim PH_d(\boldsymbol{\alpha}_i^f, \mathbf{Q}_i), S_i^{g2} \sim PH_d(\boldsymbol{\alpha}_i^{g2}, \mathbf{A}_i),$$

$$M_i^f \sim PH_c(\boldsymbol{\alpha}_i^f, -0.5\mathbf{I} + 0.5\mathbf{Q}_i), M_i^{g2} \sim PH_c(\boldsymbol{\alpha}_i^{g2}, -0.5\mathbf{I} + 0.5\mathbf{A}_i)$$

其中，$\boldsymbol{\alpha}_i^f = (1, 0, \cdots, 0)_{1 \times 8}$，$\boldsymbol{\alpha}_i^{g2} = (1, 0, 0)$。

然后，可以计算出在时刻 t 时，第 i 个电池发生失效、处于第一阶段和处于第二阶段的概率，分别为：

$$P_{cf}^i(t) = 1 - \boldsymbol{\alpha}_i^f \exp((-0.5\mathbf{I} + 0.5\mathbf{Q}_i)t) \mathbf{e}^T$$

$$P_{c1}^i(t) = 1 - [1 - \boldsymbol{\alpha}_i^{g2} \exp((-0.5\mathbf{I} + 0.5\mathbf{A}_i)t) \mathbf{e}^T],$$

$$P_{c2}^i(t) = [1 - \boldsymbol{\alpha}_i^{g2} \exp((-0.5\mathbf{I} + 0.5\mathbf{A}_i)t) \mathbf{e}^T]$$
$$- [1 - \boldsymbol{\alpha}_i^f \exp((-0.5\mathbf{I} + 0.5\mathbf{Q}_i)t) \mathbf{e}^T]$$
$$= \boldsymbol{\alpha}_i^f \exp((-0.5\mathbf{I} + 0.5\mathbf{Q}_i)t) \mathbf{e}^T$$
$$- \boldsymbol{\alpha}_i^{g2} \exp((-0.5\mathbf{I} + 0.5\mathbf{A}_i)t) \mathbf{e}^T$$

当 $t = 15$ 时，可以求得相应的概率为：

$$P_{cf}^i(t) = 0.1074, P_{c1}^i(t) = 0.4835, P_{c2}^i(t) = 0.4091$$

根据式（3.22）和式（3.23）可以分别求得电池组系统的可靠度 $R(t)$ 为 0.1846，电池组系统的期望寿命为 $E(T) = 11.0305$。

3.5.2 电池组系统性能平衡参数灵敏度分析

当某个性能平衡系统模型参数发生变化时，对离散和连续时间情形下的相关概率指标的影响是相同的，因此本节以离散情况下的概率指标为例进行模型参数的灵敏度分析。首先，以单个电池为研究对象，在表 3.3 中，通过选取不同的部件失效过程参数组合做比较分析，来探究模型参数对 $P_{cf}^i(L=l)$ 和 $P_{cf}^i(L\leqslant l)$ 的影响。

表 3.3　　　　　　遭受 l 个冲击后，不同电池失效参数组合下
第 i 个电池的概率指标

编号	p_i	k_{c1}	d_1	k_{c2}	k_t	l	$P_{cf}^i(L=l)$	$P_{cf}^i(L\leqslant l)$	$P_{c1}^i(L=l)$	$P_{c2}^i(L=l)$
1	0.3	4	1	3	5	10	0.0017	0.0041	0.8590	0.1370
2	0.3	4	2	3	5	10	0.0026	0.0052	0.7652	0.2296
3	0.3	4	3	3	5	10	0.0028	0.0055	0.6976	0.2970
4	0.3	3	2	3	5	10	0.0062	0.0178	0.5638	0.4184
5	0.3	5	2	3	5	10	0.0006	0.0010	0.8879	0.1111
6	0.3	4	2	2	5	10	0.0113	0.0287	0.7652	0.2061
7	0.3	4	2	4	5	10	0.0005	0.0008	0.7652	0.2340
8	0.3	3	2	2	5	10	0.0085	0.0210	0.5638	0.4151
9	0.3	3	2	3	6	10	0.0061	0.0177	0.5638	0.4185
10	0.4	4	2	2	5	10	0.0372	0.1086	0.5413	0.3502
11	0.5	4	2	2	5	10	0.0762	0.2676	0.3193	0.4131
12	0.4	4	2	2	4	8	0.0231	0.0395	0.6483	0.3122
13	0.4	4	2	2	4	12	0.0409	0.1890	0.4574	0.3536

通过比较表 3.3 中 1~3 号算例结果，可知当 d_1 变大时，$P_{cf}^i(L=l)$，$P_{cf}^i(L\leqslant l)$ 和 $P_{c2}^i(L=l)$ 都有所升高，这是因为当 d_1 变大时，第 i 个电池更容易进入到第二阶段。相反的是，通过比较分析 2 号、4 号和 5 号算例结果，当 k_{c1} 变大时，$P_{c1}^i(L=l)$ 值会变高，$P_{cf}^i(L=l)$ 和 $P_{cf}^i(L\leqslant l)$ 会变小，说明第 i 个电池将会以更高的概率处在其寿命第一阶段，电池失效的概率会降低。通过比较分析 2 号、6 号和 7 号算例结果，随着模型参数 k_{c2} 逐渐减小，$P_{c2}^i(L=l)$ 的值会逐渐降低，而 $P_{cf}^i(L\leqslant l)$ 的值会逐渐变高，表明第 i 个电池在遭受 10 个冲击后，将以更低的概率处于第二阶段，更高的概率会失效。通过比较分析 4 号、8 号和 9 号算例结果可知，模型参数 k_t 的变化对系统概率指标 $P_{c2}^i(L=l)$ 和 $P_{cf}^i(L\leqslant l)$ 的影响与参数 k_{c2} 一样。通过

比较分析 6 号、10 号和 11 号算例结果，可以得知，当有效冲击发生的概率 p_i 发生变化时，对 $P_{c2}^i(L=l)$ 和 $P_{cf}^i(L \leq l)$ 值的影响较为显著，当有效冲击发生的概率 p_i 变大时，$P_{c2}^i(L=l)$ 和 $P_{cf}^i(L \leq l)$ 的值将显著升高。通过比较分析 10 号、12 号和 13 号算例结果，当第 i 个电池受到的冲击次数增大时，电池将以更高的概率失效和处在其寿命的第二阶段。

当 $p_i = 0.25$ $(i=1,2,\cdots,n)$，$L=10$ 时，通过选定不同的系统性能平衡参数组合，计算求得电池组系统的可靠度和期望冲击长度，如表 3.4 所示。通过分别比较分析 1 号和 2 号、2 号和 4 号以及 3 号和 5 号算例结果可知，随着性能平衡参数 b_{cw}，b_{cdw} 和 b_{tw} 变大，电池组系统的可靠度 $R(l)$ 和 $E(L_s)$ 都将变大，这是因为当性能平衡参数 b_{cw}，b_{cdw} 和 b_{tw} 变大时，说明更不容易达到系统失去性能平衡的条件，则电池组系统更加不容易失效，而更加稳健。此外，图 3.6 更清楚地展示了性能平衡参数 b_{cw}，b_{cdw} 和 b_{tw} 和电池组系统可靠度 $R(l)$ 的上述关系，横轴代表冲击长度，纵轴表示系统可靠性 $R(l)$。相反的是，通过分别比较分析 2 号和 6 号以及 2 号和 3 号算例结果可知，当电池组系统内电池的个数 n 和平衡参数 d_2 变大时，系统可靠性指标 $R(l)$ 和期望冲击长度 $E(L_s)$ 都将变小。可以解释为，当电池组系统内电池的个数 n 变大时，电池组系统更加容易失效；当平衡参数 d_2 变大时，说明更加容易达到或满足系统失去性能平衡的准则 B，电池组系统更加容易因为性能失衡而失效。图 3.7 更直观地展示了上述结论。

表 3.4 遭受 l 个冲击后，不同系统性能平衡参数组合下电池组系统的概率指标

编号	b_{cw}	b_{cdw}	d_2	b_{tw}	n	$R(l)$	$E(L_s)$
1	3	7	3	10	15	0.6458	12.3805
2	6	7	3	10	15	0.7981	14.0025
3	6	7	1	10	15	0.8757	15.6598
4	6	9	3	10	15	0.8818	15.6419
5	6	7	1	8	15	0.8432	14.6397
6	6	7	3	10	10	0.9199	17.5919

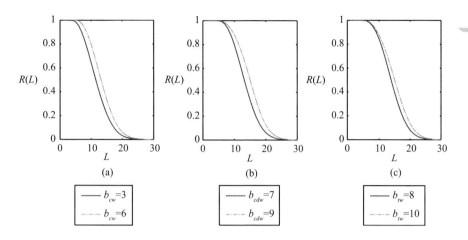

图 3.6　系统可靠度关于性能平衡参数 b_{cw}，b_{cdw}，b_{tw} 的灵敏度分析

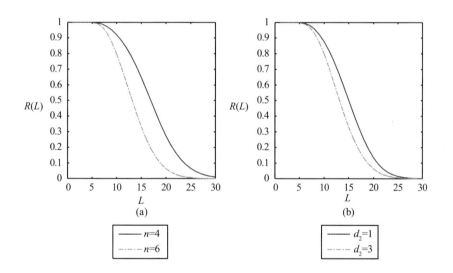

图 3.7　系统可靠度关于系统部件个数 n 和平衡参数 d_2 的灵敏度分析

当电池组系统的性能平衡参数选定为 $b_{cw}=6$，$b_{cdw}=7$，$d_2=3$，$b_{tw}=10$，$n=10$ 时，绘制图 3.8 分析电池失效模型参数对整个电池组系统可靠性指标的影响。根据前面的分析，电池（部件）失效模型参数 (k_{c1},d_1,k_{c2},k_t) 将影响 $P_{cf}^i(L\leqslant l)$，$P_{c1}^i(L=l)$ 和 $P_{c2}^i(L=l)$，整个电池组系统转移态之间的转移概率矩阵是由这三个概率决定的，因此，参数组合 (k_{c1},d_1,k_{c2},k_t) 也将影响电池组系统可靠度和期望冲击长度。具体来说，当参数 k_{c1}，k_{c2}，

k_t 变大时，$R(l)$ 和 $E(L_s)$ 都将变大；当参数 d_1 变大时，$R(l)$ 和 $E(L_s)$ 都将变小。

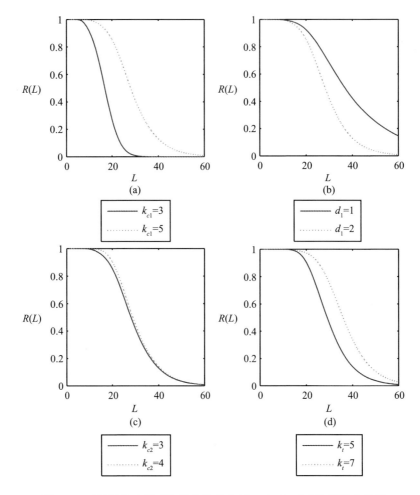

图 3.8　系统可靠度关于部件失效参数 $(k_{c1}, d_1, k_{c2}, k_t)$ 的灵敏度分析

3.5.3　电池组系统维修策略

针对 3.4 节提出的性能平衡系统维修策略，假设两个连续冲击之间时间间隔 $X_i (i = 1, 2, \cdots)$ 服从参数为 λ 的指数分布，表示为 $X_i \sim PH_c(1, -\lambda)$，其中 $\gamma = 1$，$\eta = -\lambda$。仿真运行的次数为 10000 次。当冲击到达过程参数

为 $n=8$、$\lambda=0.5$、$p_i=0.4$（$i=1,2,\cdots,8$）和成本参数为 $c_r=80$、$c_2=10$、$c_{ins}=20$ 时，采用不同的模型参数，表 3.5 给出了电池组系统维修策略近似最优解的比较结果。通过分别比较 1 号和 2 号、1 号和 4 号以及 3 号和 5 号算例结果可知，当参数 k_{c1}、k_{c2} 和 k_t 分别变大时，电池组系统近似最优预防性维修周期 T_p^* 将变大。然而，通过比较 1 号和 3 号算例结果，当参数 d_1 变大时，T_p^* 值将变小。当参数 k_{c1}、k_{c2} 和 k_t 变大时，说明电池进入其第二阶段的条件和失效的条件更为严格，所以近似最优的预防性维修周期 T_p^* 可以变长一些。通过分析表 3.5 中的结果可知，当电池组系统性能平衡参数 b_{cw}、b_{cdw} 和 b_{tw} 变大时，T_p^* 的值也将变大。这可以理解为，当系统平衡参数 b_{cw}、b_{cdw} 和 b_{tw} 变大时，系统更加不容易失去性能平衡，因此预防性维修周期 T_p^* 的值可以变大一些，不需要那么频繁地进行预防性维修。通过比较分析 8 号和 9 号算例结果，当平衡参数 d_2 变大时，系统较为容易达到失去性能平衡的准则 B，因此 T_p^* 的值将变小。

表 3.5　　　　不同模型参数组合下，预防性维修观测周期
和对应的单位时间内平均维修成本

编号	部件失效过程参数				系统性能平衡参数				T_p^*	$C(T_p^*)$
	k_{c1}	d_1	k_{c2}	k_t	b_{cw}	b_{cdw}	d_2	b_{tw}		
1	5	1	5	6	3	5	2	6	5.8	6.6577
2	6	1	5	6	3	5	2	6	6.6	4.9224
3	5	2	5	6	3	5	2	6	4.8	8.3897
4	5	1	4	6	3	5	2	6	5.2	6.9643
5	6	1	5	7	3	5	2	6	7.7	4.6966
6	6	1	5	7	4	5	2	6	7.9	4.7275
7	6	1	5	7	3	4	2	6	7.5	4.7308
8	6	1	5	7	3	4	1	6	8.4	4.7166
9	6	1	5	7	3	4	2	5	7.4	4.7190

3.6 本章小结

  本章构建了在冲击环境下运行的性能平衡系统可靠性模型,在现有平衡系统的研究中未涉及。多部件组成的性能平衡系统由 n 个部件组成,当部件遭受的外部冲击累积到一定程度时,部件出现加速失效的特征,因此部件的生命周期被分为两个阶段。根据实际的工程背景,本章提出了系统性能平衡的定义,梳理了三个系统失去性能平衡的竞争判定准则,进而构建了性能平衡系统可靠性模型。通过采用两步有限马尔可夫链嵌入法,分别获得部件和系统的一系列概率指标的解析表达式,如部件处于第一阶段、第二阶段的生存概率,部件失效的概率,系统可靠度和期望冲击长度等。针对本章所构建的性能平衡系统,设计了一个综合性的维修策略,并以最小化单位时间内平均维修成本为目标函数构建维修策略参数最优化模型,采用仿真算法求解近似最优的预防性维修周期。最后本章以电动汽车电池组系统为例,给出了丰富的算例来验证性能平衡系统模型和维修策略的有效性,并分析不同的模型参数组合对系统可靠性指标的影响和作用。

第4章

多态平衡系统可靠性建模与分析

4.1 引言

在已有的平衡系统研究中，平衡系统的状态只有两个状态——完美运行状态（平衡状态）和完全失效状态（失衡状态）。然而，由于复杂的平衡系统结构和平衡系统运行环境等，一些实际的平衡系统通常呈现不止两个状态，这样的系统称为多态平衡系统。多态平衡系统广泛应用于多个工程领域，如机械、航空航天和武器装备等领域。弹簧减震器作为机械工程领域的一个重要产品，广泛应用于汽车发动机、风力机组和水泵等工程产品中。弹簧减震器可以有效减弱外部冲击带来的震动并保证工程机器稳定运行。弹簧减震器由多个弹簧组成，弹簧的常见排列方式为环形和线形。弹簧减震器中的弹簧呈串联排列结构，如果其中任意一个弹簧无法正常工作，则整个弹簧减震器无法提供相应的功能，将会发生失效。此外，减震器中各个弹簧的弹力应处于较为接近的水平，来保持弹簧减震器的整体平衡。由于外部冲击造成的影响，每个弹簧的弹力将会退化为多个状态。当弹簧减震器中的弹簧弹力差异较大时，弹簧减震器将无法提供稳定均衡的减震功能。

为了填补多态平衡系统的研究空白，以实际工程产品弹簧减震器为例，本章考虑系统内部件具有多种状态以及系统具有多种状态的情况，构建了多态平衡系统的通用模型。基于弹簧减震器中弹簧的两种排列方式，本章分别构建了两个具体的多态平衡系统可靠性模型。在本章中，假设外部冲击带来的损害，引起部件状态的转移和变化。根据所有部件的运行状态，整个系统将处于不同的系统平衡等级；本章构建了一个平衡函数，代表不同的系统平衡等级决定了系统的多种状态，从而构建了多态平衡系统的通用模型。基于通用模型，本章分别构建了两个具体的多态平衡系统可靠性模型，第一个模型为：如果减震器中的弹簧以环形结构排列，当处于任意位置的弹簧弹力最大值与最小值之差处于多个不同的水平时，那么弹簧减震器将处于不同的系统平衡水平，并呈现出不同水平的吸收外部震动的功能；第二个模型为：如果减震器中的弹簧以线形结构排列，那么弹簧减震器内对称位置的弹簧弹力差决定了系统的平衡水平，不同的系统平衡水平决定了系统的不同工作状态。本章采用两步有限马尔可夫链嵌入法获得多态平衡系统的一系列概率指标的解析表达式，包括系统各个状态概率函数和系统可靠性指标等。最后，本章以弹簧减震器为工程应用实例，给出丰富的数值算例来验证所构建模型以及建模方法的有效性。

给出本章所用符号的含义：

n	系统内部件的个数。
s	部件最大（最差）的状态。
h	系统最大（最差）的状态。
p	有效冲击发生的概率。
q	无效冲击发生的概率。
X_{com}^{i}	第 i 个部件的状态。
X_{sys}	系统的状态。
φ	系统的平衡等级。
$F_{b}(\cdot)$	平衡函数。

Θ_l	划分为系统状态 l 所对应的平衡等级的全集。
T_m	第 $m-1$ 次和第 m 次冲击之间的时间间隔。
M_j	当部件进入其状态 j 时，遭受冲击的总数。
$P_l^D(m)$	当系统遭受 m 个冲击后，系统处于状态 l 的概率。
$P_l^C(t)$	在时刻 t，系统处于状态 l 的概率。
T	系统的寿命。
$E(M_s)$	当系统完全失效时所遭受的期望冲击长度。
$E(T)$	系统期望寿命。

4.2　模型假设和模型描述

首先，本小节构建了多态平衡系统的通用模型，包括分别定义了部件和系统的多状态，构建了系统的平衡函数和推导了系统一系列可靠性指标的解析表达式。其次，本节讨论了系统内各个部件状态的定义和划分的规则。最后，基于前面所提出的多态平衡系统的通用模型以及部件的状态转移规则，考虑弹簧减震器中弹簧的两种特定排列方式，分别构建了两个具体的多态平衡系统的可靠性模型，即任意位置部件状态差距的多态平衡系统和对称位置部件状态差距的多态平衡系统，简称多态平衡系统Ⅰ和Ⅱ，分别详细地阐述了两个系统的状态定义和划分规则。

4.2.1　多态平衡系统通用模型

考虑一个多态平衡系统，系统由 n 个相同的多态部件组成。假设每个部件具有 $s+1$ 个状态，具体为状态 $0,1,\cdots,s$，其中 0 表示部件最好的工作状态，s 表示部件最差的工作状态，也就是部件的失效状态。类似地，系统的状态被分为 $h+1$ 个状态，具体为 $0,1,\cdots,h$，其中 0 表示系统的完美运行状态，h 表示系统的完全失效状态。依据实际的部件和系统运行状态退化过程，下面分别阐述部件和系统的状态变化规则。

假设多态平衡系统在冲击环境中运行。外部环境中的随机冲击将造成系统中部件的状态转移和变化。当冲击到达时，假设它对各个部件的影响和作用（有效冲击或无效冲击）是独立同分布的。到达的冲击以概率 p 对部件造成损害，这样的冲击称为有效冲击；到达的冲击以概率 $q = 1 - p$ 不会给部件带来损害，这样的冲击称为无效冲击。有效冲击将造成部件的损坏，因此在一系列随机冲击到达后，部件将处于不同状态下工作，也可能发生完全失效。依据实际工程应用，可以设定具体的部件状态转移规律和失效准则。

在本章中，系统的可靠度仅仅取决于系统的平衡等级，本书用一个平衡函数来刻画系统平衡等级的情况。变量 $X_{com}^i (X_{com}^i = 0,1,\cdots,s)$ 表示第 i 个部件的状态 $(i = 1,2,\cdots,n)$，则定义系统的平衡函数为：

$$\varphi = F_b(X_{com}^1, X_{com}^2, \cdots, X_{com}^n) \tag{4.1}$$

其中，φ 表示系统平衡等级，系统平衡等级被用来描绘系统平衡情况的水平，系统平衡等级由系统内各个部件的状态决定。基于实际的系统，可以用公式表示出该系统平衡函数的具体形式。

定义变量 X_{sys} 代表系统的状态。定义 $\Theta_l(l = 0,1,\cdots,h)$ 表示一个集合，其中 $\varphi \in \Theta_l$ 表示系统处于状态 l 时的系统平衡等级，也就是指 $X_{sys} = l$。一旦确定了系统平衡函数的具体形式和集合 Θ_l 的具体定义，就可以构建一个具体的系统状态转移规则。最后，在具体的单个部件和整个系统的状态转移与变化的基础上，就可以构建相应的多态平衡系统，多态平衡系统通用模型如图 4.1 所示。

当考虑冲击次数的情况时，根据以下过程可以推导出系统状态概率函数的表达式。当系统遭受 m 次冲击后，变量 $X_{com}^i(m)$ 和 $X_{sys}(m)$ 分别表示系统内第 i 个部件和系统的状态，$\varphi(m)$ 表示系统平衡等级，$P_l^D(m)$ 表示系统处于状态 l 的概率。$P_l^D(m)$ 可以由下式求得：

$$P_l^D(m) = P\{X_{sys}(m) = l\} = P\{\varphi(m) \in \Theta_l\}, l = 0,1,\cdots,h; m = 0,1,\cdots$$

$$\tag{4.2}$$

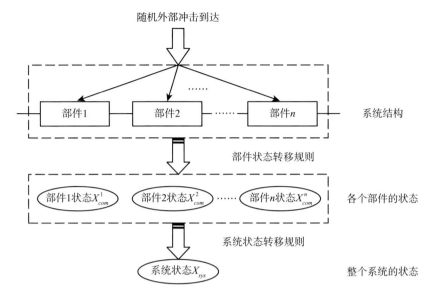

图 4.1 冲击环境下多态平衡系统的通用模型

定义变量 M_j 表示当系统处于状态 j 时系统所遭受到的冲击次数。具体来说，当 $j = s$ 时，变量 M_s 表示当系统失效时所遭受的冲击长度。冲击长度 M_s 的概率分布列和期望冲击长度分别表示为：

$$P\{M_s = m\} = P_h^D(m) - P_h^D(m-1) \tag{4.3}$$

$$E(M_s) = \sum_{m=1}^{\infty} mP\{M_s = m\} \tag{4.4}$$

定义变量 $T_m(m = 1, 2, \cdots)$ 表示第 $m - 1$ 次和第 m 次冲击之间的时间间隔，假设冲击到达的时间间隔是独立同分布的，则系统寿命可由下式求得：

$$T = \sum_{m=1}^{M_s} T_m \tag{4.5}$$

在这种情况下，$X_{com}^i(t)$ 和 $X_{sys}(t)$ 分别表示在时间 t 时，第 i 个部件和系统所处的状态。变量 $\varphi(t)$ 和 $P_l^C(t)$ 分别表示在时间 t 时，系统的平衡等级和系统状态概率函数，可由下式求得 $P_l^C(t)$：

$$P_l^C(t) = P\{X_{sys}(t) = l\} = P\{\varphi(t) \in \Theta_l\}, l = 0, 1, \cdots, h \tag{4.6}$$

其中，$\sum_{l=0}^{h} P_l^C(t) = 1$。当 $l = h$ 时，$P_h^C(t)$ 表示在时间 t 系统失效的概率，则表示系统寿命的分布函数。系统寿命的概率密度函数和系统的期望寿命可以表示为：

$$p_h^C(t) = \frac{d}{dt} P_h^C(t) \tag{4.7}$$

$$E(T) = \int_0^{\infty} t dP_h^C(t) = \int_0^{\infty} [1 - P_h^C(t)] dt \tag{4.8}$$

4.2.2 部件状态定义规则

在本章的研究中，假设系统内的部件都是相同的，则系统内的部件具有相同的状态变化规则。本节将给出单个部件失效过程的具体示例。部件失效过程的示例可以理解是结合了累积和游程冲击模型的多态混合冲击模型下的多态部件的失效过程。

对部件来说，到达的冲击是有效冲击的概率为 p，到达的冲击是无效冲击的概率为 $q = 1 - p$。在某个时刻，对于系统内第 i 个部件，定义随机变量 N_t^i 表示第 i 个部件遭受的累积有效冲击的数量，变量 N_c^i 表示第 i 个部件遭受的连续有效冲击的数量。本书定义，当 N_t^i 的值大于等于 k_{tj} 且小于 $k_{t,j+1}$，并且 N_c^i 小于 k_c 时，表明第 i 个部件处于其状态 $j(j = 0,1,\cdots,s-1)$。当 N_t^i 大于等于 k_{ts} 或者 N_c^i 达到 k_c 时，无论哪个先发生，第 i 个部件将失效。参数 $k_{tj}(j = 0,1,\cdots,s)$ 和 k_c 是预设的值，并且满足 $k_{t0} = 0$，$k_c \leq k_{ts}$。本书定义变量 X_{com}^i 表示第 i 个部件遭受 m 个冲击后所处的状态，第 i 个部件的状态划分规则为：

$$X_{com}^i = \begin{cases} j, k_{tj} \leq N_t^i < k_{t,j+1}, N_c^i < k_c, j = 0,1,\cdots,s-1 \\ s, N_t^i \geq k_{ts} \ or \ N_c^i \geq k_c \end{cases} \tag{4.9}$$

由式（4.9）可以求得在某个时间点部件所处的状态。部件状态的变化规则适用于4.2.3节和4.2.4节讨论的两个模型。

4.2.3　多态平衡系统 I 状态定义规则

当考虑弹簧减震器中的弹簧呈环形排列时，可以把弹簧减震器抽象成为基于任意位置状态差距的多态串联平衡系统，在本章中简称为多态平衡系统 I。多态平衡系统 I 中各个部件中状态的最大值（最差的状态）和状态的最小值（最好的状态）的状态差距，决定了平衡系统 I 的平衡等级。因此，多态平衡系统 I 的平衡函数为：

$$\varphi = [\max(X_{com}^i) - \min(X_{com}^i)]I(\max(X_{com}^i) < s) + sI(\max(X_{com}^i) = s),$$
$$i = 1, 2, \cdots, n \tag{4.10}$$

其中，$I(x)$ 是示性函数，$I(x) = 1$ 表示事件 x 为真，$I(x) = 0$ 表示事件 x 为假。当多态平衡系统 I 中任意一个部件失效时，由于系统结构是串联结构，则整个多态平衡系统 I 将失效，此时系统平衡等级将直接退化为最差的等级 s。当部件状态差距越大时，表示系统平衡等级越大，系统状态越差。

此时，可以定义集合 $\mathbf{\Theta}_l$ 为：

$$\mathbf{\Theta}_l = \{\varphi, b_l \leqslant \varphi < b_{l+1}\}, \quad l = 0, 1, \cdots, h \tag{4.11}$$

其中，b_l 是预设的值，并且满足 $0 = b_0 < b_1 < \cdots < b_{h+1} = s + 1$。

基于以上分析，可以得到多态平衡系统 I 的系统状态转移变化规则，通过式（4.2）至式（4.8）可以求得平衡系统 I 的状态概率函数，以及当多态平衡系统 I 失效时，系统寿命的概率分布列（概率密度函数）、期望冲击长度（系统的期望寿命长度）等。

为了更好地理解多态平衡系统 I 的系统状态转移规则，下面以具体的示例来举例阐述。假设多态平衡系统 I 由 5 个部件组成，每个部件都具有 8 个状态（$s = 7$）。多态平衡系统 I 的状态总共有 4 个（$h = 3$），其中系统状态划分的参数为 $b_0 = 0$，$b_1 = 2$，$b_2 = 4$，$b_3 = 6$ 和 $b_4 = 8$。在某个时刻，当确定了系统中部件的状态后，就可以求得系统的平衡等级和系统的状态，结果如表 4.1 所示。图 4.2 更为直观地展示了多态平衡系统 I

中部件状态和系统状态可能发生的情景。在前 4 个情景中，多态平衡系统 I 处于工作状态，但是由于不同的平衡等级而处于不同的工作状态。第 5 个情景描绘了由于系统平衡的等级超过了系统失效的阈值，则多态平衡系统 I 失效。第 6 个情景描绘了由于多态平衡系统 I 内第一个部件发生失效，导致整个系统失效的情景。

表 4.1　　　　　　多态平衡系统 I 部件状态、系统状态和平衡等级实例

编号	X_{com}^1	X_{com}^2	X_{com}^3	X_{com}^4	X_{com}^5	$\max(X_{com}^i)$	$\min(X_{com}^i)$	φ	X_{sys}
1	1	1	1	1	1	1	1	$0\,(b_0 \leqslant \varphi < b_1)$	0
2	3	3	2	3	2	3	2	$1\,(b_0 \leqslant \varphi < b_1)$	0
3	5	3	4	4	3	5	3	$2\,(b_1 \leqslant \varphi < b_2)$	1
4	2	4	3	1	0	4	0	$4\,(b_2 \leqslant \varphi < b_3)$	2
5	0	5	1	6	2	6	0	$6\,(b_3 \leqslant \varphi < b_4)$	3
6	7*	2	3	5	6	—	—	$7\,(b_3 \leqslant \varphi < b_4)$	3

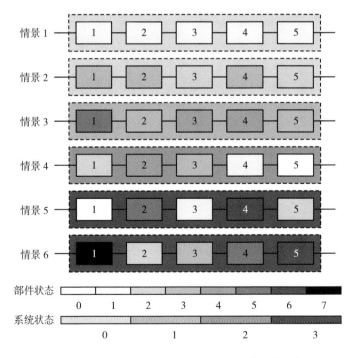

图 4.2　多态平衡系统 I 部件状态和系统状态示意

4.2.4　多态平衡系统Ⅱ状态定义规则

当考虑弹簧减震器中的弹簧呈现线性排列时，可以把弹簧减震器抽象成为基于对称位置状态差距的多态串联平衡系统，在本章中简称为多态平衡系统Ⅱ。这是由于对称位置的弹簧的弹力水平差距将影响弹簧减震系统的平衡，决定系统能否提供平稳的减震功能。具体来说，系统内所有处于对称位置的两个部件状态差距中的最大值决定了系统的平衡等级。如果系统内部件数目是奇数，那么只有当系统内中心位置的部件发生失效时，才会影响系统的平衡等级；也就是说，只要系统内中心位置的部件处于工作状态，它将不会影响整个系统的平衡等级，但是一旦它发生失效，由于系统是串联结构，系统将会立即失效。根据上述模型描述，定义系统内第 i 个部件和第 $n+1-i$ 个部件为系统内的第 i 组部件（$i=1,2,\cdots,[n/2]$），则可由下式表示多态平衡系统Ⅱ的平衡函数：

$$\varphi = (\max|X_{com}^i - X_{com}^{n+1-i}|)I(\max X_{com}^w < s) + sI(\max X_{com}^w = s),$$
$$i=1,2,\cdots,[n/2], w=1,2,\cdots,n \tag{4.12}$$

其中，$I(x)$ 是示性函数，$I(x)=1$ 表示事件 x 为真，$I(x)=0$ 表示事件 x 为假。$[n/2]$ 是多态平衡系统Ⅱ内部件组数，是不大于 $n/2$ 的最大整数。针对多态平衡系统Ⅱ，当部件对称状态差距越大时，系统平衡等级越大，系统的状态越差。

针对多态平衡系统Ⅱ，可以定义集合 $\mathbf{\Theta}_l$ 为：

$$\mathbf{\Theta}_l = \{\varphi, g_l \leqslant \varphi < g_{l+1}\}, l=0,1,\cdots,h \tag{4.13}$$

其中，g_l 是预设的值，且 $0=g_0<g_1<\cdots<g_{h+1}=s+1$。

同样地，基于以上分析，可以得到多态平衡系统Ⅱ的系统状态转移变化规则，通过式（4.2）至式（4.8），可以求得多态平衡系统Ⅱ的状态概率函数，以及当系统失效时，多态平衡系统Ⅱ的寿命概率分布列（概率密度函数）、期望冲击长度（系统的期望寿命长度）等。

为了更好地理解多态平衡系统Ⅱ的状态转移规则，下面以具体的例子来解释。多态平衡系统Ⅱ由5个相同部件组成，每个部件具有8个工作状态（$s=7$）。多态平衡系统Ⅱ的状态总共有4个（$h=3$），其中系统状态划分的参数为$g_0=0$，$g_1=2$，$g_2=4$，$g_3=6$和$g_4=8$。在此模型中，第1个和第5个部件是部件组1，第2个和第4个部件是部件组2，第3个部件是系统的中心部件。表4.2给出多态平衡系统Ⅱ在某个时刻的部件状态、系统平衡等级和系统状态可能发生情景。图4.3更为直观地展示了多态平衡系统Ⅱ的部件状态和系统状态可能发生的情景。在前4个情景中，由于多态平衡系统Ⅱ具有不同的平衡等级，因此多态平衡系统Ⅱ处于不同的运行状态。在第5个情景中，由于第1个和第5个部件的状态差距大于等于了阈值g_3，则多态平衡系统Ⅱ由于失去平衡而失效。第6个情景中，由于第4个部件的失效，导致整个多态平衡系统Ⅱ失效。

表4.2　　　多态平衡系统Ⅱ部件状态、系统状态和平衡等级实例

编号	X_{com}^1	X_{com}^2	X_{com}^3	X_{com}^4	X_{com}^5	$\mid X_{com}^1 - X_{com}^5 \mid$	$\mid X_{com}^2 - X_{com}^4 \mid$	φ	X_{sys}
1	3	3	3	3	3	0	0	$0\ (g_0 \leq \varphi < g_1)$	0
2	1	2	5	2	0	1	0	$1\ (g_0 \leq \varphi < g_1)$	0
3	4	3	1	6	2	2	3	$3\ (g_1 \leq \varphi < g_2)$	1
4	1	0	4	1	6	5	1	$5\ (g_2 \leq \varphi < g_3)$	2
5	6	3	2	1	0	6	2	$6\ (g_3 \leq \varphi < g_4)$	3
6	2	5	3	7*	6	—	—	$7\ (g_3 \leq \varphi < g_4)$	3

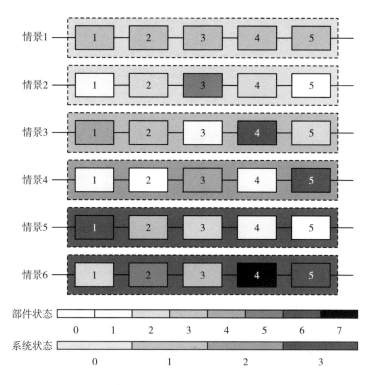

图 4.3　多态平衡系统 II 部件状态和系统状态示意

4.3　多态平衡系统可靠性分析

本小节采用两步的有限马尔可夫链嵌入法对 4.2 节所构建的多态平衡系统进行可靠性分析，并获得一系列相关的概率指标，如系统状态概率函数等。

第一步，以系统内的部件为研究对象，建模部件所遭受外部冲击的到达过程，构建相应的马尔可夫链，从而求得部件状态概率函数的解析表达式，即部件处于某个状态的概率。

第二步，当获得了部件失效过程的相关概率指标解析表达式后，如部件状态概率函数等，以整个系统为研究对象，针对前面提出的两个具体的基于状态差距的多态平衡系统（多态平衡系统 I 和 II），分别探究系统的平衡等级并判断系统所处的状态，分别构建相应的马尔可夫链，从而分别求得两个系统的状态概率函数的解析表达式，以及当系统失效时，系统寿命的概率分布列（概率密度函数）、期望冲击长度（系统的期望寿命长度）等。

4.3.1　部件状态概率函数

首先，对于部件应用第一步有限马尔可夫链嵌入法，基于4.2.2节中部件状态转移规则的定义，构建相应的马尔可夫链。当系统遭受 m 次冲击后，以部件为研究对象，定义两个随机变量：N_{tm} 表示累积有效冲击的数目；N_{cm} 表示连续有效冲击的数目。构建与随机变量 N_{tm} 和 N_{cm} 相关的马尔可夫链 $\{N_m, m \geqslant 0\}$ 为：

$$N_m = (N_{tm}, N_{cm}), \ m = 0, 1, \cdots$$

此马尔可夫链的状态空间为：

$$\Omega_{com}^s = \bigcup_{j=0}^{s} \Omega^j = \bigcup_{j=0}^{s-1} \left\{ (n_t, n_c), k_{tj} \leqslant n_t < k_{t,j+1}, n_c < k_c \right\} \cup \{E_{com}^s\}$$

其中，Ω^j 是状态空间的子集，它包含了部件被判定为处于状态 j 的所有状态。E_{com}^s 是吸收态，表示部件发生失效。

在构建一步转移概率矩阵 $\boldsymbol{\Lambda}_{com}^s$ 前，应该明确部件各个状态转移的相应规则，部件各个状态转移的规则为：

① 当 $n_c \leqslant n_t < k_{ts} - 1$ 且 $0 \leqslant n_c < k_c - 1$ 时，$P\{N_{m+1} = (n_t + 1, n_c + 1) \mid N_m = (n_t, n_c)\} = p$；

② 当 $n_c \leqslant n_t \leqslant k_{ts} - 1$ 且 $0 \leqslant n_c \leqslant k_c - 1$ 时，$P\{N_{m+1} = (n_t, 0) \mid N_m = (n_t, n_c)\} = q$；

③ 当 $n_t = k_{ts} - 1$ 且 $0 \leqslant n_c \leqslant k_c - 1$ 时，$P\{N_{m+1} = E_{com}^s \mid N_m = (n_t, n_c)\} = p$；

④ 当 $n_c \leqslant n_t < k_{ts} - 1$ 且 $n_c = k_c - 1$ 时，$P\{N_{m+1} = E_{com}^s \mid N_m = (n_t, n_c)\} = p$；

⑤ $P\{N_{m+1} = E_{com}^s \mid N_m = E_{com}^s\} = 1$；

⑥ 其他转移概率均为零。

当求得部件的一步转移概率矩阵 $\boldsymbol{\Lambda}^s_{com}$ 后，一步转移概率矩阵 $\boldsymbol{\Lambda}^s_{com}$ 可以

进一步被分为以下四个部分：

$$\boldsymbol{\Lambda}^s_{com} = \begin{bmatrix} \mathbf{A}_s & \mathbf{B}_s \\ \mathbf{0} & \mathbf{E} \end{bmatrix}_{|\Omega^s_{com}| \times |\Omega^s_{com}|} \tag{4.14}$$

其中，$|\Omega^s_{com}|$ 是状态空间 Ω^s_{com} 的基数。此外，$\mathbf{A}_s$（维度（$|\Omega^s_{com}| - 1$）× （$|\Omega^s_{com}| - 1$））表示转移态之间的一步转移概率矩阵；$\mathbf{B}_s$（维度（$|\Omega^s_{com}| - 1$）×1）表示转移态到吸收态的一步转移概率矩阵；$\mathbf{0}$（维度 1 ×（$|\Omega^s_{com}| - 1$））代表吸收态到转移态的一步转移概率矩阵，由于不可能发生，因此是一个零矩阵；$\mathbf{E}$（维度 1 × 1）代表吸收态之间的一步转移概率矩阵，是一个单位矩阵。

定义随机变量 M_s 表示当部件进入其状态 s 时，也就是部件失效时，部件遭受冲击的总数目。基于这个定义可知，随机变量 M_s 服从一个离散型的 PH 分布，表示为 $M_s \sim PH_d(\boldsymbol{\alpha}_s, \mathbf{A}_s)$，其中 $\boldsymbol{\alpha}_s = (1, 0, \cdots, 0)_{1 \times (|\Omega^s_{com}| - 1)}$。令 $\mathbf{A}_j (j = 1, 2, \cdots, s-1)$ 表示矩阵 $\mathbf{A}_s$ 中的主子阵，矩阵 $\mathbf{A}_j (j = 1, 2, \cdots, s-1)$ 的矩阵维度为 $z_j \times z_j$，其中 $z_j = \sum_{a=0}^{j-1} |\Omega^a|$。如果前 z_j 个状态被看作是转移态，那么所有剩余的状态都可以合成为吸收态 E^j_{com}，然后便可以构建新的状态空间 Ω^j_{com} 为：

$$\Omega^j_{com} = \left(\bigcup_{a=0}^{j-1} \Omega^a \right) \cup \{E^j_{com}\} = \bigcup_{a=0}^{j-1} \{(n_t, n_c)$$
$$k_{ta} \leqslant n_t < k_{t,a+1}, n_c < k_c\} \cup \{E^j_{com}\}$$

因此，相应的一步转移概率矩阵 $\boldsymbol{\Lambda}^j_{com}$ 可以被划分为：

$$\boldsymbol{\Lambda}^j_{com} = \begin{bmatrix} \mathbf{A}_j & \mathbf{B}_j \\ \mathbf{0} & \mathbf{E} \end{bmatrix}_{(z_j+1) \times (z_j+1)} \tag{4.15}$$

定义变量 M_j 表示当部件进入其状态 j 时，部件遭受冲击的总数目。根据这个定义可知，M_j 服从一个离散型的 PH 分布，表示为 $M_j \sim PH_d(\boldsymbol{\alpha}_j, \mathbf{A}_j)$，其中 $\boldsymbol{\alpha}_j = (1, 0, \cdots, 0)_{1 \times z_j}$。

当确定了一步转移概率矩阵 Λ_{com}^s 后，由下式求得部件状态概率函数，也就是当系统遭受了 m 次冲击后，部件处于状态 j 的概率为：

$$P_{mj} = \boldsymbol{\pi}_0 \left(\Lambda_{com}^s \right)^m \mathbf{e}_j^T \tag{4.16}$$

其中，$\boldsymbol{\pi}_0 = (1,0,\cdots,0)_{1 \times |\Omega_{com}^s|}$，$\mathbf{e}_j^T$ 是一个向量长度为 $|\Omega_{com}^s|$ 的列向量，并且其中第 $\left(\sum\limits_{a=0}^{j-1} |\Omega^a| + 1 \right)$ 个元素到第 $\left(\sum\limits_{a=0}^{j} |\Omega^a| \right)$ 个元素值为 1，其他元素值为 0。

此外，如果考虑连续时间的情况，定义 T_m 表示第 $m-1$ 次和第 m 次冲击之间的时间间隔。假设随机变量 T_m，$m = 1,2,\cdots$ 是独立同分布的，并且服从连续型 PH 分布，形式为 $T_m \sim PH_c(\boldsymbol{\beta},\mathbf{Q})$。定义 Z_j 表示部件进入其状态 j 时所需要的时间，Z_j 的计算公式为：

$$Z_j = \sum_{m=1}^{M_j} T_m, \ j = 1,2,\cdots,s \tag{4.17}$$

前面已经求得随机变量 M_j 的分布函数，表示为 $M_j \sim PH_d(\boldsymbol{\alpha}_j,\mathbf{A}_j)$。然后，基于 PH 分布的基本定理和性质，可以求得随机变量 Z_j 服从一个连续型 PH 分布，表示为：

$$Z_j \sim PH_c \left(\boldsymbol{\beta} \otimes \boldsymbol{\alpha}_j, \mathbf{Q} \otimes \mathbf{I} + (\mathbf{a}^0 \boldsymbol{\beta}) \otimes \mathbf{A}_j \right) \tag{4.18}$$

其中，$\mathbf{a}^0 = -\mathbf{Q}\mathbf{e}^T$，$\mathbf{I}$ 是一个单位矩阵，$\otimes$ 表示 Kronecker 积。

随机变量 Z_j 的累积分布函数为：

$$P\{Z_j \leq t\} = 1 - (\boldsymbol{\beta} \otimes \boldsymbol{\alpha}_j) \exp \left((\mathbf{Q} \otimes \mathbf{I} + (\mathbf{a}^0 \boldsymbol{\beta}) \otimes \mathbf{A}_j) t \right) \mathbf{e}^T \tag{4.19}$$

因此，在时刻 t 时，定义 $P_j(t)$ 表示部件处于状态 j 的概率，可由下式求得：

$$P_j(t) = \begin{cases} 1 - P\{Z_1 \leq t\}, & j = 0 \\ P\{Z_j \leq t\} - P\{Z_{j+1} \leq t\}, & j = 1,2,\cdots,s-1 \\ P\{Z_s \leq t\}, & j = s \end{cases} \tag{4.20}$$

4.3.2 多态平衡系统 I 状态概率函数

多态平衡系统 I，也就是任意位置部件状态差距的多态串联平衡系统，在这个系统中，系统的平衡等级取决于系统内所有部件之间的最大状态差距。首先，定义两个随机变量 Y_{m1}^i 和 Y_{m2}^i，分别表示当系统遭受 m 个冲击后，系统内前 i 个部件所处状态的最大值和最小值。然后，构建与随机变量 Y_{m1}^i 和 Y_{m2}^i 相关的马尔可夫链 $\{Y_m^i, 1 \leq i \leq n\}$ 为：

$$Y_m^i = (Y_{m1}^i, Y_{m2}^i), \quad i = 1, 2, \cdots, n; \; m = 0, 1, \cdots$$

状态空间为：

$$\Omega_{sys1} = \bigcup_{l=0}^{h} \Omega_{sys1}^l = \bigcup_{l=0}^{h-1} \{(y_1, y_2), b_l \leq y_1 - y_2 < b_{l+1}, 0 \leq y_2 \leq y_1 < s\} \cup \{E_{sys1}\}$$

其中，Ω_{sys1}^l 是状态空间的子集，表示当系统被判定处于状态 l 时对应的所有状态。E_{sys1} 表示吸收态，说明系统 I 发生失效。

从整个系统的角度来看，系统各个状态之间的一步转移概率矩阵 $\mathbf{\Lambda}_{sys1}^m$ 与部件的状态概率函数 P_{mj} 相关，转移概率矩阵 $\mathbf{\Lambda}_{sys1}^m$ 内状态转移规则如下所示。

① 当 $0 \leq y_2 \leq y_1 < s$ 时，$P\{Y_m^{i+1} = (y_1, y_2) \mid Y_m^i = (y_1, y_2)\} = \sum_{u=y_2}^{y_1} P_{mu}$；

② 当 $0 \leq y_2 \leq y_1 < s - 1$ 和 $y_1 < X_{com}^{i+1}(m) < \min(s, y_2 + b_h)$ 时，

$P\{Y_m^{i+1} = (X_{com}^{i+1}(m), y_2) \mid Y_m^i = (y_1, y_2)\} = P_{mX_{com}^{i+1}(m)}$；

③ 当 $0 \leq y_2 \leq y_1 < s$ 和 $\max(0, y_1 - b_h + 1) \leq X_{com}^{i+1}(m) < y_2$ 时，

$P\{Y_m^{i+1} = (y_1, X_{com}^{i+1}(m)) \mid Y_m^i = (y_1, y_2)\} = P_{mX_{com}^{i+1}(m)}$；

④ 当 $0 \leq y_2 \leq y_1 < s$ 和 $y_1 < b_h$ 时，

$$P\{Y_m^{i+1} = E_{sys1} \mid Y_m^i = (y_1, y_2)\} = \sum_{u=\min(s, y_2 + b_h)}^{s} P_{mu}$$；

⑤ 当 $0 \leq y_2 \leq y_1 < s$ 和 $y_1 \geq b_h$ 时，

$$P\{Y_m^{i+1} = E_{sys1} \mid Y_m^i = (y_1, y_2)\} = \sum_{u=0}^{\min(y_2-1, y_1-b_h)} P_{mu} + \sum_{u=\min(s, y_2+b_h)}^{s} P_{mu}$$；

⑥ $P\{Y_m^{i+1} = E_{sys1} \mid Y_m^i = E_{sys1}\} = 1$；

⑦ 其他转移概率均为零。

各个系统状态转移规则的详细阐述如下。转移规则①：当系统内下一个部件的状态不小于当前状态最小值且不大于当前状态最大值时，系统状态不发生变化。转移规则②：当系统内下一个部件的状态大于当前状态最大值时，系统状态变化的情况。转移规则③：当系统内下一个部件的状态小于当前状态最小值时，系统状态变化的情况。转移规则④：因为当前状态最大值小于 b_h，所以此时系统发生失效的原因有以下两种，一是系统内下一个部件失效；二是下一个部件的状态值导致部件状态差距值超过了导致系统失效的阈值。转移规则⑤：因为当前状态最大值大于等于 b_h，系统内下一个部件状态导致部件状态差距超过导致系统失效的阈值。

当确定系统各个中间态的转移规则后，可以求得一步转移概率矩阵 $\boldsymbol{\Lambda}_{sys1}^m$，并且矩阵 $\boldsymbol{\Lambda}_{sys1}^m$ 可以被划分为以下四个部分：

$$\boldsymbol{\Lambda}_{sys1}^m = \begin{bmatrix} \mathbf{C}_m & \mathbf{D}_m \\ \mathbf{0} & \mathbf{E} \end{bmatrix}_{|\Omega_{sys1}| \times |\Omega_{sys1}|} \tag{4.21}$$

其中，$|\Omega_{sys1}|$ 表示状态空间 Ω_{sys1} 的基数；$\mathbf{C}_m$（维度 $(|\Omega_{sys1}| - 1) \times (|\Omega_{sys1}| - 1)$）表示各个转移态之间的一步转移概率矩阵；$\mathbf{D}_m$（维度为 $(|\Omega_{sys1}| - 1) \times 1$）表示转移态到吸收态的一步转移概率矩阵；$\mathbf{0}_{1 \times (|\Omega_{sys1}| - 1)}$ 表示吸收态到转移态的一步转移概率矩阵，因为不可能发生，所以是一个零矩阵；$\mathbf{E}_{1 \times 1}$ 表示吸收态之间的一步转移概率矩阵，是一个单位矩阵。

求得一步转移概率矩阵 $\boldsymbol{\Lambda}_{sys1}^m$ 后，可由下式求得系统状态概率函数 $P_l^D(m)$：

$$P_l^D(m) = \boldsymbol{\pi}_0 (\boldsymbol{\Lambda}_{sys1}^m)^{n-1} \mathbf{e}_l^T \tag{4.22}$$

其中，$\boldsymbol{\pi}_0 = (P_{m0}, P_{m1}, \cdots, P_{m,s-1}, 0, \cdots, 0, P_{ms})_{1 \times |\Omega_{sys1}|}$，$\mathbf{e}_l^T$ 是矩阵长度为 $|\Omega_{sys1}|$ 的列向量，并且 $\mathbf{e}_l^T$ 中第 $\left(\sum\limits_{u=0}^{l-1} |\Omega_{sys1}^u| + 1\right)$ 个元素到第 $\left(\sum\limits_{u=0}^{l} |\Omega_{sys1}^u|\right)$

个元素的值为 1，其他元素值为 0。然后，通过式（4.3）和式（4.4）可以求出当系统失效时的冲击长度的概率分布列和期望冲击长度。

当两个冲击到达的时间间隔服从连续型 PH 分布时，可以求出在时刻 t 时，系统处于状态 l 的概率。基于前面的分析，在某个时刻 t 时，通过式（4.20），可以得到部件状态概率函数 $P_j(t)$。因此，可以构建一个连续时间情况下的马尔可夫链，将离散情况下的一步转移概率矩阵 Λ_{sys1}^m 中的概率值 P_{mj} 替换为 $P_j(t)$，进而求得连续时间情况下相应的一步转移概率矩阵 $\Lambda_{sys1}(t)$。因此，连续时间情况下系统状态概率函数 $P_l^C(t)$ 的计算公式为：

$$P_l^C(t) = \pi_0 \left(\Lambda_{sys1}(t) \right)^{n-1} \mathbf{e}_l^T \tag{4.23}$$

其中，π_0、$\mathbf{e}_l^T$ 和式（4.22）中的定义是相同的。此外，根据式（4.7）和式（4.8），可以分别求出冲击长度的概率密度函数和系统期望寿命。

4.3.3　多态平衡系统 II 状态概率函数

多态平衡系统 II，也就是对称位置部件状态差距的多态串联平衡系统。针对此系统，为了更方便地描绘系统的情况，当假设系统由 n 个部件构成时，则可以把系统结构看成是 $[n/2]$ 对部件。具体地，系统中第 i 个部件和第 $n+1-i$ 个部件看成系统的第 i 对部件。如果系统内部件数目是偶数，则系统内恰好有 $n/2$ 对部件；如果系统内部件数目是奇数，则系统内便有 $(n-1)/2$ 对部件，则系统中心位置的部件只有在失效状态时，才会对系统的平衡情况造成影响，导致系统发生失效，达到最差的平衡状态。

定义随机变量 D_m^v 表示系统遭受 m 个冲击后，包含前 v 对部件时系统所处的状态。然后，构建马尔可夫链：

$$\{D_m^v, v=1,2,\cdots,[n/2]\}$$

状态空间为 $\Omega_{sys2} = \{0,1,\cdots,h-1\} \cup \{E_{sys2}\}$，其中 E_{sys2} 是吸收态表示

多态平衡系统 Ⅱ 失效。

为了得到平衡系统 Ⅱ 的系统状态的一步转移概率矩阵，需要求得任意一对部件的状态差距为 δ 时的概率，可由下式求得，

$$
q_{\delta} = \begin{cases}
\sum\limits_{\alpha=0}^{s-1} P_{m\alpha}^2, & \delta = 0 \\
2\sum\limits_{\alpha=0}^{s-1-\delta} P_{m\alpha} P_{m,\alpha+\delta}, & \delta = 1,2,\cdots,g_h-1 \\
1 - (1 - P_{ms})^2 + 2\sum\limits_{\beta=g_h}^{s-1}\sum\limits_{\alpha=0}^{s-1-\beta} P_{m\alpha} P_{m,\alpha+\beta}, & \delta = \theta
\end{cases}
$$

(4.24)

其中，δ 表示任意一对部件之间的状态差距，当 $\delta = \theta$ 时，表示所对应的部件对将导致系统失效，有可能是因为此部件对中有一个部件发生失效，或者部件对中两个部件的状态差距大于等于阈值 g_h。当求得 q_{δ} 后，根据以下转移规律，可以得到一步转移概率矩阵 $\mathbf{\Lambda}_{sys2}^m$：

① 当 $d = 0,1,\cdots,h-1$ 时，$P\{D_m^{v+1} = d \mid D_m^v = d\} = \sum\limits_{\gamma=0}^{g_{d+1}-1} q_{\gamma}$；

② 当 $d = 0,1,\cdots,h-2$ 和 $\tilde{d} = d+1, d+2,\cdots,h-1$ 时，$P\{D_m^{v+1} = \tilde{d} \mid D_m^v = d\} = \sum\limits_{\gamma=g_{\tilde{d}}}^{g_{\tilde{d}+1}-1} q_{\gamma}$；

③ 当 $d = 0,1,\cdots,h-1$ 时，$P\{D_m^{v+1} = E_{sys2} \mid D_m^v = d\} = q_{\theta}$；

④ $P\{D_m^{v+1} = E_{sys2} \mid D_m^v = E_{sys2}\} = 1$；

⑤ 其他转移概率均为零。

各个系统状态转移规则的详细阐述如下。转移规则①：当系统内下一对部件的状态差距不大于当前系统状态差距的上限时，系统状态不发生变化的情景。转移规则②：当系统内下一对部件的状态差距处于某个更高的系统状态差距区间时，系统状态向更高的状态进行转移的情景。转移规则③：当系统内下一对部件的状态差距不小于 g_h 或者至少一个部件发生失效时，系统发生失效的情景。

求得一步转移概率矩阵 $\mathbf{\Lambda}_{sys2}^{m}$ 后，$\mathbf{\Lambda}_{sys2}^{m}$ 可以被分为以下四个部分：

$$\mathbf{\Lambda}_{sys2}^{m} = \begin{bmatrix} \mathbf{F}_m & \mathbf{G}_m \\ \mathbf{0} & \mathbf{E} \end{bmatrix}_{|\Omega_{sys2}| \times |\Omega_{sys2}|} \tag{4.25}$$

其中，$|\Omega_{sys2}|$ 是状态空间 Ω_{sys2} 的基数；$\mathbf{F}_m$（维度($|\Omega_{sys2}| - 1$)×($|\Omega_{sys2}| - 1$)）表示各个转移态之间的一步转移概率矩阵；$\mathbf{G}_m$（维度($|\Omega_{sys2}| - 1$)×1）表示转移态到吸收态的一步转移概率矩阵；$\mathbf{0}$ 表示吸收态到转移态的转移概率，这不可能发生，因此是一个零矩阵；$\mathbf{E}_{1\times1}$ 是一个单位矩阵，表示吸收态之间的一步转移概率矩阵。

在得到一步转移概率矩阵 $\mathbf{\Lambda}_{sys2}^{m}$ 后，可以求得系统状态概率函数 $P_l^D(m)$。当系统内部件的个数为偶数时，$P_l^D(m)$ 的计算公式为：

$$P_l^D(m) = \mathbf{\pi}_0 \left(\mathbf{\Lambda}_{sys2}^{m}\right)^{n/2} \mathbf{e}_l^T \tag{4.26}$$

其中，$\mathbf{\pi}_0 = (1,0,\cdots,0)_{1\times|\Omega_{sys2}|}$；$\mathbf{e}_l^T$ 是长度为 $|\Omega_{sys2}|$ 的列向量，其第 l 个元素的值为 1，其他元素值为 0。

当系统内部件的个数为奇数时，只有当处于中心位置的部件发生失效时，它才会影响系统的状态。也就是说，只要处在中心位置的部件不发生失效，系统的状态仅仅取决于系统内 $(n-1)/2$ 对部件中最大的状态差距。此外，如果系统发生失效，可能有以下两个可能的原因：①$(n-1)/2$ 对部件中，某对部件发生失效（其中一个部件失效或者两个部件最大状态差距超过了 g_h）；②处于中心位置的部件发生失效。因此，部件数目为奇数的系统状态概率函数的计算公式为：

$$P_l^D(m) = \begin{cases} \mathbf{\pi}_0 \left(\mathbf{\Lambda}_{sys2}^{m}\right)^{(n-1)/2} \mathbf{e}_l^T (1 - P_{ms}), & l = 0,1,\cdots,h-1 \\ 1 - \left[1 - \mathbf{\pi}_0 \left(\mathbf{\Lambda}_{sys2}^{m}\right)^{(n-1)/2} \mathbf{e}_l^T\right](1 - P_{ms}), & l = h \end{cases}$$

$$\tag{4.27}$$

其中，$\mathbf{\pi}_0$ 和 $\mathbf{e}_l^T$ 的含义与式（4.26）中的 $\mathbf{\pi}_0$ 和 $\mathbf{e}_l^T$ 相同。

类似地，当两个连续冲击到达的时间间隔服从连续型 PH 分布时，可以构建相应的马尔可夫链去获得连续时间情况下的系统状态概率函数 $P_l^C(t)$ 的解析表达式。根据式（4.10），可以得到部件状态概率函数 $P_j(t)$。在离散情况下的一步转移概率矩阵 $\mathbf{\Lambda}_{sys2}^m$ 中，当用 $P_j(t)$ 替换 P_{mj} 后，便可以得到连续时间情况下一步状态转移概率矩阵 $\mathbf{\Lambda}_{sys2}(t)$。如果系统内部件个数是偶数时，系统状态概率函数 $P_l^C(t)$ 的计算公式为：

$$P_l^C(t) = \boldsymbol{\pi}_0 \left(\mathbf{\Lambda}_{sys2}(t) \right)^n \mathbf{e}_l^T \qquad (4.28)$$

其中，$\boldsymbol{\pi}_0$ 和 $\mathbf{e}_l^T$ 的含义与式（4.26）中的 $\boldsymbol{\pi}_0$ 和 $\mathbf{e}_l^T$ 相同。

如果系统内部件的个数是奇数时，系统状态概率函数 $P_l^C(t)$ 的计算公式为：

$$P_l^C(t) = \begin{cases} \boldsymbol{\pi}_0 \left(\mathbf{\Lambda}_{sys2}(t) \right)^{(n-1)/2} \mathbf{e}_l^T \left(1 - P_s(t) \right), & l = 0, 1, \cdots, h-1 \\ 1 - \left[1 - \boldsymbol{\pi}_0 \left(\mathbf{\Lambda}_{sys2}(t) \right)^{(n-1)/2} \mathbf{e}_l^T \right] \left(1 - P_s(t) \right), & l = h \end{cases}$$

$$(4.29)$$

根据式（4.7）和式（4.8），可以分别求得多态平衡系统 Ⅱ 的系统寿命概率密度函数和系统期望寿命。

4.4 工程应用实例

以一个实际工程应用——弹簧减震器为例，本节将给出充足的算例来验证本章所构建的多态平衡系统的有效性，详细说明如何通过本章模型计算求得弹簧减震器系统可靠性相关概率指标。此外，本节还对模型中所涉及的各个参数进行灵敏度分析，对比分析出各个参数对弹簧减震器系统概率指标的影响和作用。

4.4.1 弹簧减震器系统实例

以汽车中的弹簧减震器为工程应用实例，假设该减震器中包含 5 个弹簧，当 5 个弹簧的排列形式为环形结构时，构成了弹簧减震器系统 I（多态平衡系统 I）；当这 5 个弹簧的排列形式为线形结构时，构成了弹簧减震器系统 II（多态平衡系统 II）。当汽车在行驶过程中通过减速带时，汽车中的弹簧减震器系统将吸收震动，从而减少汽车的颠簸。因此，汽车行驶通过减速带可以看成弹簧减震器系统遭受的一次外部冲击。对系统中的单个弹簧来说，到达的冲击以概率 $p = 0.1$ 对弹簧造成损害，给弹簧带来损害的冲击称为有效冲击；到达的冲击以概率 $q = 1 - p = 0.9$ 不对弹簧造成损害，不对弹簧造成损害的冲击称为无效冲击。假设每个弹簧总共具有 5 个状态（$s = 4$），弹簧失效的模型参数为 $k_{t0} = 0$，$k_{t1} = 1$，$k_{t2} = 2$，$k_{t3} = 3$，$k_{t4} = 4$，$k_c = 3$。对于弹簧减震器系统 I，弹簧减震器的状态情况取决于所有弹簧中状态最大值和最小值之间的状态差距。整个弹簧减震器系统 I 共有 4 个状态（$h = 3$），减震器系统 I 的模型参数为 $b_0 = 0$，$b_1 = 1$，$b_2 = 2$，$b_3 = 3$，$b_4 = 5$。对于弹簧减震器系统 II，弹簧减震器的状态情况取决于对称位置弹簧的最大状态差距。整个弹簧减震器系统 II 共有 4 个状态（$h = 3$），减震器系统 II 的模型参数为 $g_0 = 0$，$g_1 = 1$，$g_2 = 2$，$g_3 = 3$，$g_4 = 5$。两个冲击到达的时间间隔 T_m 服从指数分布，指数分布也是常用的连续型 PH 分布。因此，假设 T_m 服从分布参数为 $\lambda = 2$ 的指数分布，则随机变量 T_m 的 PH 分布表现形式为 $T_m \sim PH_c(1, -2)$，其中，$\boldsymbol{\beta} = 1$，$\mathbf{Q} = -2$，$\mathbf{a}^0 = 2$。

（1）单个弹簧状态概率函数

以单个弹簧为研究对象，单个弹簧的状态空间如下所示：

$$\Omega_{com}^4 = \{(0,0)\} \cup \{(1,0),(1,1)\} \cup \{(2,0),(2,1),(2,2)\} \cup$$
$$\{(3,0),(3,1),(3,2)\} \cup \{E_{com}^4\}$$

根据4.3.1节的分析，单个弹簧各个状态的一步转移概率矩阵如下所示：

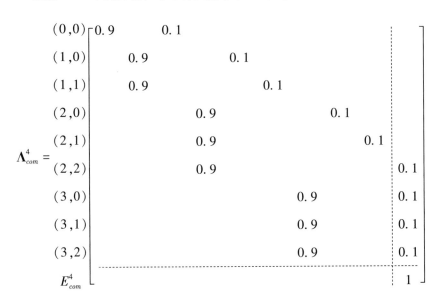

当弹簧减震器 I 共遭受 8 个冲击后，可以由式（4.16）求得单个弹簧处于其状态 $j(j=0,1,2,3,4)$ 的概率，分别为 $P_{80}=0.4305$，$P_{81}=0.3826$，$P_{82}=0.1488$，$P_{83}=0.0295$，$P_{84}=0.0086$。

基于 $\boldsymbol{\Lambda}_{com}^{4}$，可以求得 $\mathbf{A}_1$，$\mathbf{A}_2$，$\mathbf{A}_3$，$\mathbf{A}_4$ 如下：

$\mathbf{A}_1=0.9$

$$\mathbf{A}_2=\begin{bmatrix} 0.9 & 0 & 0.1 \\ 0 & 0.9 & 0 \\ 0 & 0.9 & 0 \end{bmatrix}$$

$$\mathbf{A}_3=\begin{bmatrix} 0.9 & 0 & 0.1 & 0 & 0 & 0 \\ 0 & 0.9 & 0 & 0 & 0.1 & 0 \\ 0 & 0.9 & 0 & 0 & 0 & 0.1 \\ 0 & 0 & 0 & 0.9 & 0 & 0 \\ 0 & 0 & 0 & 0.9 & 0 & 0 \\ 0 & 0 & 0 & 0.9 & 0 & 0 \end{bmatrix}$$

$$\mathbf{A}_4 = \begin{bmatrix} 0.9 & 0 & 0.1 & 0 & 0 & 0 & 0 & 0 & 0 \\ 0 & 0.9 & 0 & 0 & 0.1 & 0 & 0 & 0 & 0 \\ 0 & 0.9 & 0 & 0 & 0 & 0.1 & 0 & 0 & 0 \\ 0 & 0 & 0 & 0.9 & 0 & 0 & 0 & 0.1 & 0 \\ 0 & 0 & 0 & 0.9 & 0 & 0 & 0 & 0 & 0.1 \\ 0 & 0 & 0 & 0.9 & 0 & 0 & 0 & 0 & 0 \\ 0 & 0 & 0 & 0 & 0 & 0 & 0.9 & 0 & 0 \\ 0 & 0 & 0 & 0 & 0 & 0 & 0.9 & 0 & 0 \\ 0 & 0 & 0 & 0 & 0 & 0 & 0.9 & 0 & 0 \end{bmatrix}$$

如果考虑两次冲击到达的时间间隔，可以分别得到变量 M_1，M_2，M_3，M_4 的分布函数为：$M_1 \sim PH_d(\boldsymbol{\alpha}_1, \mathbf{A}_1)$，$M_2 \sim PH_d(\boldsymbol{\alpha}_2, \mathbf{A}_2)$，$M_3 \sim PH_d(\boldsymbol{\alpha}_3, \mathbf{A}_3)$，$M_4 \sim PH_d(\boldsymbol{\alpha}_4, \mathbf{A}_4)$。其中，$\boldsymbol{\alpha}_1 = 1$，$\boldsymbol{\alpha}_2 = (1,0,0)$，$\boldsymbol{\alpha}_3 = (1,0,0,0,0,0)$，$\boldsymbol{\alpha}_3 = (1,0,0,0,0,0,0,0,0)$。

接着，可以求得随机变量 Z_1，Z_2，Z_3，Z_4 的分布函数分别为：

$$Z_1 \sim PH_c(1, -0.2), Z_2 \sim PH_c(\boldsymbol{\alpha}_2, -2\mathbf{I} + 2\mathbf{A}_2),$$
$$Z_3 \sim PH_c(\boldsymbol{\alpha}_3, -2\mathbf{I} + 2\mathbf{A}_3), Z_4 \sim PH_c(\boldsymbol{\alpha}_4, -2\mathbf{I} + 2\mathbf{A}_4)$$

最后，可以求得弹簧各个状态的概率函数表达式为：

$$P_0(t) = 1 - P\{Z_1 \leqslant t\} = \exp(-0.2t)$$

$$P_1(t) = P\{Z_1 \leqslant t\} - P\{Z_2 \leqslant t\}$$
$$= [1 - \exp(-0.2t)] - [1 - \boldsymbol{\alpha}_2 \exp(-2(\mathbf{I} - \mathbf{A}_2)t)\mathbf{e}^T]$$

$$P_2(t) = P\{Z_2 \leqslant t\} - P\{Z_3 \leqslant t\}$$
$$= [1 - \boldsymbol{\alpha}_2 \exp(-2(\mathbf{I} - \mathbf{A}_2)t)\mathbf{e}^T] - [1 - \boldsymbol{\alpha}_3 \exp(-2(\mathbf{I} - \mathbf{A}_3)t)\mathbf{e}^T]$$

$$P_3(t) = P\{Z_3 \leqslant t\} - P\{Z_4 \leqslant t\}$$
$$= [1 - \boldsymbol{\alpha}_3 \exp(-2(\mathbf{I} - \mathbf{A}_3)t)\mathbf{e}^T] - [1 - \boldsymbol{\alpha}_4 \exp(-2(\mathbf{I} - \mathbf{A}_4)t)e^T]$$

$$P_4(t) = P\{Z_4 \leqslant t\}$$
$$= [1 - \boldsymbol{\alpha}_4 \exp(-2(\mathbf{I} - \mathbf{A}_4)t)\mathbf{e}^T]$$

设置 $t=8$ 为例代入弹簧各个状态的概率函数表达式中，可以计算求得弹簧处于各个状态的概率为 $P_0(8)=0.2019$，$P_1(8)=0.3230$，$P_2(8)=0.2584$，$P_3(8)=0.1344$，$P_4(8)=0.0823$。

（2）弹簧减震器系统 I 状态概率函数

弹簧减震器中的 5 个弹簧呈环形排列时，可以抽象成为多态平衡系统 I，因此，弹簧减震器系统 I 的状态空间为：

$$\Omega_{sys1} = \{(0,0),(1,1),(2,2),(3,3)\} \cup \{(1,0),(2,1),(3,2)\} \cup$$
$$\{(2,0),(3,1)\} \cup \{E_{sys1}\}$$

接着，求得弹簧减震器系统 I 各个状态的一步转移概率矩阵为：

$$\Lambda_{sys1}^{8} = \begin{array}{c} (0,0) \\ (1,1) \\ (2,2) \\ (3,3) \\ (1,0) \\ (2,1) \\ (3,2) \\ (2,0) \\ (3,1) \\ E_{sys1} \end{array} \left[\begin{array}{cccccccc|c} 0.4305 & & & 0.3826 & & 0.1488 & & & 0.0381 \\ 0.3826 & & & 0.4305 & 0.1488 & 0.1488 & & 0.0295 & 0.0086 \\ & 0.1488 & & & 0.3826 & 0.0295 & 0.4305 & & 0.0086 \\ & & 0.0295 & & & 0.1488 & & 0.3826 & 0.4390 \\ & & & 0.8131 & & 0.1488 & & & 0.0381 \\ & & & & 0.5314 & & 0.4305 & 0.0295 & 0.0086 \\ & & & & & 0.1783 & & 0.3826 & 0.4390 \\ & & & & & & 0.9619 & & 0.0381 \\ & & & & & & & 0.5610 & 0.4390 \\ \hline & & & & & & & & 1 \end{array} \right]$$

因此，弹簧减震器系统 I 的状态概率函数可由式（4.22）求得系统 I 各个状态概率函数为 $P_0^D(8)=0.0231$，$P_1^D(8)=0.3667$，$P_2^D(8)=0.4470$，$P_3^D(8)=0.1633$。

（3）弹簧减震器系统 II 状态概率函数

由于弹簧减震器由呈线性排列的 5 个弹簧构成，此弹簧减震器可抽象为多态平衡系统 II。因此，弹簧减震器系统 II 中有 2 对部件和 1 个处在中心位置的部件。根据多态平衡系统 II 马尔可夫链的定义，此时弹簧减震器的状态空间为：

$$\Omega_{sys2} = \{0,1,2\} \cup \{E_{sys2}\}$$

可以求得任意一对部件中状态差距为 δ 的概率为：

$$q_0 = \sum_{\alpha=0}^{3} P_{8\alpha}^2 = 0.3547$$

$$q_1 = 2\sum_{\alpha=0}^{2} P_{8\alpha}P_{8,\alpha+1} = 0.4521$$

$$q_2 = 2\sum_{\alpha=0}^{1} P_{8\alpha}P_{8,\alpha+2} = 0.1507$$

$$q_\theta = 1 - (1 - P_{84})^2 + 2P_{80}P_{8,3} = 0.0425$$

因此，可以求得弹簧减震器各个状态之间的一步转移概率矩阵为：

$$\mathbf{\Lambda}_{sys2}^{8} = \begin{bmatrix} 0.3547 & 0.4521 & 0.1507 & 0.0425 \\ & 0.8068 & 0.1507 & 0.0425 \\ & & 0.9575 & 0.0425 \\ \hline & & & 1 \end{bmatrix}$$

由于弹簧减震器的弹簧总数是奇数，通过式（4.27），可以求出系统状态概率函数，其中，$m=8$，$n=5$，$\boldsymbol{\pi}_0 = (1,0,0,0)$，$\mathbf{e}_0 = (1,0,0,0)$，$\mathbf{e}_1 = (0,1,0,0)$，$\mathbf{e}_2 = (0,0,1,0)$，$\mathbf{e}_3 = (0,0,0,1)$。然后，可以计算求得系统处于各个状态的概率为 $P_0^D(8) = 0.1248$，$P_1^D(8) = 0.5206$，$P_2^D(8) = 0.2636$，$P_3^D(8) = 0.0910$。

4.4.2 基于不同平衡函数的弹簧减震器系统比较分析

假设多态平衡系统由 5 个部件组成，并且每个部件共有 8（$s=7$）个状态。弹簧减震器系统Ⅰ和Ⅱ所采用的平衡函数分别是任意位置部件状态差距的平衡函数及对称位置部件状态差距的平衡函数。表4.3 给出了弹簧减震器系统Ⅰ和Ⅱ的相关模型参数，包括了部件和两种系统划分成多态的阈值参数。

表 4.3　　　　　　弹簧减震器系统 Ⅰ 和 Ⅱ 的参数

弹簧相关参数								
k_{t0}	k_{t1}	k_{t2}	k_{t3}	k_{t4}	k_{t5}	k_{t6}	k_{t7}	k_c
0	1	2	3	4	5	6	7	4

弹簧减震器系统 Ⅰ 相关参数					弹簧减震器系统 Ⅱ 相关参数				
k_0	k_1	k_2	k_3	k_4	g_0	g_1	g_2	g_3	g_4
0	2	4	6	8	0	2	4	6	8

当弹簧减震器系统Ⅰ和Ⅱ完全失效时，用$E_1(M_s)$和$E_2(M_s)$分别表示弹簧减震器系统Ⅰ和Ⅱ遭受的期望冲击长度，用$E_1(T)$和$E_2(T)$分别表示弹簧减震器系统Ⅰ和Ⅱ的期望寿命。当组成系统的部件个数n和发生有效冲击的概率p变化时，表4.4给出了弹簧减震器系统Ⅰ和Ⅱ的遭受的期望冲击长度$E_1(M_s)$，$E_2(M_s)$和期望寿命$E_1(T)$，$E_2(T)$的结果。

表4.4　　　弹簧减震器系统Ⅰ和Ⅱ遭受的期望冲击长度与期望寿命

n	p	$E_1(M_s)$	$E_2(M_s)$	$E_1(T)$	$E_2(T)$
5	0.1	42.8661	43.4244	20.6232	20.9774
	0.2	21.6942	21.8755	10.0542	10.2137
	0.4	9.9308	9.9481	4.3455	4.3934
8	0.1	37.4276	38.6019	17.7072	18.4263
	0.2	19.0037	19.3845	8.5362	8.8518
	0.4	8.3819	8.4108	3.5228	3.6043
10	0.1	34.9903	36.6017	16.4047	17.3710
	0.2	17.7892	18.3110	7.8589	8.2758
	0.4	7.6998	7.7342	3.1741	3.2720
15	0.1	30.7497	33.3453	14.1726	15.6580
	0.2	15.6510	16.4885	6.7035	7.3187
	0.4	6.5751	6.6146	2.6172	2.7330

在表4.4中所有结果中，弹簧减震器系统Ⅰ的期望寿命都小于弹簧减震器Ⅱ的寿命，说明与弹簧减震器系统Ⅰ相比，弹簧减震器系统Ⅱ的系统结构更具有抗冲击性，更耐得住冲击的损害。此外，我们还可知，当组成系统的部件个数固定时，随着发生有效冲击的概率p变大，弹簧减震器系统Ⅰ和Ⅱ的期望冲击长度与期望寿命都会减少。这可理解为，如果有效冲击发生概率大，两种结构的系统都会更加容易失效。当发生有效冲击的概率p保持不变时，随着组成系统的弹簧数目n变大，弹簧减震器系统Ⅰ和Ⅱ的期望冲击长度与期望寿命也都会减少。这可理解为，当系统内的弹簧个数越多，系统失效的风险和可能性会升高。

当组成系统的弹簧数目为$n=5$和发生有效冲击的概率为$p=0.1$时，图4.4展示了系统Ⅰ和Ⅱ的状态概率函数$P_l^D(m)$。随着冲击长度的增加，弹簧减震器系统 I 和 II 处于状态 0（完美运行状态）的概率都逐渐降低；相反的是，随着冲击长度的增加，弹簧减震器系统 I 和 II 处于状态 3（完全失效状态）的概率都逐渐升高。弹簧减震器系统 I 和 II 处于状态 1 和状态 2 都呈现先升后降的趋势。对弹簧减震器系统 I 和 II 来说，$P_1^D(m)$ 曲线比 $P_2^D(m)$ 曲线更早地达到最高点。弹簧减震器系统 II 的 $P_1^D(m)$ 曲线和 $P_2^D(m)$ 曲线最高点均小于弹簧减震器系统 I 相应曲线的最高点。随着时刻 t 的变化，图 4.5 展示了弹簧减震器系统 I 和 II 状态概率函数 $P_l^C(t)$ 曲线的变化情况，曲线的变化情况和离散情况下的 $P_l^D(m)$ 相似。

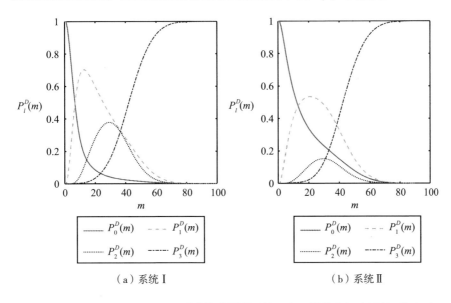

（a）系统 I　　　　　　　　（b）系统 II

图 4.4　参数为 $n=5$ 和 $p=0.1$ 时弹簧减震器系统 I 和 II 的状态概率函数 $P_l^D(m)$

当模型参数为 $m=10$ 和 $t=4$ 时，随着发生有效冲击的概率 p 变大，图 4.6 和图 4.7 分别展示了在离散情况下及连续时间情况下，弹簧减震器系统 I 和 II 状态概率函数的变化曲线。对于弹簧减震器系统 I 和 II 来说，当所遭受的冲击长度和遭受冲击的时间固定时，随着有效冲击概率 p 不断变大，$P_3^D(10)$ 和 $P_3^C(4)$ 不断升高；然而，随着有效冲击概率 p 不断变大，$P_0^D(10)$ 和 $P_0^C(4)$ 不断降低。此外，随着有效冲击概率 p 不断变大，$P_1^D(10)$，$P_2^D(10)$，$P_1^C(4)$ 和 $P_2^C(4)$ 均呈现典型的倒 "U" 型变化趋势。

平衡系统可靠性建模与分析

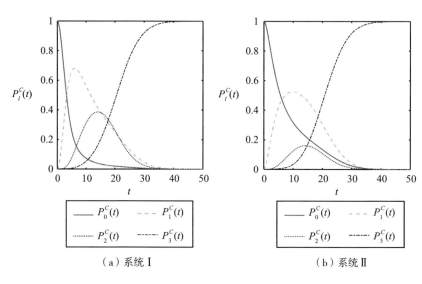

（a）系统Ⅰ　　　　　　　　　　（b）系统Ⅱ

图 4.5　参数为 $n = 5$ 和 $p = 0.1$ 时弹簧减震器系统Ⅰ和Ⅱ的状态概率函数 $P_l^C(t)$

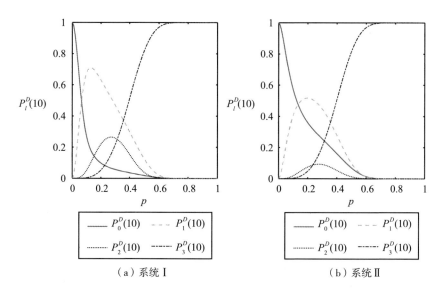

（a）系统Ⅰ　　　　　　　　　　（b）系统Ⅱ

图 4.6　参数为 $n = 5$ 和 $m = 10$ 时弹簧减震器系统Ⅰ和Ⅱ的状态概率函数 $P_l^D(10)$

为了验证所构建模型的有效性，本书采用蒙特卡洛仿真方法验证随着冲击次数 m 的变化，多态平衡系统Ⅰ和Ⅱ的状态概率函数 $P_l^D(m)$ 的变化趋势。图 4.8（a）和（b）分别展示了多态平衡系统Ⅰ和Ⅱ的仿真解及解析解的比较结果。在图 4.8（a）和（b）中，仿真结果和解析解的

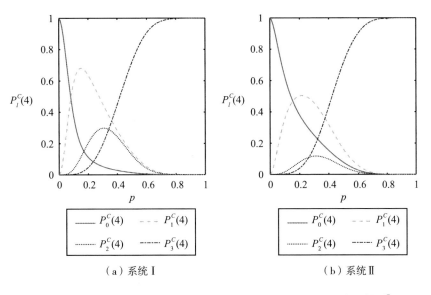

（a）系统 I   （b）系统 II

图 4.7　参数为 $n = 5$ 和 $t = 4$ 时弹簧减震器系统 I 和 II 的状态概率函数 $P_l^C(4)$

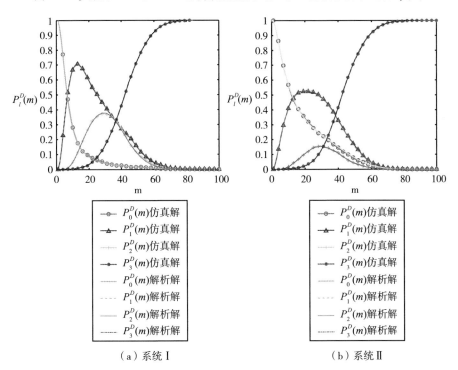

（a）系统 I   （b）系统 II

图 4.8　当 $n = 5$ 和 $p = 0.1$ 时，$P_l^D(m)$ 的仿真解和解析解比较

平衡系统可靠性建模与分析

变化趋势保持高度一致，进而可以验证状态概率函数解析解的正确性。

4.5　本章小结

　　本章构建了在冲击环境下运行的多态平衡系统通用模型，提出了平衡函数用以刻画系统平衡等级和系统多种状态之间的关系。以通用模型为基础，分别考虑系统内任意位置部件状态差的平衡函数和对称位置部件状态差的平衡函数，分别构建了相应的多态平衡系统可靠性模型。然后，通过运用两步有限马尔可夫链嵌入法，求得了多态平衡系统的状态概率函数和其他相关概率指标的解析表达式。最后，以弹簧减震器系统为工程应用实例，给出了丰富的算例验证新模型和所用方法的有效性，此外，本章对比分析了构建的多态平衡系统Ⅰ和Ⅱ，得出以下结论：多态平衡系统Ⅱ的系统结构抗冲击性更强；随着多态平衡系统Ⅰ和Ⅱ遭受的冲击长度越大，多态平衡系统Ⅰ和Ⅱ的期望寿命将减小；随着发生有效冲击的概率越大，多态平衡系统Ⅰ和Ⅱ的期望寿命也将逐渐缩短。

第5章

多态平衡系统的调节策略
与维修策略优化研究

5.1 引言

在实际应用中，一些工程系统往往需要在运行过程中时刻保持平衡状态，以保证系统运行的平稳性及可靠性，如机械制造领域中的装配生产线平衡问题。一个完整的装配生产线通常包含多道装配工序，被加工的零部件需要依次通过每道工序进行作业，由于不同加工设备的制作工艺、操作方法、运行环境等不同，导致长时间运行后每台加工设备性能水平的退化规律不同，因此每道工序的作业效率也不可避免会存在差异[181-182]。而不同工序间效率不均衡的问题会导致整体效率损失、部分工序产能过剩及等待浪费等现象，因此在实际工作中通常会对生产线的各道工序进行载荷分析、性能分配等，以调整不同工序的工作载荷，实现生产线的整体效率均衡，提高整体利用率，降低性能损耗，节约运行费用。又如新能源汽车的电池组系统的电池均衡问题，当电池长时间运行之后，由于不同电池单体之间的个体差异，可能导致各电池之间存在电压偏差，如果不及时加以调整，可能会造成电池组的过充、过放等后果，对电池组产生损害，导致其运行不稳定，缩短整个电池组的长期使用寿命，影响电池组系统的可靠性。为了避免以上问题产生，可以采取主动均衡的方式，及时调整各电池单体之间的电压，确保电池运行过程中的安全性与稳定性。

基于以上装配生产线平衡问题和电池均衡问题，本章构建了执行调节策略的多态 n 中取 $k(\mathrm{F})$ 平衡系统可靠性模型。模型中系统和所有部件均具有多个运行状态，且系统运行过程中需要保证所有部件的最大状态与最小状态之差在预设范围之内，否则认为系统失衡，并启动平衡调节策略，识别出所有状态超出阈值的部件，并将其状态调整至阈值内以保持系统平衡。本章运用马尔可夫过程来刻画部件状态退化过程，并运用马尔可夫过程的相关性质推导出系统可靠度及相关概率指标的解析表达式。此外，针对该多态平衡系统，本章设计了一个基于役龄的维修策略，构建了相应的维修策略优化模型。最后，本章以装配生产线平衡问题为背景，验证了所构建模型和维修策略的有效性。

以下给出本章所用符号及含义：

n	系统中部件个数。
M	系统和部件状态的最大值（即完美工作状态）。
Ω_{com}	部件状态空间。
Ω_{sys}	系统状态空间。
x_i	系统中第 i 个部件的状态，$i=1,2,\cdots,n$。
x	向量 $\mathbf{x}=(x_1,x_2,\cdots,x_n)$，即系统中所有部件状态的向量。
$\phi(\mathbf{x})$	系统结构函数，即给定部件状态下的系统状态。
k_l	界定系统状态的部件个数阈值。
d	系统平衡阈值，即可接受的最大部件状态之差。
T	系统寿命，即系统开始运行到完全失效的运行时间。
T_p	预防性维修役龄。
c_p	预防性维修费用。
c_f	事后维修费用。

5.2 系统可靠性建模

5.2.1 模型假设

本章所构建的多态平衡系统可靠性模型的基本假设如下：

① 系统由 n 个同型多态部件组成；

② 每个部件的状态空间均为 $\Omega_{com} = \{0, 1, \cdots, M\}$，其中状态 M 表示完美工作状态，状态 0 表示完全失效状态；

③ 系统的状态空间为 $\Omega_{sys} = \{0, 1, \cdots, M\}$，同样以状态 M 表示完美工作状态，状态 0 表示完全失效状态；

④ 令 x_i 表示系统中第 i 个部件的状态（$i = 1, 2, \cdots, n$），令向量 $\mathbf{x} = (x_1, x_2, \cdots, x_n)$ 表示系统中所有部件的状态；

⑤ 令 $\phi(\mathbf{x})$ 表示系统结构函数，即给定部件状态下的系统状态；

⑥ 每个部件的状态退化过程都遵循同一个连续时间的马尔可夫过程；

⑦ 所有部件的状态都可以实时监测；

⑧ 所有平衡调节措施都是瞬时完成的，即平衡调节时间忽略不计。

5.2.2 模型描述

一般化的多态 n 中取 $k(\mathrm{F})$ 系统由左和田（Zuo & Tian，2006）[183] 首次提出，其可靠性模型如下。

多态 n 中取 $k(\mathrm{F})$ 系统可靠性模型[183]：一个 n 部件系统若满足以下条件则可以被称为多态 n 中取 $k(\mathrm{F})$ 系统，如果系统中状态低于 $l(j \leqslant l \leqslant M)$ 的部件数大于等于 k_l，则系统状态小于 j，即 $\phi(\mathbf{x}) < j (1 \leqslant j \leqslant M)$。

上述模型只给出了系统状态小于 j 的条件，为了更清楚地描述该系统特征并进行后续可靠性指标分析，以下给出了该系统恰好处于每一个状态的具体条件。

多态 n 中取 $k(F)$ 系统可靠性模型的等价描述：一个 n 部件系统若满足以下条件则可以被称为多态 n 中取 $k(F)$ 系统，如果系统中状态低于 M 的部件数小于 k_M，则系统状态为 M，即 $\phi(\mathbf{x}) = M$；如果系统中状态低于 $l(j+1 \leq l \leq M)$ 的部件数大于等于 k_l，且状态低于 j（$0 < j < M$）的部件数小于 k_j，则系统状态为 j，即 $\phi(\mathbf{x}) = j$；如果系统中状态低于 $l(l \geq 1)$ 的部件数大于等于 k_l，则系统状态为 0，即 $\phi(\mathbf{x}) = 0$。

本章中，系统平衡的含义是系统中所有部件状态的最大值和最小值之差在预设范围之内，具体内容如下。

系统平衡准则：一个一般化的多态 n 中取 $k(F)$ 系统处于平衡状态，如果该系统中所有部件状态之差不超过预设的阈值 d，即 $\max\limits_{1 \leq i \leq n}(x_i) - \min\limits_{1 \leq i \leq n}(x_i) \leq d$。

由于部件状态可以实时监测，因此可以根据上述定义实时判断系统是否处于平衡状态，若监测到系统失衡，则应采取以下平衡调节策略。

平衡调节策略：当系统失衡但未失效时，即 $\max\limits_{1 \leq i \leq n}(x_i) - \min\limits_{1 \leq i \leq n}(x_i) > d$，且 $\phi(\mathbf{x}) > 0$，立即检测系统中状态大于 $\min\limits_{1 \leq i \leq n}(x_i) + d$ 的部件，并将其状态调整为 $\min\limits_{1 \leq i \leq n}(x_i) + d$。

基于以上系统平衡准则及平衡调节策略，得到该系统运行的流程如图5.1所示。其中部件和系统的初始状态均为 M，在运行过程中部件状态不断退化，当监测到系统未失效但处于失衡状态时，立即执行平衡调节措施，而后系统继续运行直至失效。

为了更好地说明该系统的运行过程，以下将用一个实例进行详细说明。考虑一个由5个部件构成的系统，系统运行参数分别为 $n = 5, M = 3$，$k_1 = 2, k_2 = 1, k_3 = 2, d = 2$。根据系统状态定义，该系统处于各个状态的条件在表5.1中给出。该系统一个可能的运行过程如图5.2所示。在初始时刻，所有部件和系统均为完美工作状态，即 $\mathbf{x} = (3,3,3,3,3)$，且 $\phi(\mathbf{x}) = 3$。随着系统运行，部件状态逐渐退化，当系统中有2个部件状态退化至状态2，系统状态转移至状态2。当系统中部件5的状态退化至0，即部件5

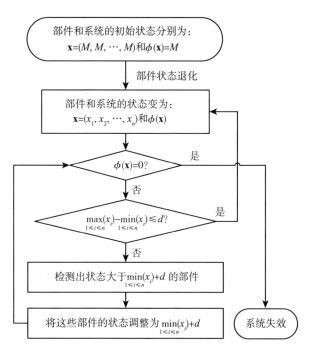

图 5.1   执行调节策略的多态 n 中取 k(F)系统运行流程

处于完全失效状态，则系统中部件最大状态与最小状态之差为 3，超过平衡阈值 $d=2$，根据系统平衡的定义，此时系统处于失衡状态，因此需要立即执行平衡调节措施。目前系统中最差的状态为 0，由于平衡阈值为 2，应首先监测出所有状态超过 2 的部件，即部件 1 和部件 4，然后将他们的状态均调整为 2，以保持系统平衡。系统继续运行，直至部件 1 退化至状态 0，系统完全失效。图 5.2 中的失衡系统表示系统运行过程中处于失衡状态但尚未进行平衡调节的系统，当监测到系统失衡时，需要立即进行平衡调节，使其恢复平衡状态，由于平衡调节时间可忽略不计，因此这一状态在系统运行过程中仅为中间状态，不会停留，而图 5.2 中的失效系统则表示经过平衡调节后仍失效的系统。

表 5.1   执行调节策略的多态 n 中取 k（F）系统处于各状态的条件

系统状态	条件
3	低于状态 3 的部件数小于 2
2	低于状态 3 的部件数大于等于 2，低于状态 2 的部件数小于 1

系统状态	条件
1	低于状态3的部件数大于等于2，低于状态2的部件数大于等于1，低于状态1的部件数小于2
0	低于状态3的部件数大于等于2，低于状态2的部件数大于等于1，低于状态1的部件数大于等于2

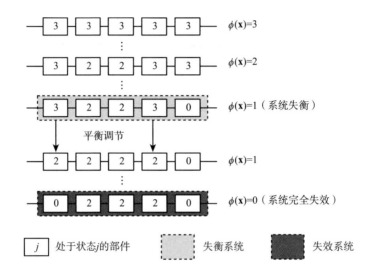

图5.2 执行调节策略的多态 n 中取 k(F)系统运行过程示例

5.2.3 模型扩展

依据系统不同的平衡准则，可以将上述系统可靠性模型进行一些扩展。例如，系统状态越差，失衡对系统造成的损伤程度也就越大，为描述这种现象，可以对不同状态设置不同的平衡阈值。基于此，可以提出以下扩展平衡准则 I 。

扩展平衡准则 I ： 一个一般化的多态 n 中取 k(F)系统处于平衡状态，如果该系统中所有部件状态之差不超过一定的阈值，即 $\max\limits_{1\leqslant i\leqslant n}(x_i) - \min\limits_{1\leqslant i\leqslant n}(x_i) \leqslant d_{\min\limits_{1\leqslant i\leqslant n}(x_i)}$，其中 $d_{\min\limits_{1\leqslant i\leqslant n}(x_i)}$ 是事先给定的常数，且对于 $r<l$，有 $d_r\leqslant d_l$。

上述平衡准则是对5.2.2节中平衡准则的扩展，如果将扩展平衡准则 I

中所有的 $d_l(0 \leq l \leq M)$ 设置成同样的值，则可以退化成 3.2.2 节中的平衡准则。

对于结构更为复杂，部件数量较多的系统，还可以依据系统中部件状态的中位数和四分位数等来定义系统平衡，以下分别给出两个实例。

扩展平衡准则Ⅱ：一个一般化的多态 n 中取 k(F) 系统处于平衡状态，如果该系统中所有部件状态的中位数不超过一定的阈值，即当 n 为奇数时有 $X_{((n+1)/2)} \leq d_M$，当 n 为偶数时有 $[X_{(n/2)} + X_{(n/2+1)}]/2 \leq d_M$，其中 d_M 是事先给定的常数，且 $X_{(i)}$ 为 $X_1, X_2, \cdots, X_n$ 的第 i 个次序统计量。

扩展平衡准则Ⅲ：一个一般化的多态 n 中取 k(F) 系统处于平衡状态，如果该系统中所有部件状态的第三四分位数和第一四分位数之差不超过一定的阈值，即 $Q_3 - Q_1 \leq d_Q$，其中 d_Q 是事先给定的常数，且 Q_1 和 Q_3 分别为 $X_1, X_2, \cdots, X_n$ 的第一和第三四分位数。

此外，还可以根据其他平衡准则构建不同的平衡系统。对于这些系统，其可靠性分析方法都是类似的，本章重点以 5.2.2 节所述的平衡准则为例，对其进行可靠性指标推导与维修策略优化等问题的研究，对于其他平衡准则下的平衡系统可以进行类似的探讨。

5.3 系统可靠性建模

本章运用马尔可夫过程嵌入法来推导多态 n 中取 k(F) 平衡系统的可靠度等概率指标。首先，为描述部件的退化过程，构建一个离散状态连续时间的马尔可夫过程 $\{X(t), t \geq 0\}$，其状态空间为 $\{0, 1, \cdots, M\}$，从状态 i 到状态 $j(i>j)$ 的转移率为 $\lambda_{i,j}$。该马尔可夫过程的状态转移过程如图 5.3 所示。

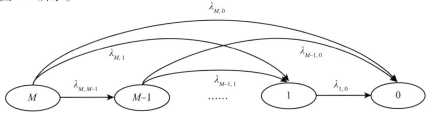

图 5.3 部件层面马尔可夫过程状态转移

其次，为刻画整个系统的状态退化过程，构建一个离散状态连续时间的马尔可夫过程 $\{\mathbf{Y}(t), t \geq 0\}$，$\mathbf{Y}(t)$ 表示为：

$$\mathbf{Y}(t) = (Y_0(t), Y_1(t), \cdots, Y_M(t)), t \geq 0$$

其中，$Y_j(t)(0 \leq j \leq M)$ 代表时刻 t 处于状态 j 的部件个数，易知 $\sum_{j=0}^{M} Y_j(t) = n$。对于一个给定的状态 $(y_0, y_1, \cdots, y_M)$，分别定义 j_{max} 和 j_{min} 为系统中部件状态的最大值和最小值，即 $j_{max} = \max\limits_{0 \leq j \leq M} \{j \mid y_j \neq 0\}$ 和 $j_{min} = \min\limits_{0 \leq j \leq M} \{j \mid y_j \neq 0\}$，且为保持系统平衡，需要满足 $j_{max} - j_{min} \leq d$。需要注意的是，这里定义的马尔可夫过程的状态与实际的系统状态不同。例如，对于一个由 3 个部件组成的系统来说 $(j_{max} - j_{min} \leq d)$，部件和系统最好的状态都是状态 $2(M=2)$，则该系统实际状态分别为 0，1，2，但马尔可夫过程的状态应表示为 (y_0, y_1, y_2)，其中 $y_j(j=0,1,2)$ 是 $Y_j(t)$ 的一个实现值，表示在时刻 t 处于状态 j 的部件数。

该马尔可夫过程的状态空间为 Ω，可被划分为 $M+1$ 个子集，即 $\Omega = \Omega_M \cup \Omega_{M-1} \cup \cdots \cup \Omega_0$，其中子集 $\Omega_j(0 \leq j \leq M)$ 中的状态代表此时系统处于状态 j。根据定义可知，当 $j=0$ 时，状态低于 $l(l=1,2,\cdots,M)$ 的部件个数大于等于 k_l，即 $y_0 + \cdots + y_{l-1} \geq k_l$；当 $1 \leq j \leq M-1$ 时，状态低于 $l(j+1 \leq l \leq M)$ 的部件数大于等于 k_l，且同时状态低于 j 的部件数小于 k_j；当 $j=M$ 时，状态低于 M 的部件数小于 k_M。在以上所有情形中，需满足 $j_{max} - j_{min} \leq d$ 以保证系统平衡。因此，该马尔可夫过程状态空间的子集 Ω_j 可以写作：

$$\Omega_j = \begin{cases} \left\{ \begin{matrix} (y_0, y_1, \cdots, y_M) \mid y_0 \geq k_1, y_0 + y_1 \geq k_2, \cdots, \\ \sum_{u=0}^{M-1} y_u \geq k_M, j_{max} - j_{min} \leq d \end{matrix} \right\}, & j = 0 \\[4mm] \left\{ \begin{matrix} (y_0, y_1, \cdots, y_M) \mid \sum_{u=0}^{j-1} y_u < k_j, \sum_{u=0}^{j} y_u \geq k_{j+1}, \cdots, \\ \sum_{u=0}^{M-1} y_u \geq k_M, j_{max} - j_{min} \leq d \end{matrix} \right\}, & 0 < j < M \\[4mm] \left\{ \begin{matrix} (y_0, y_1, \cdots, y_M) \mid \\ \sum_{u=0}^{M-1} y_u < k_M, j_{max} - j_{min} \leq d \end{matrix} \right\}, & j = M \end{cases}$$

集合 Ω 及其子集 Ω_j 的势分别为 $|\Omega|$ 和 $|\Omega_j|$。当系统中有一个部件从状态 v 转移到状态 u 时($0 \leqslant u < v \leqslant M$),假设系统从状态 $\mathbf{Y} = (y_0, y_1, \cdots, y_M)$ 首先转移到中间状态 $\mathbf{Y}' = (y_0', y_1', \cdots, y_M') = (y_0, \cdots, y_u + 1, \cdots, y_v - 1, \cdots, y_M)$,进而通过判断是否需要进行平衡调节,确定系统最终转移的状态 $\mathbf{Y}'' = (y_0'', y_1'', \cdots, y_M'')$。对于中间状态 $\mathbf{Y}'$,其中部件状态的最大值和最小值分别是 $j'_{\max} = \max\limits_{0 \leqslant j \leqslant M} \{j \mid y_j' \neq 0\}$ 和 $j'_{\min} = \min\limits_{0 \leqslant j \leqslant M} \{j \mid y_j' \neq 0\}$。该马尔可夫过程的状态转移情形如下:

① 如果 $j'_{\max} - j'_{\min} \leqslant d$,系统从状态 $\mathbf{Y} = (y_0, y_1, \cdots, y_M)$ 转移至状态 $\mathbf{Y}'' = \mathbf{Y}' = (y_0, \cdots, y_u + 1, \cdots, y_v - 1, \cdots y_M)$,转移率为 $y_v \lambda_{vu}$;

② 如果 $j'_{\max} - j'_{\min} > d$,且 $v - u < d$,系统从状态 $\mathbf{Y} = (y_0, y_1, \cdots, y_M)$ 转移至状态 $\mathbf{Y}'' = (y_0, \cdots, y_u + 1, \cdots, y_v - 1, \cdots y_{u+d} + \sum\limits_{j=u+d+1}^{j_{\max}} y_j, 0, \cdots, 0)$,转移率为 $y_v \lambda_{vu}$;

③ 如果 $j'_{\max} - j'_{\min} > d$,且 $v - u \geqslant d$,系统从状态 $\mathbf{Y} = (y_0, y_1, \cdots, y_M)$ 转移至状态 $\mathbf{Y}'' = (y_0, \cdots, y_u + 1, \cdots, y_{u+d} + \sum\limits_{j=u+d+1}^{j_{\max}} y_j - 1, 0, \cdots, 0)$,转移率为 $\sum\limits_{j=u+d}^{j_{\max}} y_j \lambda_{ju}$。

在情形①中,有一个部件从状态 v 转移至状态 u 后,系统仍处于平衡状态,因此不需要进行平衡调节。在情形②和情形③中,当部件状态转移后,系统处于失衡状态,因此需要进行平衡调节。在情形②中,部件退化前与退化后的状态差小于 d,即 $v - u < d$,在情形③中是相反的。

根据以上状态转移规则,可以得到转移率矩阵为:

$$\mathbf{Q} = \begin{bmatrix} \mathbf{Q}_{M,M} & \mathbf{Q}_{M,M-1} & \cdots & \mathbf{Q}_{M,0} \\ \mathbf{0} & \mathbf{Q}_{M-1,M-1} & \cdots & \mathbf{Q}_{M-1,0} \\ \vdots & \vdots & \ddots & \vdots \\ \mathbf{0} & \mathbf{0} & \cdots & \mathbf{Q}_{0,0} \end{bmatrix}_{|\Omega| \times |\Omega|}$$

其中,子矩阵 $\mathbf{Q}_{j,l}$ 代表的是系统状态从 j 到 l 的转移率矩阵($0 \leqslant l \leqslant j \leqslant$

M)。根据所得结果,可以得到系统状态概率函数,即系统在时刻 t 处于状态 j 的概率为:

$$P_j(t) = \mathbf{P}(0)\exp(\mathbf{Q}t)\mathbf{e}_j^T \tag{5.1}$$

其中,$\mathbf{P}(0) = (1,0,\cdots,0)_{1\times|\Omega|}$ 为初始状态概率向量,$\mathbf{e}_j = (0,\cdots,0,1,\cdots,1,0,\cdots,0)_{1\times|\Omega|}$ 中第 $\sum\limits_{l=j+1}^{M}|\Omega_l|+1$ 到第 $\sum\limits_{l=j+1}^{M}|\Omega_l|$ 个元素为 1,其余元素为 0。需要注意的是,此处 $\mathbf{P}(0)$ 和 $\mathbf{e}_j$ 中的元素所对应的状态是马尔可夫过程的状态,而非实际的系统状态。

如果将子集 Ω_0 中所有状态合并为一个吸收态 F,则状态空间变为 $\Omega = \Omega_M \cup \Omega_{M-1} \cup \cdots \cup \Omega_1 \cup \{F\}$,且转移率矩阵变成以下形式:

$$\mathbf{Q}' = \begin{bmatrix} \mathbf{Q}_{M,M} & \mathbf{Q}_{M,M-1} & \cdots & \mathbf{Q}_{M,1} & \mathbf{Q}'_{M,0} \\ \mathbf{0} & \mathbf{Q}_{M-1,M-1} & \cdots & \mathbf{Q}_{M-1,1} & \mathbf{Q}'_{M-1,0} \\ \vdots & \vdots & \ddots & \vdots & \vdots \\ \mathbf{0} & \mathbf{0} & \cdots & \mathbf{Q}_{1,1} & \mathbf{Q}'_{1,0} \\ 0 & 0 & \cdots & 0 & 0 \end{bmatrix}_{(|\Omega|-|\Omega_0|+1)\times(|\Omega|-|\Omega_0|+1)}$$

$$= \begin{bmatrix} \mathbf{A} & \mathbf{B} \\ \mathbf{0} & \mathbf{0} \end{bmatrix}_{(|\Omega|-|\Omega_0|+1)\times(|\Omega|-|\Omega_0|+1)}$$

令 T 表示系统寿命,即系统从开始运行到完全失效的时长,也可以看作是马尔可夫过程从初始时刻到进入吸收态的时长。因此,T 服从一个连续的 PH 分布,其 PH 表达式为 $T \sim PH_c(\boldsymbol{\alpha}, \mathbf{A})$,其中 $\boldsymbol{\alpha} = (1,0,\cdots,0)_{1\times(|\Omega|-|\Omega_0|)}$。其分布函数和 l 阶矩分别为:

$$P\{T \leq t\} = 1 - \boldsymbol{\alpha}\exp(\mathbf{A}t)\mathbf{e}^T \tag{5.2}$$

$$E[T^l] = (-1)^l l! \ \boldsymbol{\alpha}\mathbf{A}^{-1}\mathbf{e}^T \tag{5.3}$$

其中,$\mathbf{e} = (1,\cdots,1)_{1\times(|\Omega|-|\Omega_0|)}$,$T$ 为转置算子。

以下通过一个具体实例来说明如何用马尔可夫过程求解该系统可靠度等概率指标。考虑一个由 3 个部件组成的多态 n 中取 k(F)平衡系统,系统参数为 $M = 2$,$k_1 = 2$,$k_2 = 1$,$d = 1$。部件层面的马尔可夫过程为

$\{X(t), t\geq 0\}$，状态空间为$\{0,1,2\}$，相应的状态转移过程如图5.4所示。

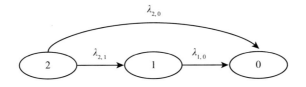

图5.4　$M=2$ 时部件层面的马尔可夫过程状态转移

系统层面的马尔可夫过程可以构建为$\{\mathbf{Y}(t), t\geq 0\}$，其中：

$$\mathbf{Y}(t) = (Y_0(t), Y_1(t), Y_2(t)), t\geq 0$$

其状态空间为：

$$\begin{aligned}
\Omega &= \Omega_2 \cup \Omega_1 \cup \Omega_0 \\
&= \{(0,0,3)\} \cup \{(0,1,2),(0,2,1),(0,3,0),(1,2,0)\} \cup \\
&\quad \{(2,1,0),(3,0,0)\}
\end{aligned}$$

该系统处于各状态的条件及相应的状态空间子集如下：

① 当状态低于2的部件数小于1时，系统状态为$\phi(\mathbf{x})=2$，状态空间子集为$\Omega_2 = \{(0,0,3)\}$；

② 当状态低于2的部件数大于等于1，且状态低于1的部件数小于2时，系统状态为$\phi(\mathbf{x})=1$，状态空间子集为$\Omega_1 = \{(0,1,2),(0,2,1),(0,3,0),(1,2,0)\}$；

③ 当状态低于2的部件数大于等于1，且状态低于2的部件大于等于2时，系统状态为$\phi(\mathbf{x})=0$，状态空间子集为$\Omega_0 = \{(2,1,0),(3,0,0)\}$。

该马尔可夫过程的转移规律如图5.5所示。以下介绍两个具体的转移情形。在初始时刻，所有部件都处于完美工作状态，即系统初始状态为$(0,0,3)$。当一个部件从状态3退化至状态2，则系统状态从$(0,0,3)$转移至$(0,1,2)$，转移率为$3\lambda_{2,1}$。转移后系统仍处于平衡状态，因此不需要进行平衡调节。当系统处于状态$(0,1,2)$时，存在两种转移情形。当一个部件从状态1转移至状态0，系统将首先以转移率$\lambda_{1,0}$从状态$(0,1,2)$转移至$(1,0,2)$；当一个部件从状态2转移至状态0，系统将首先以转移率

$2\lambda_{2,0}$从状态$(0,1,2)$转移至状态$(1,1,1)$。在以上两种情形中，系统都处于失衡状态，因此需要进行平衡调节，最终都转移至状态$(1,2,0)$。将这两种情形合并，可以得到系统从状态$(0,1,2)$转移到状态$(1,2,0)$的转移率为$2\lambda_{2,0}+\lambda_{1,0}$。

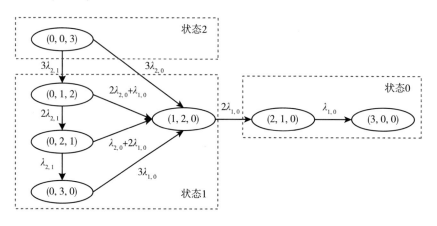

图5.5 参数为$n=2$，$M=3$，$k_1=2$，$k_2=1$，$d=1$时系统层面马尔可夫过程的状态转移

当给定转移率$\lambda_{2,1}=0.3$，$\lambda_{2,0}=0.1$，$\lambda_{1,0}=0.2$时，可以得到转移率矩阵：

$$\mathbf{Q}=\begin{array}{c}(0,0,3)\\(0,1,2)\\(0,2,1)\\(0,3,0)\\(1,2,0)\\(2,1,0)\\(3,0,0)\end{array}\begin{bmatrix}-1.2 & 0.9 & 0 & 0 & 0.3 & 0 & 0\\0 & -1 & 0.6 & 0 & 0.4 & 0 & 0\\0 & 0 & -0.8 & 0.3 & 0.5 & 0 & 0\\0 & 0 & 0 & -0.6 & 0.6 & 0 & 0\\0 & 0 & 0 & 0 & -0.4 & 0.4 & 0\\0 & 0 & 0 & 0 & 0 & -0.2 & 0.2\\0 & 0 & 0 & 0 & 0 & 0 & 0\end{bmatrix}_{7\times7}$$

$$=\begin{bmatrix}\mathbf{A} & \mathbf{B}\\\mathbf{0} & \mathbf{0}\end{bmatrix}_{7\times7}$$

进而可以根据式（5.1）得到系统状态概率函数，根据式（5.1）和式（5.3）分别得到系统寿命的分布函数和l阶矩。

5.4 系统维修策略

对于现实世界中许多关键系统来说，系统的突然失效可能会导致很严重的后果，如巨大的经济损失甚至人员伤亡，因此需要对该系统进行定期的性能检测和维修。对于本章所构建的多态 n 中取 $k(\mathrm{F})$ 平衡系统，本章为其设计了一个役龄维修策略。假设系统预防性维修役龄为 T_p，系统中所有部件都需要在役龄 T_p 或在系统失效时更换为全新的部件。假设系统预防性维修和事后维修的费用分别是 c_p 和 c_f，由于系统失效会带来更为严重的损失，因此通常会假设 $c_f > c_p$。为得到最佳的预防性维修役龄，以下构建了一个优化模型，以最小化其平均费用率：

$$\min C(T_p) = \frac{c_p P\{T > T_p\} + c_f P\{T \leqslant T_p\}}{E[\min(T, T_p)]} \tag{5.4}$$

对于一个服从连续 PH 分布的随机变量 Y，即 $Y \sim PH_c(\boldsymbol{\beta}, \mathbf{S})$，当 $t \geqslant 0$ 时，随机变量 $\min(Y, t)$ 的期望值可以表示为：

$$E[\min(Y, t)] = \boldsymbol{\beta}\mathbf{S}^{-1}\exp(\mathbf{S}t)\mathbf{e}^T - \boldsymbol{\beta}\mathbf{S}^{-1}\mathbf{e}^T$$

上式的具体证明过程可参考埃斯帕诺拉（Eryilmaz, 2017）[61]，因此有：

$$E[\min(Y, T_p)] = \boldsymbol{\alpha}\mathbf{A}^{-1}\exp(\mathbf{A}T_p)\mathbf{e}^T - \boldsymbol{\alpha}\mathbf{A}^{-1}\mathbf{e}^T$$

5.5 数值算例

一个基本的装配生产线结构图如图 5.6 所示。某加工厂对零部件进行装配，每个零件都经过一个传送装置传送并依次通过多道加工工序的加工。将所有工序视为一个系统，为避免等待和效率浪费，需要满足各道工序之间工作效率相近。例如，一个汽车衡的装配工序包括下料、组合焊接、除锈、喷漆、安装等，如果除锈是其中最省时的步骤，且其他所有步骤均已在最高效率下运行、无法提高效率的情况下，即可通过降低除锈步骤的处理速度来平衡各工序的运行效率，节约运行成本，减少闲置时间。为具体说明本章所构建的多态 n 中取 $k(\mathrm{F})$ 平衡系统模型，本章分别考虑了两种情形，其模型的具体参数分别如表 5.2 和表 5.3 所示。

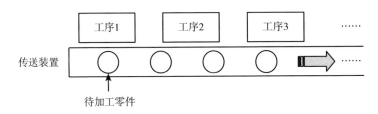

图 5.6 装配生产线结构

表 5.2 情形 I 的模型参数

n	M	k_1	k_2	d	$\lambda_{2,1}$	$\lambda_{2,0}$	$\lambda_{1,0}$
3	2	2	1	1	0.3	0.1	0.2

表 5.3 情形 II 的模型参数

n	M	k_1	k_2	k_3	d	$\lambda_{3,2}$	$\lambda_{3,1}$	$\lambda_{3,0}$	$\lambda_{2,1}$	$\lambda_{2,0}$	$\lambda_{1,0}$
5	3	3	4	2	2	0.4	0.3	0.2	0.2	0.1	0.3

在情形 I 和情形 II 中，系统分别由 3 个和 5 个部件组成。为验证本章所求得解析解的准确性，两种情形下系统状态概率函数 $P_j(t)$ 的解析结果和仿真结果的对比如图 5.7 所示。可以看出，情形 I 和情形 II 中系统状态概率函数的解析结果与仿真结果均一致，验证了本章所提出的解析表达式是准确的。在两种情形下，系统状态在初始时刻均处于状态 M，即完美工作状态，随着系统运行，可以观察到 $P_M(t)$ 是随时间单调递减的，即系统处于完美工作状态的概率持续降低；相反，$P_0(t)$ 随时间增加而单调递增，即系统处于完全失效状态的概率持续增加；而对于 $0 < j < M$，即系统处于中间状态的概率 $P_j(t)$ 的变化规律都是随时间先增后减的，符合现实中系统的运行规律。

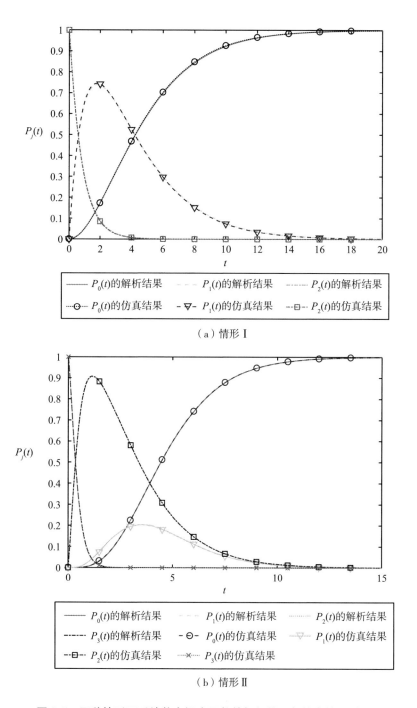

（a）情形 I

（b）情形 II

图 5.7　两种情形下系统状态概率函数的解析结果与仿真结果对比

平衡系统可靠性建模与分析

表5.4 中给出了当 $n=3$ 和 $M=2$ 时的不同参数下的系统平均寿命。需要注意的是，随着转移率 $\lambda_{2,1}$，$\lambda_{2,0}$，$\lambda_{1,0}$ 的增加，系统从较好状态转移到较差状态的转移率逐渐增加，因此系统更加容易失效，从而导致系统平均寿命 $E(T)$ 逐渐减小。当平衡阈值 d 逐渐增加时，系统平衡条件变得更加松弛，即所有部件处于相同状态时，平衡阈值 d 越大，系统越可能会被判定为处于平衡状态，因此平均系统寿命也会增加。当系统状态判定阈值 k_2 改变时，不会改变系统完全失效的条件，因此这个参数的变化对系统平均寿命没有影响。当另一阈值 k_1 降低时，系统更加容易失效，因此在这种情况下，系统平均寿命也逐渐降低。

表5.4　给定 $n=3$ 和 $M=2$ 时不同参数下的系统平均寿命

k_1	k_2	d	$\lambda_{2,1}$	$\lambda_{2,0}$	$\lambda_{1,0}$	$E(T)$
2	1	1	0.3	0.1	0.2	4.9271
2	1	1	0.3	0.1	0.3	3.7273
2	1	1	0.3	0.1	0.4	3.0990
2	1	1	0.3	0.2	0.2	4.1667
2	1	1	0.3	0.3	0.2	3.7341
2	1	1	0.4	0.1	0.2	4.8210
2	1	1	0.5	0.1	0.2	4.7421
2	1	2	0.3	0.1	0.2	5.4583
2	2	1	0.3	0.1	0.2	4.9271
1	2	1	0.3	0.1	0.2	2.4271

当给定两组预防性维修和事后维修的费用分别为 $c_p=10$，$c_f=30$，$c_p=10$，$c_f=40$ 时，情形 I 和情形 II 下的费用函数如图5.8所示。四种情况下每个费用函数都是"U"型，即平均费用率 $C(T_p)$ 随着预防性维修役龄 T_p 的增加先降低再增加，因此一定存在最低的平均费用率 $C(T_p)$ 和最佳的预防性维修役龄 T_p。表5.5 中给出了不同预防性维修和事后维修费用时两种情形下的最低平均费用率与最佳预防性维修役龄。从表中可以看出，当 c_f 和 c_p 的比例一定时，最佳预防性维修役龄 T_p^* 也是相同的。而当 c_f 和 c_p 的比例增加时，最优预防性维修役龄 T_p^* 逐渐降低，且相应的最低

平均费用率 $C(T_p^*)$ 逐渐增加。

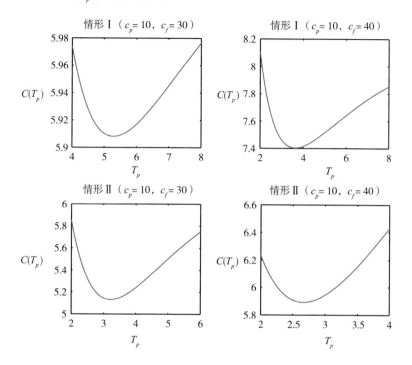

图 5.8　情形 I 与情形 II 的费用函数

表 5.5　情形 I 和情形 II 下系统最优预防性维修役龄及相应的最低费用率

c_p	c_f	情形 I		情形 II	
		T_p^*	$C(T_p^*)$	T_p^*	$C(T_p^*)$
10	30	5.29	5.9081	3.22	5.1314
	40	3.65	7.4033	2.66	5.8923
	50	2.91	8.6809	2.36	6.4787
15	45	5.29	8.8622	3.22	7.6972
	60	3.65	11.1049	2.66	8.8384
	75	2.91	13.0214	2.36	9.7181
20	60	5.29	11.8163	3.22	10.2629
	80	3.65	14.8066	2.66	11.7845
	100	2.91	17.3618	2.36	12.9575

5.6 本章小结

本章构建了一个执行平衡调节策略的多态 n 中取 $k(\mathrm{F})$ 平衡系统，在此模型中，系统平衡的概念定义为系统中所有部件的状态最大值与最小值之差应保持在事先给定的平衡阈值范围之内，否则认为系统失衡，并启动适当的平衡调节策略以保持系统平衡。本章运用了马尔可夫过程嵌入法推导出了系统可靠度及相关概率指标的解析表达式，并与仿真结果相比较，验证了解析结果的准确性。通过系统状态概率函数的图像可以看出系统运行状态随时间的变化规律。此外，本章还为所构建的多态平衡系统设计了役龄维修策略，并构建相应的维修策略优化模型，得出了最佳预防性维修役龄与最低的平均费用率。最后，本章基于装配生产线平衡问题给出了实际工程应用，验证了所构建的模型及可靠度求解方法的有效性。

第 **6** 章

冲击环境下多态平衡系统的部件交换策略优化研究

6.1 引言

在实际工程系统中，有一些多部件系统的每个部件都具有相同的功能，因此可以互相替换。由于不同位置的部件所承受的工作载荷或所处的运行环境不同，经过一段时间的运行后通常会处于不同的性能水平。以汽车的轮胎换位问题为例，对于前轮驱动的汽车，两个前轮为驱动轮且发动机前置，因此两个前轮承受的载荷更高，此外，汽车在转向时由于侧倾力矩不同，左右轮胎的磨损程度也不同。因此，为了平衡各个轮胎工作性能，延长轮胎的长期使用寿命，通常会在汽车行驶一定时间或一定里程后进行轮胎换位操作。又如具有多个发电机的发电系统，不同的发电机负责为不同区域供电，由于不同区域对用电需求的规律不同，可能会导致长时间运行后不同发电机的发电效率处于不同水平。因此，可以通过交换发电机负责的用电区域，来平衡不同发电机的工作性能。

基于以上工程问题，本章为冲击环境下的多态平衡系统进行了部件
交换策略的设计与优化。首先构建了一个在冲击环境下运行的多部件平
衡系统。该系统在运行过程中会遭受到同一个冲击源的一系列冲击，由
于不同位置的部件对同一冲击的承受能力不同，在系统长时间运行后，
不同位置上的部件呈现出不同的性能水平。在该模型中，当系统中所有
部件状态最大值与最小值之差处于一个事先确定的阈值之内时，认为系
统处于平衡状态，否则系统失衡。当系统中至少有一个部件处于完全失
效状态或当系统处于失衡状态时，系统失效。为使每个部件利用率达到
最大，并延长整个系统的使用寿命，本章为该系统设计了一个部件交换
策略。当系统运行一段时间后，根据部件工作状态，对其进行交换，其
中部件交换的时刻和具体交换方案是需要进行优化的变量，而目标函数
是使系统遭受一定数量冲击时的可靠度达到最大。本章运用两步有限马
尔可夫链嵌入法推导了系统可靠度等概率指标，并给出了部件交换策略
优化模型的求解流程，最后以轮胎换位问题为背景，验证了本章所构建
的模型及求解方法的有效性。

以下给出本章所用符号及含义：

n　　　　　系统中部件个数。

x_i　　　　第 i 个位置上部件的状态，$i=1,2,\cdots,n$。

$\phi(\mathbf{x})$　　　系统结构函数。

$\phi_F(\mathbf{x})$　　$\phi_F(\mathbf{x})=0$ 表示系统发生结构性失效，否则 $\phi_F(\mathbf{x})=1$。

$\phi_B(\mathbf{x})$　　$\phi_B(\mathbf{x})=0$ 表示系统发生平衡性失效，否则 $\phi_B(\mathbf{x})=1$。

$I_{\{e\}}$　　　示性函数，如果事件 e 为真，则 $I_{\{e\}}=1$，否则 $I_{\{e\}}=0$。

C_d　　　第 d 个冲击的强度。

θ_i　　　判断某个冲击对第 i 个位置上部件是否有效的冲击强度
　　　　　阈值。

p_i　　　　某个冲击对第 i 个位置上部件有效的概率。

q_i　　　　某个冲击对第 i 个位置上部件无效的概率，$q_i=1-p_i$。

S　　　　部件的状态空间。

M　　　　部件的完美工作状态。

N_i^t　　　第 i 个位置上部件所遭受的有效冲击总数。

N_i^c	第 i 个位置上部件所遭受的连续有效冲击个数。
k_m^t	用于判断部件状态的有效冲击总数阈值，$m = 0, 1, \cdots, M-1$。
k^c	用于判断部件是否完全失效的连续有效冲击个数阈值。
h	保证系统未失效的最大部件状态差。
d_r	部件交换时刻，即进行部件交换时系统遭受的冲击总数。
$z_{i,j}$	$z_{i,j} = 1$ 表示部件从位置 i 交换到位置 j，否则 $z_{i,j} = 0$。
$\mathbf{z}$	部件交换方案，包含所有 $z_{i,j}$ 的矩阵。
R_{sys}^{base}	不考虑部件交换时的系统可靠度。
R_{sys}^{re}	部件交换后的系统可靠度。

6.2　系统可靠性建模

6.2.1　多态平衡系统的一般模型

本节构建了多态平衡系统的一般模型。一个具有多态部件的平衡系统可能有两种失效原因，一种是由于系统达到了由自身结构所决定的失效条件而失效，本章将其称为结构性失效；另一种是由于系统失衡而导致的失效，本章将其称为平衡性失效。假设系统中有 n 个部件，第 i 个位置上部件的状态用 x_i 来表示（$i = 1, 2, \cdots, n$），其状态空间为 $S = \{0, 1, \cdots, M\}$。状态 0 表示完全失效状态，而状态 M 表示完美工作状态。因此，该系统的结构函数为：

$$\phi(\mathbf{x}) = \phi_F(\mathbf{x})\phi_B(\mathbf{x}) \tag{6.1}$$

其中，$\mathbf{x} = (x_1, x_2, \cdots, x_n)$。

$$\phi_F(\mathbf{x}) = \begin{cases} 1, \text{系统未发生结构性失效} \\ 0, \text{系统发生结构性失效} \end{cases} \tag{6.2}$$

$$\phi_B(\mathbf{x}) = \begin{cases} 1, \text{系统未发生平衡性失效} \\ 0, \text{系统发生平衡性失效} \end{cases} \tag{6.3}$$

根据不同的工程系统特征，$\phi_F(\mathbf{x})$ 和 $\phi_B(\mathbf{x})$ 可以分别构建为不同的形式。系统的基本结构主要包括串联结构、并联结构、n 中取 k 结构等。对系统平衡的定义通常基于部件状态，如所有部件的最大状态差、相邻部件的最大状态差等。以下给出了三个具体的例子来说明如何根据实际情况构建不同的平衡系统。

（1）情形 I：串联结构与所有部件的最大状态差

这种平衡系统的一个典型的例子是汽车的轮胎系统，当系统中至少有一个轮胎失效，则整个轮胎系统失效，因此轮胎系统属于串联结构。为了保证汽车平稳运行，各个轮胎的工作性能差异不应过大，否则可能导致汽车失衡。在这种情形下，系统结构为串联结构，即系统中至少有一个部件失效时，系统失效；而系统平衡定义为，所有部件的最大状态差需要保持在预先确定的阈值 h_1 之内。此时系统的结构函数为：

$$\phi(\mathbf{x}) = \phi_F(\mathbf{x})\phi_B(\mathbf{x}) = I_{\{\min\limits_{1\le i\le n}(x_i)\ge 1\}} I_{\{\max\limits_{1\le i\le n}(x_i) - \min\limits_{1\le i\le n}(x_i)\le h_1\}} \qquad (6.4)$$

（2）情形 II：串联结构与相邻部件的最大状态差

卫星通信系统在进行数据传输时，通常包含多个数据接收站，当其中一个数据接收站失效时，数据传输就会中断，因此该通信系统可看作串联结构，而相邻的两个数据接收站如果数据传输能力差异过大，可能会影响数据的完整性及传输速率，降低整体数据传输效率。针对这种情况，可以构建具有串联结构的平衡系统，并将相邻部件的最大状态差作为判断系统平衡的指标，假设该指标不应超过阈值 h_2，则此时系统的结构函数为：

$$\begin{aligned}\phi(\mathbf{x}) &= \phi_F(\mathbf{x})\phi_B(\mathbf{x}) \\ &= I_{\{\min\limits_{1\le i\le n}(x_i)\ge 1\}} I_{\{|x_1-x_n|\le h_2,\ |x_i-x_{i+1}|\le h_2,\ i=1,2,\cdots,n-1\}}\end{aligned} \qquad (6.5)$$

需要注意的是，情形 I 和情形 II 中模型的差别主要在于对系统平衡的定义不同。在情形 I 中，当系统中所有部件状态差不超过一定阈值时，系统平衡，而在情形 II 中，当系统中任意相邻两个部件的状态差不超过一定阈值时，系统平衡。例如，对于一个由 4 个部件组成的环形系统来说，部件状态分别是 $x_1 = 1$，$x_2 = 2$，$x_3 = 3$，$x_4 = 2$，而情形 I 和情形 II 中的阈值为 $h_1 = h_2 = 1$。对于情形 I 来说，此时系统是失衡的，因为所有部件的最大状态差是 $x_3 - x_1 = 2$，超过了阈值 1；而对于情形 II 来说，此时系统未失衡，因为相邻部件的最大状态差是 1，未超过阈值 1。

（3）情形 III：并联结构与所有部件的状态和

对于一个具有多个发电机的供电系统来说，只要有一个发电机能正常工作，这个供电系统就可以对外供电，只有当所有发电机都失效时，整个供电系统才失效，因此发电机之间属于并联结构。为了保证用户能够正常用电，供电系统的总供电量需要得到保障。在这种情况下，可以构建具有并联结构的系统，并将所有部件状态之和作为判定系统平衡的指标，即部件状态之和不低于阈值 h_3 时，系统平衡。此时，系统结构函数为：

$$\phi(\mathbf{x}) = \phi_F(\mathbf{x})\phi_B(\mathbf{x}) = I_{\{\max_{1 \leq i \leq n}(x_i) \geq 1\}} I_{\{\sum_{i=1}^{n} x_i \geq h_3\}} \tag{6.6}$$

以下将以情形 I 中所构建的串联平衡系统为研究对象，对冲击环境下该系统的运行规律进行刻画，并推导相应的可靠度等概率指标，设计最优的部件交换策略。

6.2.2 冲击环境下多态平衡系统的可靠性模型

本章所构建模型的一些基本假设如下：

① 系统中包含 n 个功能相同可交换的同型部件；

② 系统在运行过程中会遭受来自同一冲击源的一系列外部冲击，且冲击的次数与强度可以被实时监测到；

③ 第 d 个冲击的强度为 C_d，且第 d 个冲击对第 i 个位置上部件有效和无效的概率分别为 $p_i = P\{C_d > \theta_i\}$ 和 $q_i = P\{0 < C_d \leq \theta_i\}$，其中 θ_i 是事先给定的阈值；

④ 有效冲击会根据一定的规则造成部件状态退化，而无效冲击对部件状态不会造成任何影响；

⑤ 所有部件都具有多个状态，且遵循同样的状态定义规则；

⑥ 系统具有完美工作和完全失效两种状态；

⑦ 系统运行过程中只进行一次部件交换；

⑧ 当执行部件交换操作时，一个部件只能被交换到一个位置，一个位置也只能容纳一个部件；

⑨ 部件交换操作不会改变部件状态和系统可靠度；

⑩ 部件交换的时间忽略不计。

用 $x_i(i=1,2,\cdots,n)$ 表示系统中第 i 个位置上部件的状态。所有部件的状态空间都是 $S=\{0,1,\cdots,M\}$，其中状态 0 和状态 M 分别表示部件的完全失效状态和完美工作状态。所有部件初始状态均为 M，在运行过程中受外界冲击的影响，状态逐渐退化。对于单个部件来说，本章考虑了其状态同时受累积冲击和连续冲击影响而退化的情形，并将其状态退化过程用一个累积冲击和连续冲击混合的冲击模型来描述。具体来讲，当部件遭受的累积有效冲击数达到了一定阈值时，其状态退化到下一个更低的状态，而当其遭受的连续有效冲击数达到了一定的阈值时，部件立即失效。假设用"1"和"0"分别表示有效冲击和非有效冲击，就可以用包含"1"和"0"的序列来表示有效冲击和无效冲击的序列，其中"1"的累积个数和连续个数就可以分别表示累积有效冲击数与连续有效冲击数。例如，某冲击序列可表示为"0101001111"，如图 6.1 所示，其中累积有效冲击数为 6，连续有效冲击数为 4。

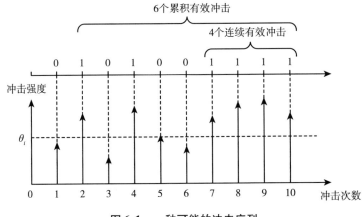

图 6.1 一种可能的冲击序列

令 N_i^t 和 N_i^c 分别代表第 i 个位置上部件所遭受的累积有效冲击个数和连续有效冲击个数，则该部件的状态 x_i 可以表示为：

$$x_i = \begin{cases} M, & \text{如果 } N_i^t < k_{M-1}^t, N_i^c < k^c \\ m, & \text{如果 } k_m^t \leq N_i^t < k_{m-1}^t, N_i^c < k^c, m = 1, 2, \cdots, M-1 \\ 0, & \text{如果 } N_i^t \geq k_0^t \text{ } or N_i^c \geq k^c \end{cases} \quad (6.7)$$

其中，$k_m^t (m = 0, 1, \cdots, M-1)$ 和 k^c 都是事先给定的阈值，且有 $k_0^t > k_1^t > \cdots > k_{M-1}^t$ 和 $k_0^t > k^c$。

为了具体说明上述定义，以下给出一个详细的示例。对于第 i 个位置的部件，给定参数 $M = 3$，$k_2^t = 1$，$k_1^t = 3$，$k_0^t = 4$，$k^c = 3$。根据部件状态定义，该部件初始状态为 3，当其遭受的连续有效冲击个数未达到 $k^c = 3$，但累积有效冲击个数分别达到 $k_2^t = 1$ 和 $k_1^t = 3$ 时，该部件状态分别退化到 2 和 1。如果其遭受的连续有效冲击个数达到 $k^c = 3$，该部件直接失效。图 6.2 给出了两种可能出现的部件退化过程的示例。在图 6.2（a）中，在该部件遭受的连续有效冲击个数达到 $k^c = 3$ 之前，其遭受的累积有效冲击

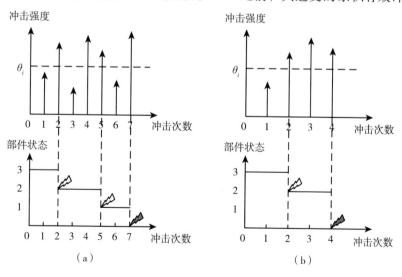

（a） （b）

部件状态退化　　部件失效

图 6.2　部件退化过程示例

个数达到了 $k_0^t = 4$，导致该部件完全失效；而在图6.2（b）中，当该部件遭受到第一个有效冲击时，部件状态退化到状态2，而当其连续遭受 $k^c = 3$ 个有效冲击时，该部件完全失效。

系统平衡及失效准则： 在该模型中，如果系统中所有部件的最大状态差不超过事先确定的阈值 h，即 $\max_{1 \le i \le n}(x_i) - \min_{1 \le i \le n}(x_i) \le h$，则认为系统处于平衡状态。当系统失衡或至少有一个部件完全失效时，系统失效。

部件交换策略： 假设整个系统遭受的冲击总数达到 d_r 时，进行部件交换操作。定义二元变量 $z_{i,j}(i,j = 1,2,\cdots,n)$，如果一个部件从位置 i 交换到位置 j，则有 $z_{i,j} = 1$，否则 $z_{i,j} = 0$。矩阵 $\mathbf{z} = \{z_{i,j}\}_{m \times n}$ 代表了一种具体的交换方案。其中，部件交换时刻，即系统遭受的冲击总数 d_r 及部件交换方案 $\mathbf{z}$ 是需要进行优化的决策变量。

该系统的完整运行过程如图6.3所示。在系统开始运行前，需要确定最优的部件交换时刻 d_r^* 和部件交换方案 $\mathbf{z}^*$（具体优化模型见6.4节）。

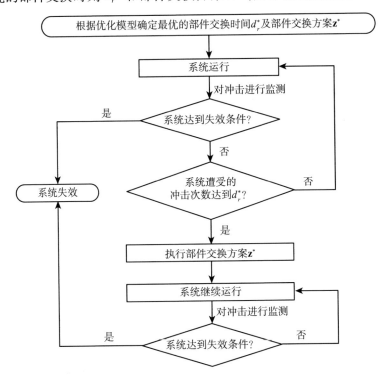

图6.3　执行部件交换策略的平衡系统运行过程

在系统运行过程中，对外界冲击进行监测，当系统遭受的冲击总数达到 d_r^*，立刻执行部件交换方案 $\mathbf{z}^*$，然后系统继续运行直至失效。

6.3   系统可靠性分析

对于本章所构建的模型，外界冲击的到达过程可以用马尔可夫过程来描述，因为冲击的到达是具有无记忆性的，即下一次冲击的到达与目前已经到达的冲击次数无关。本节将运用两步马尔可夫链嵌入法来求解系统可靠度等相关指标：第一步，针对部件状态退化过程构建马尔可夫链，并得到部件状态概率函数的解析表达式；第二步，针对整个系统的状态退化过程构建马尔可夫链，并得到系统可靠度的解析表达式。

6.3.1   部件层面可靠性分析

首先，对于系统中第 i 个位置上的部件，定义两个随机变量——$N_{i,d}^t$ 和 $N_{i,d}^c$，分别表示第 i 个位置上部件所遭受的有效冲击总数和最近的连续有效冲击个数。若用 d 代表第 d 个冲击到达，则可以构建马尔可夫链 $\{\mathbf{N}_{i,d}, d=0,1,\cdots\}$，其中：

$$\mathbf{N}_{i,d} = (N_{i,d}^t, N_{i,d}^c), d=0,1,\cdots$$

该马尔可夫链的状态空间为 $\Omega_{com} = \bigcup_{m=0}^{M} \Omega_{com}^m$，其中：

$$\Omega_{com}^m = \begin{cases} \{(n^t, n^c), n^t < k_{M-1}^t, n^c < k^c\}, & m = M \\ \{(n^t, n^c), k_m^t \leqslant n^t < k_{m-1}^t, n^c < k^c\}, & 1 \leqslant m \leqslant M-1 \\ \{E_{fc}\}, & m = 0 \end{cases}$$

子集 Ω_{com}^m 中所包含的马尔可夫链状态代表的是部件处于状态 m，而吸收态 E_{fc} 表示该部件完全失效。根据部件状态的定义规则，可以得到位置 i

上部件所对应的马尔可夫链状态转移规则如表6.1所示，从而得到相应的
一步转移概率矩阵 $\mathbf{\Lambda}_{com}^{i}$。

表 6.1　　　　　　　部件层面马尔可夫链状态转移规则

编号	适用条件	状态转移情形	一步转移概率
1	$n^t < k_0^t - 1, n^c < k^c - 1$	$\mathbf{N}_{i,d} = (n^t, n^c) \rightarrow \mathbf{N}_{i,d+1} = (n^t + 1, n^c + 1)$	p_i
2	$n^t \leq k_0^t - 1, n^c \leq k^c - 1$	$\mathbf{N}_{i,d} = (n^t, n^c) \rightarrow \mathbf{N}_{i,d+1} = (n^t, 0)$	q_i
3	$n^t = k_0^t - 1, n^c \leq k^c - 1$	$\mathbf{N}_d = (n^t, n^c) \rightarrow \mathbf{N}_{d+1} = E_{fc}$	p_i
4	$n^t < k_0^t - 1, n^c = k^c - 1$	$\mathbf{N}_d = (n^t, n^c) \rightarrow \mathbf{N}_{d+1} = E_{fc}$	p_i
5	—	$\mathbf{N}_d = E_{fc} \rightarrow \mathbf{N}_{d+1} = E_{fc}$	1
6	—	其他情形	0

基于以上状态转移规则，当系统总共遭受 d 个冲击时，可以得到位
置 i 上部件的状态概率分布为：

$$\mathbf{P}_i(d) = \mathbf{P}(0)(\mathbf{\Lambda}_{com}^i)^d = (P_{i,1}(d), P_{i,2}(d), \cdots, P_{i,\,|\,\Omega_{com}|}(d)) \quad (6.8)$$

其中 $\mathbf{P}(0) = (1, 0, \cdots, 0)_{1 \times |\,\Omega_{com}|}$，$P_{i,l}(d)$ 代表系统总共遭受 d 个冲击时在
位置 i 上的部件处于马尔可夫链状态 l 的概率。

令 $c_m = |\Omega_{com}^M| + |\Omega_{com}^{M-1}| + \cdots + |\Omega_{com}^m|$ $(m = 0, 1, \cdots, M)$ 及 $c_{M+1} = 0$，表
示部件状态至少为 m 的马尔可夫链状态的个数，从而得到位置 i 上的部件
处于状态 m 时的概率为：

$$P_{i,m}^{com}(d) = \sum_{l = c_{m+1}+1}^{c_m} P_{i,l}(d) \quad (6.9)$$

6.3.2　系统层面可靠性分析

当系统总共遭受 d 个冲击时，定义两个随机变量 $Y_i^{\max}(d)$ 和 $Y_i^{\min}(d)$，
分别表示此时系统中前 i 个部件状态的最大值和最小值。基于这两个随机
变量可以构建马尔可夫链 $\{\mathbf{Y}_i(d), i = 1, 2, \cdots\}$，其中：

$$\mathbf{Y}_i(d) = (Y_i^{\max}(d), Y_i^{\min}(d)), i = 1, 2, \cdots, n; d = 0, 1, \cdots$$

该马尔可夫链的状态空间为：

$$\Omega_{sys} = \{(y^{\max}, y^{\min}), y^{\max} - y^{\min} \leqslant h, y^{\min} \neq 0\} \cup \{E_{fs}\}$$

其中 E_{fs} 表示吸收态，代表系统完全失效。

该马尔可夫链的状态转移规则如下所示，从而得到一步转移概率矩阵 $\mathbf{\Lambda}_{sys}^{i}(d)$。

① 当 $0 < y^{\min} \leqslant x_{i+1}(d) \leqslant y^{\min} \leqslant M$ 时，

$$P\{Y_{i+1}(d) = (y^{\max}), y^{\min} \mid Y_i(d) = (y^{\max}, y^{\min})\} = \sum_{u=y^{\min}}^{y^{\max}} P_{i+1,u}^{com}(d);$$

② 当 $0 < y^{\min} \leqslant y^{\max} < x_{i+1}(d) \leqslant \min(M, y^{\min} + h)$ 时，

$$P\{Y_{i+1}(d) = (x_{i+1}(d), y^{\min}) \mid Y_i(d) = (y^{\max}, y^{\min})\} = P_{i+1, x_{i+1}(d)}^{com}(d);$$

③ 当 $\max(1, y^{\max} - h) \leqslant x_{i+1}(d) < y^{\min} \leqslant y^{\max} \leqslant M$ 时，

$$P\{Y_{i+1}(d) = (y^{\max}, x_{i+1}(d)) \mid Y_i(d) = (y^{\max}, y^{\min})\} = P_{i+1, x_{i+1}(d)}^{com}(d);$$

④ 当 $y^{\min} + h < M,\ y^{\max} - h > 0$ 时，

$$P\{Y_{i+1}(d) = E_{fs} \mid Y_i(d) = (y^{\max}, y^{\min})\} = \sum_{u=y^{\min}+h+1}^{M} P_{i+1,u}^{com}(d) +$$

$$\sum_{u=0}^{y^{\max}-h-1} P_{i+1,u}^{com}(d);$$

⑤ 当 $y^{\min} + h < M,\ y^{\max} - h \leqslant 0$ 时，

$$P\{Y_{i+1}(d) = E_{fs} \mid Y_i(d) = (y^{\max}, y^{\min})\} = \sum_{u=y^{\min}+h+1}^{M} P_{i+1,u}^{com}(d) + P_{i+1,0}^{com}(d);$$

⑥ 当 $y^{\min} + h \geqslant M,\ y^{\max} - h > 0$ 时，

$$P\{Y_{i+1}(d) = E_{fs} \mid Y_i(d) = (y^{\max}, y^{\min})\} = \sum_{u=0}^{y^{\max}-h-1} P_{i+1,u}^{com}(d);$$

⑦ $P\{Y_{i+1}(d) = E_{fs} \mid Y_i(d) = E_{fs}\} = 1$；

⑧ 在其他状态转移情形中，转移概率均为 0。

基于以上转移规则，可以得到当系统遭受的冲击总数为 d 时的系统可靠度为：

$$R_{sys}(d) = \mathbf{u}(d) \left(\prod_{i=2}^{n} \mathbf{\Lambda}_{sys}^{i}(d) \right) \mathbf{e}^{T} \qquad (6.10)$$

其中，$\mathbf{u}(d) = (P_{1,M}^{com}(d), P_{1,M-1}^{com}(d), \cdots, P_{1,1}^{com}(d), 0, \cdots, 0, P_{1,0}^{com}(d))_{1 \times |\Omega_{sys}|}$，$\mathbf{e}^T$ 是长度为 $|\Omega_{sys}|$ 的列向量，其中最后一个元素为 0，其余元素为 1。

6.4 部件交换策略优化模型

部件交换策略的优化目的是使系统遭受的冲击总次数达到 d_t 个时的系统可靠度最大，其中 d_t 是一个事先确定的值，本章将其命名为目标冲击次数。需要优化的两个决策变量分别是部件交换时刻 d_r 和部件交换方案 $\mathbf{z}$。在构建优化模型前，需要先计算如下一些可靠性指标。

令 $R_{sys}^{base}(d_t)$ 表示没有部件交换的情况下系统在目标冲击次数下的可靠度。基于式（6.10），可以得到其解析表达式为：

$$R_{sys}^{base}(d_t) = \mathbf{u}(d_t)\left(\prod_{i=2}^{n} \mathbf{\Lambda}_{sys}^{i}(d_t)\right)\mathbf{e}^T \tag{6.11}$$

假设在系统遭受 d_r 个冲击时执行部件交换方案 $\mathbf{z}$，则此时位置 i 上的部件处于各个状态的概率分布为：

$$\mathbf{P}_i(d_r) = \mathbf{P}(0)(\mathbf{\Lambda}_{com}^{i})^{d_r} \tag{6.12}$$

如果位置 i 上的部件交换到位置 j，则该部件在目标冲击次数下处于各状态的概率为：

$$\begin{aligned}\mathbf{P}'_{i,j}(d_t, d_r) &= \mathbf{P}_i(d_r)(\mathbf{\Lambda}_{com}^{j})^{d_t - d_r} \\ &= \mathbf{P}(0)(\mathbf{\Lambda}_{com}^{i})^{d_r}(\mathbf{\Lambda}_{com}^{j})^{d_t - d_r} \\ &= (P'_{i,j,1}(d_t, d_r), P'_{i,j,2}(d_t, d_r), \cdots, P'_{i,j,|\Omega_{com}|}(d_t, d_r))\end{aligned} \tag{6.13}$$

则该部件处于状态 m 的概率为：

$$P_{i,j,m}^{com\,\prime}(d_t, d_r) = \sum_{l=c_{m+1}+1}^{c_m} P'_{i,j,l}(d_t, d_r) \tag{6.14}$$

进而得到该部件处于各状态的概率分布为：

$$\mathbf{P}_{i,j}^{com\,\prime}(d_t,d_r) = (P_{i,j,0}^{com\,\prime}(d_t,d_r), P_{i,j,1}^{com\,\prime}(d_t,d_r), \cdots, P_{i,j,M}^{com\,\prime}(d_t,d_r))$$

$$(6.15)$$

令 $R_{sys}^{re}(d_t,d_r,\mathbf{z})$ 表示系统在遭受 d_r 个冲击时以方案 $\mathbf{z}$ 进行部件交换后在目标冲击次数下的系统可靠度，其解析表达式为：

$$R_{sys}^{re}(d_t,d_r,\mathbf{z}) = \mathbf{u}'(d_t,d_r,\mathbf{z})\left(\prod_{j=2}^{n}\mathbf{\Lambda}_{sys}^{j}(d_t,d_r)\right)\mathbf{e}^T \qquad (6.16)$$

其中，$\mathbf{u}'(d_t,d_r,\mathbf{z}) = (P_{i,1,M}^{com\,\prime}(d_t,d_r), P_{i,1,M-1}^{com\,\prime}(d_t,d_r), \cdots, P_{i,1,1}^{com\,\prime}(d_t,d_r), 0, \cdots, 0, P_{i,1,0}^{com\,\prime}(d_t,d_r))_{1\times|\Omega_{sys}|}$，$\mathbf{\Lambda}_{sys}^{j}(d_t,d_r)$ 是部件交换后处于位置 j 的部件所对应的一步转移概率矩阵。

得到以上的可靠性指标后，可以构建以下部件交换策略优化模型 (6.17)。

$$\max \quad R_{sys}^{re}(d_t,d_r,\mathbf{z})$$

$$s.t. \begin{cases} 1 - P_{i,M}^{com}(d_r) \geqslant R_{com}^{0} & (a) \\ \sum_{i=1}^{n} z_{i,j} = 1 & (b) \\ \sum_{j=1}^{n} z_{i,j} = 1 & (c) \\ z_{i,j} \in \{0,1\} & (d) \\ i,j = 1,2,\cdots,n & (e) \\ 0 \leqslant d_r \leqslant d_t, d_r \in N & (f) \end{cases} \qquad (6.17)$$

该模型中，d_r 和 $\mathbf{z}$ 是决策变量，而 d_t 是一个事先给定的值。约束 (a)中，R_{com}^{0} 是事先给定的阈值，以保证部件在进行交换时的工作状态不是特别差；否则，可以优先选择对部件进行替换，而不是部件交换。当原来处于位置 i 的部件交换到位置 j 时，二元变量 $z_{i,j}$ 为 1，否则 $z_{i,j}=0$。约束 (b) 和 (c) 是为了保证一个部件只能交换到一个位置，且一个位置只能容纳一个部件。约束 (f) 表示部件交换时系统所遭受的冲击次数应小于等于目标冲击次数。

上述模型的求解流程如图6.4所示，对于其计算效率，后面算例中给

平衡 系统可靠性建模与分析

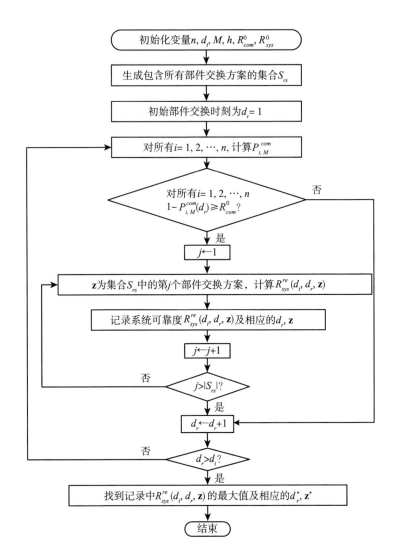

图6.4 部件交换策略优化模型求解流程

出了部件数取不同值情况下的具体计算时间。变量 d_r 表示部件交换时系统所遭受的冲击次数，因此每次迭代增加1。其中第二步，当给定了系统中部件个数 n 时，需要生成包含所有部件交换方案的集合 S_{re}，其中包含所有的 0-1 矩阵，其每行每列之和均为1。该步骤一般都可以通过数学软件完成（如 MATLAB）。例如，对于一个由 3 个部件组成的系统来说（$n=3$），可以得到如下集合 S_{re}：

$$S_{rs} = \left\{ \begin{pmatrix} 1 & 0 & 0 \\ 0 & 1 & 0 \\ 0 & 0 & 1 \end{pmatrix}, \begin{pmatrix} 1 & 0 & 0 \\ 0 & 0 & 1 \\ 0 & 1 & 0 \end{pmatrix}, \begin{pmatrix} 0 & 1 & 0 \\ 1 & 0 & 0 \\ 0 & 0 & 1 \end{pmatrix}, \begin{pmatrix} 0 & 1 & 0 \\ 0 & 0 & 1 \\ 1 & 0 & 0 \end{pmatrix}, \begin{pmatrix} 0 & 0 & 1 \\ 1 & 0 & 0 \\ 0 & 1 & 0 \end{pmatrix}, \begin{pmatrix} 0 & 0 & 1 \\ 0 & 1 & 0 \\ 1 & 0 & 0 \end{pmatrix} \right\}$$

6.5 数值算例

本章以轮胎换位问题为背景，验证了该模型的有效性。本节首先给出了该系统可靠性指标详细的计算方法，然后给出了可靠性指标的对比研究及部件交换策略的优化结果。轮胎换位问题指的是汽车在行驶一定的时间或一定的里程数后，会交换轮胎的位置，以平衡各轮胎的性能，延长汽车轮胎长期使用寿命，提高轮胎系统可靠性。当汽车在路面上行驶时，汽车的轮胎是车身与地面的唯一接触面。汽车在行驶过程中，其轮胎可能会受到不同类型外界冲击的影响，这些冲击几乎都直接作用在轮胎上。例如，在粗糙恶劣路面上行驶时，可能会受到意外碰撞引起振动、紧急制动等，造成轮胎的过度磨损；又如由于汽车超载而导致的轮胎偏移、由于温度变化导致轮胎的形变；等等。这些外界冲击对轮胎造成复杂的影响可以通过胎压这一指标对轮胎性能进行综合评价。胎压一般可以通过胎压监测系统（TPMS）进行实时监测。轮胎胎压过高或过低都可以被视为轮胎的有效冲击，而胎压处于可接受范围之内则可以被视为无效冲击。因此，累积或连续的冲击都可能对轮胎造成严重的损伤，当至少一个轮胎发生故障时，整个轮胎系统就会失效。

6.5.1 可靠性指标求解

在实际应用当中，该模型的参数值可以通过仿真实验的方法求得。例如，对于轮胎换位问题的实例来说，可以通过落锤冲击试验来模拟各轮胎所受到的外部冲击，冲击的大小可以通过落锤上的压力传感器来检测，而冲击对轮胎带来的影响可以通过轮胎上的位移传感器和压力传感

123

第**6**章　冲击环境下多态平衡系统的部件交换策略优化研究

器来检测。根据检测结果，就可以建立各轮胎所受的冲击大小与胎压之间的关系模型。此外，可以通过汽车碰撞试验，模拟同一冲击对汽车各轮胎的不同影响，从而根据试验数据得到相应的参数，建立整个汽车轮胎系统的冲击模型。现实中的轮胎换位通常都是根据里程或操作时间进行的。通过分析仿真结果，可以确定冲击的到达过程，得到两次冲击相继到达间隔时间的分布函数，因此，根据冲击到达过程和系统失效过程的相关参数，可以进一步得到进行轮胎换位的时间。

考虑一个由 4 个部件组成的系统，即 $n=4$。假设同一个冲击对不同轮胎有效的概率分别为 $p_1=0.1$，$p_2=0.05$，$p_3=0.15$，$p_4=0.01$。部件最好的状态为 $M=3$，其状态空间为 $S=\{0,1,2,3\}$，其中状态 3 代表完美工作状态，0 代表部件失效状态。判定部件状态的阈值分别为 $k_2^t=1$，$k_1^t=3$，$k_0^t=4$，$k^c=3$。系统平衡阈值为 $h=1$。

为描述该系统中部件的状态退化过程，可以构建马尔可夫链 $\{\mathbf{N}_{i,d}, d=0,1,\cdots\}$，其状态空间为：

$$\Omega_{com}=\{(0,0)\}\cup\{(1,0),(1,1),(2,0),(2,1),(2,2)\}$$
$$\cup\{(3,0),(3,1),(3,2)\}\cup\{E_{fc}\}$$

以第一个位置上的部件为例，根据部件的状态转移规则，可以构建相应的一步转移概率矩阵为：

$$\Lambda_{com}^1=\begin{array}{c}(0,0)\\(1,0)\\(1,1)\\(2,0)\\(2,1)\\(2,2)\\(3,0)\\(3,1)\\(3,2)\\E_{fc}\end{array}\begin{bmatrix}0.9&0&0.1&0&0&0&0&0&0&0\\0&0.9&0&0&0.1&0&0&0&0&0\\0&0.9&0&0&0&0.1&0&0&0&0\\0&0&0&0.9&0&0&0&0.1&0&0\\0&0&0&0.9&0&0&0&0&0.1&0\\0&0&0&0.9&0&0&0&0&0&0.1\\0&0&0&0&0&0&0.9&0&0&0.1\\0&0&0&0&0&0&0.9&0&0&0.1\\0&0&0&0&0&0&0.9&0&0&0.1\\0&0&0&0&0&0&0&0&0&1\end{bmatrix}_{10\times10}$$

与其对应的状态转移如图 6.5 所示。

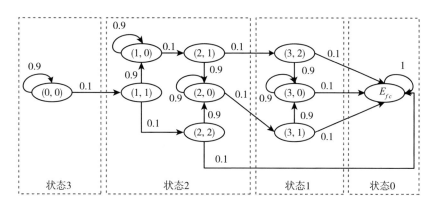

图 6.5 部件层面马尔可夫链的状态转移

为计算系统可靠度等相关概率指标，假设一些模型参数分别为 $d_t =$ 20，$d_r = 10$，$\mathbf{z} = \begin{pmatrix} 0 & 1 & 0 & 0 \\ 0 & 0 & 1 & 0 \\ 1 & 0 & 0 & 0 \\ 0 & 0 & 0 & 1 \end{pmatrix}$。当系统遭受 $d_r = 10$ 个冲击时，位置 1 上的部件处于各个马尔可夫链状态的概率分别为：

$$\mathbf{P}_1(10) = \mathbf{P}(0)\left(\Lambda_{com}^1\right)^{10}$$

$$= (0.3487, 0.3487, 0.0387, 0.1550, 0.0344, 0.0043, 0.0368,$$

$$0.0134, 0.0033, 0.0166)$$

因此，可以求得该部件处于各状态的概率分别为：

$$P_{1,3}^{com}(10) = P_{1,1}(10) = 0.3487$$

$$P_{1,2}^{com}(10) = P_{1,2}(10) + P_{1,3}(10) + P_{1,4}(10) + P_{1,5}(10) + P_{1,6}(10)$$

$$= 0.5811$$

$$P_{1,1}^{com}(10) = P_{1,7}(10) + P_{1,8}(10) + P_{1,9}(10) = 0.0536$$

$$P_{1,0}^{com}(10) = P_{1,10}(10) = 0.0166$$

根据部件交换方案 $\mathbf{z}$，可以得到当系统总共遭受 $d_t = 20$ 次冲击时，各个部件处于各状态的概率分别为：

平
衡

系统可靠性建模与分析

$$\mathbf{P}_{1,2}^{com'}(20,10) = (0.0601, 0.1252, 0.6059, 0.2088)$$

$$\mathbf{P}_{2,3}^{com'}(20,10) = (0.1356, 0.1871, 0.5594, 0.1179)$$

$$\mathbf{P}_{3,1}^{com'}(20,10) = (0.2384, 0.2266, 0.4663, 0.0686)$$

$$\mathbf{P}_{4,4}^{com'}(20,10) = (0.0001, 0.0009, 0.1811, 0.8179)$$

此时，定义系统层面的马尔可夫链为 $\{\mathbf{Y}_i(20,10), i=1,2,3,4\}$，其状态空间为：

$$\Omega_{sys} = \{(3,3),(2,2),(1,1),(3,2),(2,1)\} \cup \{E_{fs}\}$$

以第 2 个位置上的部件为例，可以根据状态转移规则得到其一步状态转移概率矩阵为：

$$\mathbf{\Lambda}_{sys}^2(20,10) = \begin{array}{c} (3,3) \\ (2,2) \\ (1,1) \\ (3,2) \\ (2,1) \\ E_{fs} \end{array} \begin{pmatrix} 0.2088 & 0 & 0 & 0.6059 & 0 & 0.1853 \\ 0 & 0.6059 & 0 & 0.2088 & 0.1252 & 0.0601 \\ 0 & 0 & 0.1252 & 0 & 0.6060 & 0.2688 \\ 0 & 0 & 0 & 0.8147 & 0 & 0.1853 \\ 0 & 0 & 0 & 0 & 0.7312 & 0.2688 \\ 0 & 0 & 0 & 0 & 0 & 1 \end{pmatrix}_{6 \times 6}$$

其对应的状态转移矩阵如图 6.6 所示。

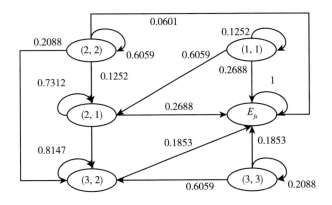

图 6.6　系统层面马尔可夫链的状态转移

从而得到此时的系统可靠度为：

$$R_{sys}^{re}(20,10,\mathbf{z}) = \mathbf{u}'(20,10,\mathbf{z})\left(\prod_{j=2}^{4}\mathbf{\Lambda}_{sys}^{j}(d_t,d_r)\right)\mathbf{e}^T = 0.3351$$

其中，$\mathbf{u}'(20,10,\mathbf{z}) = (0.0686,0.4663,0.2266,0,0,0.2384)$，$\mathbf{e} = (1,1,1,1,1,0)$。

6.5.2　部件交换策略优化结果

仍考虑一个由四个功能相同的部件所组成的系统，其相关模型参数分别为 $n=4$，$M=5$，$k_4^t=1$，$k_3^t=3$，$k_2^t=4$，$k_1^t=7$，$k_0^t=10$，$k^c=6$。当给出其他参数的不同值时，根据部件交换策略优化模型（6.17），可以得到优化结果如表6.2所示。在该表中，给出了部件交换方案的等价形式以简化表达式。假设将系统中原位置为1，2，3，4的部件分别表示为部件A，B，C，D，则可以用交换完成后的部件顺序表示某一交换方案。例如，

部件交换方案 $\mathbf{z} = \begin{pmatrix} 0 & 0 & 0 & 1 \\ 0 & 0 & 1 & 0 \\ 0 & 1 & 0 & 0 \\ 1 & 0 & 0 & 0 \end{pmatrix}$ 的等价表达为 DCBA。根据表中的结果，

最优部件交换策略与各位置上部件所受到的有效冲击概率的大小有关。有效冲击概率最大和最小的位置上两个部件互相交换，有效冲击概率第二大和第二小的位置上两个部件互相交换，以此类推。最优的部件交换时刻随着事先给定的部件可靠度阈值 R_{com}^0 增大而减小。除此之外，最佳部件交换时刻随着目标冲击次数的增大或系统平衡阈值的增大也会有增大的趋势。

表 6.2　　　　　　　不同参数下的部件交换策略优化结果

h	d_t	R_{com}^0	p_1	p_2	p_3	p_4	R_{sys}^{base}	d_r^*	$\mathbf{z}^*$	R_{sys}^{re*}
2	**20**	**0.9**	**0.1**	**0.05**	**0.08**	**0.01**	**0.8130**	**10**	**DCBA**	**0.9297**
2	20	0.9	0.1	0.05	0.08	0.02	0.8293	10	DCBA	0.9240
2	20	0.9	0.1	0.05	0.08	0.06	0.8582	10	BADC	0.8953
2	20	0.9	0.1	0.05	0.09	0.01	0.7916	10	DCBA	0.9202

h	d_t	R_{com}^0	p_1	p_2	p_3	p_4	R_{sys}^{base}	d_r^*	$\mathbf{z}^*$	$R_{sys}^{re\,*}$
2	20	0.9	0.1	0.05	0.12	0.01	0.7052	10	BADC	0.9054
2	20	0.9	0.1	0.07	0.08	0.01	0.7946	10	DCBA	0.9084
2	20	0.9	0.1	0.12	0.08	0.01	0.6815	10	CDAB	0.8732
2	20	0.9	0.12	0.05	0.08	0.01	0.7469	10	DCBA	0.9205
2	20	0.9	0.15	0.05	0.08	0.01	0.6300	10	DCBA	0.8984
2	20	0.999	0.1	0.05	0.08	0.01	0.8130	10	DCBA	0.9297
2	20	0.999999	0.1	0.05	0.08	0.01	0.8130	6	DCBA	0.9118
2	25	0.9	0.1	0.05	0.08	0.01	0.6882	12	DCBA	0.8855
2	30	0.9	0.1	0.05	0.08	0.01	0.5699	15	DCBA	0.8503
1	20	0.9	0.1	0.05	0.08	0.01	0.5214	9	DCBA	0.7047
3	20	0.9	0.1	0.05	0.08	0.01	0.9972	10	DCBA	0.9997

以表6.2中的第一种情形为例,将进行部件交换和不进行部件交换两种情况的系统可靠度进行对比,如图6.7所示,这种情形下最优的部件交换时刻为 $d_r^* = 10$,在此之前,两条线完全重合,在此之后,经过部件交换的系统可靠度明显高于未进行部件交换的情形。在目标冲击次数 $d_t = 20$ 时,未经部件交换的系统可靠度为 $R_{sys}^{base} = 0.8130$,而经过部件交换后,系统可靠度提高到了 $R_{sys}^{re} = 0.9297$。

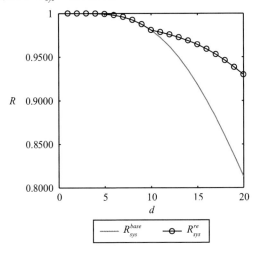

图6.7   部件交换前后的系统可靠度对比

在图 6.8 中，目标冲击次数设置为 $d_t = 150$，并分别给出了部件数为
3，4，5 时的部件交换前后系统可靠度对比。每种情形下，系统可靠度在
部件交换之后都有了明显提高，这表明本章所提出的模型对提升系统可
靠度是很有效的，也可以为实际工程系统的部件交换策略提供决策依据。
涉及的模型参数如下：

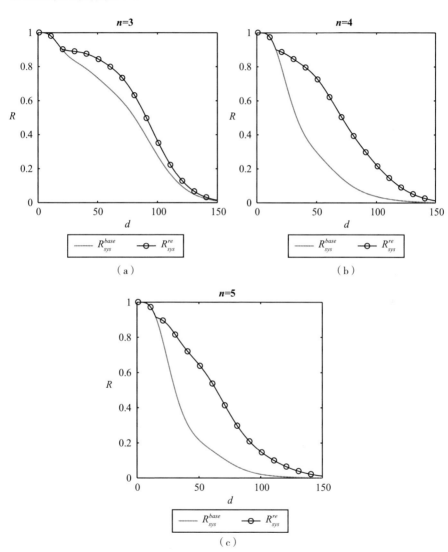

图 6.8　不同部件数情况下部件交换前后的系统可靠度对比
[（a）$n = 3$；（b）$n = 4$；（c）$n = 5$]

① 三种情形均有 $M=5$，$k^c=6$，$k_4^t=1$，$k_3^t=3$，$k_2^t=4$，$k_1^t=7$，$k_0^t=10$，$h=2$；

② 图（a）中：$n=3$，$p_1=0.1$，$p_2=0.05$，$p_3=0.08$；

③ 图（b）中：$n=4$，$p_1=0.1$，$p_2=0.05$，$p_3=0.08$，$p_4=0.01$；

④ 图（c）中：$n=5$，$p_1=0.1$，$p_2=0.05$，$p_3=0.08$，$p_4=0.01$，$p_5=0.02$。

表 6.3 中给出了在给定参数 $d_t=20$，$p_1=0.1$，$p_2=0.05$，$p_3=0.08$，$p_4=0.01$，$p_5=0.02$，$p_6=0.04$，$p_7=0.02$ 的情况下，本章所提出优化模型算法的计算时间。可以看出，随着部件数的增加，计算时间也迅速增加，但仍在可接受范围内。本章所提出的优化模型算法更适用于部件数较少或有足够决策时间的情况，而对于部件数较大的情形，可以在未来的研究中采取一些启发式算法等。

表 6.3 　　　　　　　　　不同部件数下优化模型计算时间

部件个数	2	3	4	5	6	7
计算时间（秒）	0.639	2.380	11.446	82.314	844.188	10286.196

6.6　本章小结

本章构建了在冲击环境下运行的执行部件交换策略的平衡系统。该模型中，部件状态由于受到外界冲击作用而退化，当系统中所有部件的状态之差最大值不超过某阈值时，系统处于平衡状态。当该系统中至少存在一个完全失效的部件，或者系统失衡时，系统失效。为了延长该系统的长期使用寿命，本章为其设计了一个部件交换策略，将部件交换时刻和交换方案作为决策变量，将目标冲击次数下的系统最大可靠度作为目标函数，构建了相应的部件交换策略优化模型。本章运用了两步有限马尔可夫链嵌入法，推导了该系统在部件交换方案执行前后的可靠度等概率指标，并针对部件交换策略优化模型提出了求解流程。最后，以轮胎换位问题为背景，给出了工程应用实例，并对执行部件交换策略前后的系统可靠性指标进行了对比，验证了所构建模型的有效性。

第 7 章

多态平衡系统的多准则任务
终止策略优化研究

7.1 引言

在实际工程应用中，一些系统往往需要在一个连续的时间段内执行一项指定的任务。为了评价系统任务的执行情况，通常用任务完成度来表示指定任务的完成程度，通常定义为能够完成任务的概率，同时用系统生存概率来衡量系统本身的可靠度。在某些情形下，一些关键重要设备系统本身的生存通常比任务能否完成更为重要。例如，无人机系统的侦察任务问题，军用无人机经常需要执行一些重要任务，如侦察、监视和目标捕获（RSTA）等。当无人机在执行任务时，其系统生存比完成目标任务更重要，因为这类军事装备的暴露或被敌军捕获可能会造成情报泄露或技术窃取等不可挽回的后果，因此需要在无人机运行过程中监测其状态，若发现无人机系统所面临的失效风险较高，需要及时终止任务。许多关键重要设备都存在平衡系统结构，如无人机的旋翼系统、军用战机的机翼系统等，这类武器装备在执行任务中都充当非常关键的角色。

由于平衡系统的复杂结构及重要用途，对平衡系统任务终止策略的研究成为平衡系统可靠性研究中的热点问题。

基于以上无人机系统侦察任务问题，本章为多态平衡系统设计了多准则的任务终止策略。首先构建了具有若干多态部件的平衡系统，当系统中最大部件状态差超过一定阈值时，系统失衡。将状态低于某阈值的部件定义为损伤部件，当系统失衡或损伤部件达到一定数量时，系统失效。对应地，本章为该系统设计了两个任务终止阈值，当系统中最大部件状态差或损伤部件数量达到某阈值时，任务终止。两个任务终止阈值均小于导致系统失效的阈值。为了权衡任务可靠度和系统生存概率两个指标，本章分别以系统生存概率最大和平均总费用最小为目标函数，构建了两个不同的任务终止策略优化模型，决策变量为两个任务终止阈值。本章运用马尔可夫过程嵌入法推导了任务可靠度和系统生存概率及相关概率指标的解析表达式，并给出了任务终止策略的求解流程，最后以无人机系统侦察任务问题为背景，验证了本章所提出的多态平衡系统任务终止策略的有效性。

以下给出本章所用符号及含义：

n　　　　系统中的部件个数。

M　　　　部件的完美工作状态。

Ω_{com}　　　部件的状态空间。

$X_i(t)$　　　第 i 个部件在时刻 t 的状态，$i=1,2,\cdots,n$。

$D_b(t)$　　　系统在时刻 t 的平衡水平。

h_f　　　　系统平衡阈值，平衡水平超过该值时系统失衡。

M_d　　　　事先给定的阈值，状态低于该值的部件被定义为损伤部件。

$N_d(t)$　　　系统在时刻 t 的损伤部件个数。

k_f　　　　系统失效阈值，系统中损伤部件个数超过该值时系统失效。

L　　　　系统寿命。

τ　　　　任务持续时长。

h_a　　　　任务终止的平衡阈值，平衡水平超过该值时任务终止。

k_a　　　　任务终止的失效阈值，系统中损伤部件个数超过该值时任务终止。

T		达到任务终止条件的时刻。
$\varphi(t)$		任务在时刻 t 终止时所需的救援时间。
ξ		在该时刻之后，不需要进行任务终止。
$R(\cdot)$		任务可靠度。
$S(\cdot)$		系统生存概率。
S^*		优化模型 I 中给定的系统生存概率约束。
C_M		任务失败费用。
C_S		系统失效费用。
$C(\cdot)$		平均费用。

7.2 系统可靠性建模

7.2.1 系统可靠性模型

考虑一个包含 n 个同型部件的平衡系统，每个部件都有多个状态，且所有部件都有相同的状态空间，表示为 $\Omega_{com} = \{0,1,\cdots,M\}$，其中，状态 0 代表部件的完全失效状态，状态 M 代表部件的完美工作状态。在系统运行的初始时刻，所有部件都处于完美工作状态 M，且系统中第 i 个部件（$i = 1,2,\cdots,n$）的状态退化过程可以用马尔可夫过程来 $\{X_i(t), t \geq 0\}$ 刻画，其中 $X_i(t)$ 表示部件 i 在时刻 t 的状态。本章假设部件状态按照状态从大到小依次退化，即每次只能退化到临近的下一个状态。

定义该系统在时刻 t 的平衡水平为此时系统中所有部件之间最大状态差，用符号 $D_b(t)$ 表示，可以表示为：

$$D_b(t) = \max_{1 \leq i \leq n}(X_i(t)) - \min_{1 \leq i \leq n}(X_i(t)) \qquad (7.1)$$

当系统的平衡水平 $D_b(t)$ 不超过事先给定的阈值 h_f，即 $D_b(t) \leq h_f$ 时，系统处于平衡状态。

如果部件 i 在时刻 t 的状态小于等于事先给定的状态 M_d，则将部件 i 定义为损伤部件。用 $N_d(t)$ 表示时刻 t 系统中损伤部件的个数，可以表示为 $N_d(t) = \sum_{i=1}^{n} I_{\{X_i(t) \le M_d\}}$，其中 $I_{\{e\}}$ 为示性函数，如果事件 e 为真，则 $I_{\{e\}} = 1$，否则 $I_{\{e\}} = 0$。

当该系统处于失衡状态或损伤部件达到一定数量时，系统失效。具体条件可以表示为，如果以下两个事件有任意一个发生，则系统失效：

① 系统失衡，即 $D_b(t) > h_f$；

② 系统中损伤部件个数超过给定的阈值 k_f，即 $N_d(t) > k_f$。

根据以上失效准则，可以得到系统寿命的表达式如下：

$$L = \inf\{t : D_b(t) > h_f \text{ 或 } N_d(t) > k_f\} \tag{7.2}$$

7.2.2 任务终止策略

针对一些实践应用中关键重要设备系统本身的生存往往比任务完成具有更高优先级的情况，需要为执行任务的系统设计一个任务终止策略。对本章考虑的系统来说，假设其需要在连续时间区间 $[0, \tau)$ 内执行一项任务，其中 τ 是事先给定的常数。为该系统设计两个任务终止准则，分别与系统的两个失效准则相对应。当以下两个事件中任一事件发生时，需要进行任务终止：

① 系统平衡水平大于事先给定的阈值 $h_a (0 \le h_a \le h_f < M)$，即 $D_b(t) > h_a$；

② 系统中损伤部件的个数大于事先给定的阈值 $k_a (0 \le k_a \le k_f < n)$，即 $N_d(t) > k_a$。

因此，任务终止时刻可以表示为：

$$T = \inf\{t : D_b(t) > h_a \text{ 或 } N_d(t) > k_a\} \tag{7.3}$$

在任务终止后，需要立刻对系统开展救援工作。救援所需时间是任务终止时刻 t 的函数，用 $\varphi(t)$ 表示。在救援过程中，部件的退化规律与其工作期间的退化规律相同。注意到当救援时间 $\varphi(t)$ 超过任务剩余时间 $\tau-t$ 时，即使救援成功，系统也无法完成任务，因此，假设 $\varphi(t) \geqslant \tau-t$ 的情况下不进行任务终止，系统继续执行任务直到任务完成或系统失效。令 $\xi(\xi<\tau)$ 表示此后不需要进行任务终止的时刻，因此有：

$$\varphi(t) \geqslant \tau-t, t \geqslant \xi \tag{7.4}$$

任务可靠度可以用来表示任务的完成情况，通常定义为目标任务能够成功完成的概率，即系统在时间区间 $[0, \tau)$ 内没有进行任务终止且未失效的概率。根据上述定义，可以得到任务可靠度的表达式为：

$$R(h_a, k_a) = \mathrm{Pr}\{L>\tau, T \geqslant \xi\} \tag{7.5}$$

系统生存概率定义为系统在任务过程中或救援过程中没有失效的概率，包含两部分：一是任务能够完成的概率，即任务可靠度；二是任务被终止但系统未失效的概率，即系统在救援过程中被救援成功的概率。因此，可以得到系统生存概率的表达式为：

$$S(h_a, k_a) = R(h_a, k_a) + \mathrm{Pr}\{L>T+\varphi(T), T<\xi\} \tag{7.6}$$

以下用一个实例来具体解释上述系统，相关模型参数为 $n=3$，$M=3$，$M_d=1$，$h_f=2$，$k_f=2$，$h_a=1$，$k_a=1$。该系统由 3 个同型部件组成。当某个部件状态为 0 或 1 时，将该部件定义为损伤部件。根据系统失效规则，当系统中有超过 2 个损伤部件或当系统平衡水平超过 2 时，系统失效。根据任务终止准则，当系统中有超过 1 个损伤部件或当系统平衡水平超过 1 时，达到任务终止条件。

图 7.1 给出了系统运行过程及任务终止情况的 5 个实例，分别展示了系统寿命与任务终止时刻不同的关系。在 5 种情形中，部件在初始时刻 0 均处于完美工作状态。在情形 1 中，在任务结束时刻 τ，有 2 个部件退化至状态 2，有 1 个部件退化至状态 1，即该部件为损伤部件。此时还未达到任务终止条件，即任务完成且系统未失效。在情形 2 和情形 3 中，系统

在时刻 T 达到了任务终止条件，但已超过了时刻 ξ，所以任务未终止，系统继续运行。在情形 2 中，系统在任务结束时刻 τ 仍未失效，因此任务成功；但在情形 3 中，系统在任务结束前的时刻 L 就达到了失效条件，因此任务失败。在情形 4 和情形 5 中，系统都在时刻 T 达到了任务终止条件，并即刻启动了救援程序。在情形 4 中，系统在救援结束前未失效，即任务失败但系统存活；在情形 5 中，系统在救援结束前就失效了，即任务失败且系统失效。

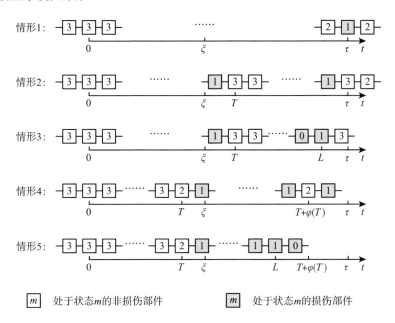

图 7.1　系统运行过程及任务终止情况的实例

7.2.3　任务终止策略优化模型

为了得到最优的任务终止策略，即最优的两个任务终止阈值 h_a 和 k_a，需要权衡任务可靠度 $R(h_a, k_a)$ 和系统生存概率 $S(h_a, k_a)$ 这两个指标。本章分别构建了两个不同的优化模型。

（1）优化模型 I

该优化模型的目标函数为任务可靠度最大化，决策变量为两个任务

终止阈值 h_a 和 k_a，约束条件为系统生存概率不低于某给定的阈值 S^*。具体模型如下：

$$\begin{aligned} \max \quad & R(h_a, k_a) \\ \text{s. t.} \quad & S(h_a, k_a) \geqslant S^* \end{aligned} \tag{7.7}$$

（2）优化模型 Ⅱ

该优化模型中，假设任务失败和系统失效时都会产生一定的费用，且任务失败的费用用 C_M 表示，系统失效的费用用 C_S 表示。考虑实际中关键重要设备的失效比任务失败带来的后果更严重，所以通常假设 $C_S > C_M$。因此，平均费用可以表示为：

$$\begin{aligned} C(h_a, k_a) &= (1 - S(h_a, k_a))(C_M + C_S) + (S(h_a, k_a) - R(h_a, k_a))C_M \\ &= (1 - R(h_a, k_a))C_M + (1 - S(h_a, k_a))C_S \end{aligned} \tag{7.8}$$

式（7.8）第一部分表示系统失效且任务失败的概率，第二部分表示系统未失效但任务失败的概率。优化模型的目标函数为上述平均费用最小，决策变量为两个任务终止阈值 h_a 和 k_a。

7.3 系统可靠性分析

7.3.1 系统寿命与任务终止时刻

为了得到任务可靠度和系统生存概率的具体解析表达式，本节首先运用马尔可夫过程嵌入法来推导系统寿命 L 和任务终止时刻 T 的分布函数。

首先，定义离散状态连续时间的马尔可夫过程 $\{X_i(t), t \geqslant 0\}$，$i = 1, 2, \cdots, n$，用以描述系统中第 i 个部件的退化过程。假设所有部件的退化规律相同，且具有相同的状态空间 $\Omega_{com} = \{0, 1, \cdots, M\}$。假设部件的状态是依次退化的，即每次只能从当前状态转移至临近的下一个状态。部件从

状态 j 转移到状态 $j-1(j=1,2,\cdots,M)$ 的转移率用 $\lambda_{j,j-1}$ 表示，具体转移过程如图 7.2 所示。

图 7.2　部件状态退化过程

其次，为表述整个系统的状态退化过程，定义马尔可夫过程 $\{\mathbf{Y}_f(t),$ $t \geq 0\}$，状态 $\mathbf{Y}_f(t)$ 定义为：

$$\mathbf{Y}_f(t) = (Y_0(t), Y_1(t), \cdots, Y_M(t)), t \geq 0 \qquad (7.9)$$

其中，$Y_j(t)(j=0,1,\cdots,M)$ 表示时刻 t 系统中处于状态 j 的部件总个数，即 $Y_j(t) = \sum_{i=1}^{n} I_{\{X_i(t)=j\}}$。

该马尔可夫过程的状态空间为：

$$\Omega_{sys}^{f} = \left\{ (y_0, y_1, \cdots, y_M) \mid \sum_{j=0}^{M} y_j = n, j_{\max} - j_{\min} \leq h_f, \sum_{j=0}^{M_d} y_j \leq k_f \right\} \cup \{E_f\}$$

$$(7.10)$$

其中，$j_{\max} = \max\limits_{0 \leq j \leq M} \{j \mid y_j \neq 0\}$ 和 $j_{\min} = \min\limits_{0 \leq j \leq M} \{j \mid y_j \neq 0\}$ 分别表示系统中部件状态的最大值和最小值，状态 E_f 表示吸收态，即系统失效状态。

对于该马尔可夫过程，转移率矩阵用 $\mathbf{Q}_f$ 表示，具体的状态转移规则如表 7.1 所示。在情形 1 中，一个部件从状态 u 退化到状态 $u-1(0 < u \leq M)$，因此有 $y'_{u-1} = y_{u-1} + 1$ 和 $y'_u = y_u - 1$。在情形 2 中，部件状态退化导致系统失效，因此该马尔可夫过程的状态转移到吸收态。

表 7.1　　　　　系统马尔可夫过程的状态转移规则

序号	适用条件	转移率
状态转移情形 1：$(y_0, \cdots, y_{u-1}, y_u, \cdots, y_M) \rightarrow (y'_0, \cdots, y'_{u-1}, y'_u, \cdots, y'_M)$		
1	$j'_{\max} - j'_{\min} \leq h_f, \sum_{j}^{M_d} y'_j \leq k_f$	$y_u \lambda_{u,u-1}$

平
衡
系统可靠性建模与分析

序号	适用条件	转移率
	状态转移情形2: $(y_0, \cdots, y_{u-1}, y_u, \cdots, y_M) \rightarrow E_f$	
2	$j_{\min} > M_d$, $j_{\max} - j_{\min} = h_f$, 或者 $0 < j_{\min} \leqslant M_d$, $j_{\max} - j_{\min} = h_f$, $\sum_{j=0}^{M_d} y_j < k_f$, 或者 $j_{\min} > 0$, $j_{\max} - j_{\min} = h_f$, $\sum_{j=0}^{M_d} y_j = k_f$, $y_{M_d+1} = 0$	$y_{j_{\min}} \lambda_{j_{\min}, j_{\min}-1}$
3	$j_{\min} \leqslant M_d + 1$, $j_{\max} - j_{\min} < h_f$, $\sum_{j=0}^{M_d} y_j = k_f$, $y_{M_d+1} > 0$, 或者 $j_{\min} = 0$, $j_{\max} - j_{\min} = h_f$, $\sum_{j=0}^{M_d} y_j = k_f$, $y_{M_d+1} > 0$	$y_{M_d+1} \lambda_{M_d+1, M_d}$
4	$j_{\min} > 0$, $j_{\max} - j_{\min} = h_f$, $\sum_{j=0}^{M_d} y_j = k_f$, $y_{M_d+1} > 0$	$y_{j_{\min}} \lambda_{j_{\min}, j_{\min}-1} + y_{M_d+1} \lambda_{M_d+1, M_d}$

根据上述状态转移规则，可以得到具体的转移率矩阵 $\mathbf{Q}_f$，并将其划分为：

$$\mathbf{Q}_f = \begin{pmatrix} \mathbf{A}_f & \mathbf{B}_f \\ \mathbf{0} & \mathbf{0} \end{pmatrix}_{|\Omega_{sys}^f| \times |\Omega_{sys}^f|} \tag{7.11}$$

其中，$\mathbf{A}_f$ 表示所有转移态直接的转移率矩阵，$\mathbf{B}_f$ 表示转移态到吸收态的转移率矩阵。令 $q_{u,v}^f$ 表示矩阵 $\mathbf{Q}_f$ 中第 u 行第 v 列的元素。

以下用一个具体的实例来解释上述马尔可夫过程。考虑一个由 3 个部件组成的平衡系统，其模型参数为 $n = 3$，$M = 3$，$M_d = 1$，$h_f = 2$，$k_f = 2$。其状态空间为：

$$\Omega_{sys}^f = \left\{ \begin{matrix} (0,0,0,3), (0,0,1,2,), (0,1,0,2), (0,0,2,1), \\ (0,1,1,1), (0,2,0,1), (0,0,3,0), (0,1,2,0), \\ (1,0,2,0), (0,2,1,0), (1,1,1,0), (2,0,1,0) \end{matrix} \right\} \cup \{E_f\}$$

其状态转移如图 7.3 所示。

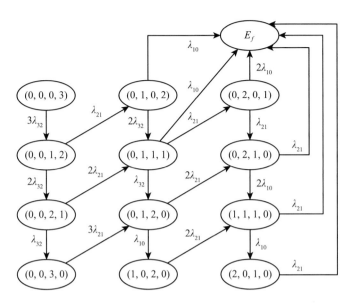

图 7.3   系统状态转移

若给定转移率 $\lambda_{3,2} = 0.4$，$\lambda_{2,1} = 0.5$，$\lambda_{1,0} = 0.2$，则转移率矩阵可以写为：

$$
\mathbf{Q}_f = \begin{array}{c}
(0,0,0,3) \\
(0,0,1,2) \\
(0,1,0,2) \\
(0,0,2,1) \\
(0,1,1,1) \\
(0,2,0,1) \\
(0,0,3,0) \\
(0,1,2,0) \\
(1,0,2,0) \\
(0,2,1,0) \\
(1,1,1,0) \\
(2,0,1,0) \\
E_f
\end{array}
\left(
\begin{array}{cccccccccccc:c}
-1.2 & 1.2 & 0 & 0 & 0 & 0 & 0 & 0 & 0 & 0 & 0 & 0 & 0 \\
0 & -1.3 & 0.5 & 0.8 & 0 & 0 & 0 & 0 & 0 & 0 & 0 & 0 & 0 \\
0 & 0 & -1 & 0 & 0.8 & 0 & 0 & 0 & 0 & 0 & 0 & 0 & 0.2 \\
0 & 0 & 0 & -1.4 & 1 & 0 & 0.4 & 0 & 0 & 0 & 0 & 0 & 0 \\
0 & 0 & 0 & 0 & -1.1 & 0.5 & 0 & 0.4 & 0 & 0 & 0 & 0 & 0.2 \\
0 & 0 & 0 & 0 & 0 & -0.8 & 0 & 0 & 0.4 & 0 & 0 & 0 & 0.4 \\
0 & 0 & 0 & 0 & 0 & 0 & -1.5 & 1.5 & 0 & 0 & 0 & 0 & 0 \\
0 & 0 & 0 & 0 & 0 & 0 & 0 & -1.2 & 0.2 & 1 & 0 & 0 & 0 \\
0 & 0 & 0 & 0 & 0 & 0 & 0 & 0 & -1 & 0 & 1 & 0 & 0 \\
0 & 0 & 0 & 0 & 0 & 0 & 0 & 0 & 0 & -0.9 & 0.4 & 0 & 0.5 \\
0 & 0 & 0 & 0 & 0 & 0 & 0 & 0 & 0 & 0 & -0.7 & 0.2 & 0.5 \\
0 & 0 & 0 & 0 & 0 & 0 & 0 & 0 & 0 & 0 & 0 & -0.5 & 0.5 \\
\hdashline
0 & 0 & 0 & 0 & 0 & 0 & 0 & 0 & 0 & 0 & 0 & 0 & 0
\end{array}
\right)
$$

得到以上转移率矩阵后，就可以求得系统在时刻 t 的可靠度为：

$$\Pr\{L > t\} = \boldsymbol{\alpha}_f \exp(\mathbf{Q}_f t)\mathbf{e}^T \qquad (7.12)$$

其中，$\boldsymbol{\alpha}_f = (1,0,\cdots,0)_{1\times|\Omega_{sys}|}$ 为初始状态，且 $\mathbf{e} = (1,\cdots,1,0)_{1\times|\Omega_{sys}|}$。注意此处系统可靠度表示的是如果不考虑任务终止策略的情况下系统存活的概率，与系统生存概率的概念是存在一定差异的。

系统寿命 L 的分布函数为：

$$F_L(t) = \Pr\{L \le t\} = 1 - \Pr\{L > t\} = 1 - \boldsymbol{\alpha}_f \exp(\mathbf{Q}_f t) \mathbf{e}^T \tag{7.13}$$

其概率密度函数为：

$$f_L(t) = \boldsymbol{\alpha}_f \exp(\mathbf{Q}_f t) \mathbf{Q}_f^0 \tag{7.14}$$

其中，$\mathbf{Q}_f^0 = -\mathbf{Q}_f \mathbf{e}^T$。

类似地，将系统马尔可夫过程及其转移规则中的参数 h_f 和 k_f 分别替换为任务终止阈值 h_a 和 k_a，可以构建新的马尔可夫过程 $\{\mathbf{Y}_a(t), t \ge 0\}$，用以描述任务终止过程，相应的状态空间为：

$$\Omega_{sys}^a = \left\{ (y_0, y_1, \cdots, y_M) \mid \sum_{j=0}^M y_j = n, j_{max} - j_{min} \le h_a, \sum_{j=0}^{M_d} y_j \le k_a \right\} \cup \{E_a\}$$

其转移率矩阵为：

$$\mathbf{Q}_a = \begin{pmatrix} \mathbf{A}_a & \mathbf{B}_a \\ \hline \mathbf{0} & \mathbf{0} \end{pmatrix}_{|\Omega_{sys}^a| \times |\Omega_{sys}^a|}$$

与 $\mathbf{A}_f$ 和 $\mathbf{B}_f$ 类似，$\mathbf{A}_a$ 表示所有转移态之间的转移率矩阵，$\mathbf{B}_a$ 表示转移态到吸收态之间的转移率矩阵。令 $q_{u,v}^a$ 表示矩阵 $\mathbf{Q}_a$ 中第 u 行第 v 列的元素。

然后可以得到任务终止时刻 T 的分布函数为：

$$F_T(t) = \Pr\{T \le t\} = 1 - \Pr\{T > t\} = 1 - \boldsymbol{\alpha}_a \exp(\mathbf{Q}_a t) \mathbf{e}^T \tag{7.15}$$

其概率密度函数为：

$$f_T(t) = \boldsymbol{\alpha}_u \exp(\mathbf{Q}_a t) \mathbf{Q}_a^0 \tag{7.16}$$

其中，$\boldsymbol{\alpha}_a = (1,0,\cdots,0)_{1\times|\Omega_{sys}^a|}$ 为初始状态，且有 $\mathbf{e} = (1,\cdots,1,0)_{1\times|\Omega_{sys}^a|}$ 和 $\mathbf{Q}_a^0 = -\mathbf{Q}_a \mathbf{e}^T$。

7.3.2 任务可靠度与系统生存概率

为便于后面的讨论，首先将状态空间 Ω_{sys}^{f} 和 Ω_{sys}^{a} 中的状态进行顺序标记。以 Ω_{sys}^{f} 为例，可按以下步骤为其中状态排序并进行标记：

① 状态空间中状态总数用集合 Ω_{sys}^{f} 的势表示，即 $|\Omega_{sys}^{f}|$，将吸收态 E_f 标记为第 $|\Omega_{sys}^{f}|$ 个状态。

② 假设第 r 个状态和第 l 个状态（$r<l$）分别为 $\mathbf{Y}_f^{(r)}=(y_0^{(r)},$ $y_1^{(r)},\cdots,y_M^{(r)})$ 和 $\mathbf{Y}_f^{(l)}=(y_0^{(l)},y_1^{(l)},\cdots,y_M^{(l)})$。如果 $\max\limits_{0\leqslant u\leqslant M}\{u\mid y_u^{(r)}>y_u^l\}>\max\limits_{0\leqslant v\leqslant M}\{v\mid y_v^{(l)}>y_v^{(r)}\}$，则状态 r 优于状态 l。

后续讨论中会用到的比较关键的状态是通过一步转移后能够到达满足任务终止条件状态的状态，为标注这些状态，定义空间 S_a 和 S_f，其中的元素代表这些状态分别在状态空间 Ω_{sys}^{a} 和 Ω_{sys}^{f} 的序号。也就是说，如果 $q_{r_l,|\Omega_{sys}^{a}|}^{a}>0$，则 $r_l\in S_a$。第 $r_l(r_l\in S_a)$ 个状态在空间 Ω_{sys}^{a} 中，等价于第 $l(l\in S_f)$ 个状态在空间 Ω_{sys}^{f} 中，即 $\mathbf{Y}_f^{(l)}=\mathbf{Y}_a^{(r_l)}$。

基于马尔可夫过程 $\{\mathbf{Y}_a(t),t\geqslant 0\}$，系统在时刻 t 处于不同状态的概率可以表示为：

$$\mathbf{P}(t)=\boldsymbol{\alpha}_a\exp(\mathbf{A}_at)=(p_1(t),p_2(t),\cdots,p_{|\Omega_{sys}^{a}|}-1(t)) \qquad (7.17)$$

其中，$\boldsymbol{\alpha}_a=(1,0,\cdots,0)_{1\times(|\Omega_{sys}^{a}|-1)}$。

将向量 $\mathbf{P}(t)$ 归一化可得：

$$\mathbf{P}'(t)=\{p_1'(t),p_2'(t),\cdots,p'_{|\Omega_{sys}^{a}|-1}(t)\}$$

其中：

$$p_{r_l}'(t)=\begin{cases}0, & \text{如果 } r_l\notin S_a\\[2mm]p_{r_l}(t)\Big/\sum\limits_{u\in S_a}p_u(t), & \text{如果 } r_l\in S_a\end{cases}$$

定义 L_a 为系统从任务终止时刻开始的寿命，接下来可以推导出在时刻 t 达到任务终止条件的条件下，系统在任务期间内未失效的概率为：

$$\Pr\{L_a > \tau - T \mid T = t\} = \mathbf{P}''(t)\exp(\mathbf{A}_f(\tau - t))\mathbf{e}_1^T \tag{7.18}$$

上式中 $\mathbf{e}_1 = (1,\cdots,1)_{1\times(\,|\,\Omega_{sys}^f\,|\,-1)}$，$\mathbf{P}''(t) = (p_1''(t), p_2''(t), \cdots, p_{|\Omega_{sys}^f|-1}''(t))$。其中：

$$p_l''(t) = \begin{cases} 0, & \text{如果 } l \notin S_f \\ p_{r_l}(t) \Big/ \sum\limits_{u \in S_a} p_u(t), & \text{如果 } l \in S_f \end{cases}$$

系统恰好在时间区间 $[t, t+dt)$ 内达到任务终止条件的概率为：

$$f_T(t)dt = \mathbf{P}(t)B_a dt \tag{7.19}$$

根据式（7.5），可以得到该平衡系统的任务可靠度为：

$$\begin{aligned} R(h_a, k_a) &= \Pr\{L > \tau, T \geq \xi\} \\ &= \Pr\{L > \tau, T \geq \tau\} + \Pr\{L > \tau, \xi \leq T < \tau\} \\ &= \Pr\{T \geq \tau\} + \int_\xi^\tau \Pr\{L_a > \tau - T \mid T = t\} f_T(t)dt \\ &= \boldsymbol{\alpha}_a \exp(\mathbf{A}_\alpha \tau)\mathbf{e}_2^T + \int_\xi^\tau \mathbf{P}''(t)\exp(\mathbf{A}_f(\tau - t))\mathbf{e}_1^T\mathbf{P}(t)\mathbf{B}_a dt \end{aligned}$$

$$\tag{7.20}$$

其中，$\mathbf{e}_2 = (1,\cdots,1)_{1\times(\,|\,\Omega_{sys}^a\,|\,-1)}$。

在式（7.20）中，$\Pr\{L > \tau, T \geq \tau\}$ 表示在任务期间系统没有失效且任务终止条件也未达到的概率，$\Pr\{L > \tau, \xi \leq T < \tau\}$ 表示任务终止条件在时刻 ξ 之后达到，即任务不需要终止，同时系统在任务结束前未失效的概率。

系统生存概率包含两部分内容：一是任务成功完成的概率，即任务可靠度；二是任务被终止但系统未失效的概率。根据式（7.7），可得系统生存概率为：

$$\begin{aligned} S(h_a, k_a) &= R(h_a, k_a) + \Pr\{L > T + \varphi(T), T < \xi\} \\ &= R(h_a, k_a) + \int_0^\xi \Pr\{L_a > \varphi(T) \mid T = t\} f_T(t)dt \\ &= R(h_a, k_a) + \int_0^\xi \mathbf{P}''(t)\exp(\mathbf{A}_f\varphi(t))\mathbf{e}_1^T\mathbf{P}(t)\mathbf{B}_a dt \end{aligned} \tag{7.21}$$

7.4　数值算例

7.4.1　任务可靠度与系统生存概率

考虑一个需要执行侦察任务的无人机。对于一个多旋翼无人机来说，一般在每个旋翼上都会安装一个发电机，通过调整不同发电机的转速，可以改变不同旋翼的升力，从而控制无人机飞行的姿势和位置。例如，若希望无人机能够垂直上升，则需要各发电机的转速以相同幅度同时增加。如果不同发电机改变转速的速度不同，就可能导致无人机无法稳定地完成上升动作，导致无法预料的后果。因此，对于无人机旋翼系统来说，各旋翼上发电机转速的改变速度就可以视为评价旋翼工作状态的一项指标。在实际应用中，可以通过实验或仿真的方式得到这一指标的实际值。例如，可以通过加速寿命试验，记录不同寿命阶段下改变发电机转速所需要花费的时间，可以根据实际需求将旋翼划分为不同的工作状态。根据实验或仿真结果，可以统计出各旋翼系统在各状态的停留时间，从而得到状态转移率。当不同的旋翼处于不同状态时，可能会失去平衡，此时记录下所有旋翼之间最大的状态差，就可以得到本章模型所采用的平衡阈值。

本节所述案例中，考虑一个六旋翼无人机，即 $n=6$。假设每个旋翼都可以划分为 6 个不同的工作状态，即 $0,1,\cdots,5$，其中状态 5 表示部件的完美工作状态（$M=5$），状态 0 表示完全失效状态。在系统运行过程中，每个旋翼的工作状态都会随时间退化，退化率分别为 $\lambda_{1,0}=0.2$，$\lambda_{2,1}=0.5$，$\lambda_{3,2}=0.4$，$\lambda_{4,3}=0.1$，$\lambda_{5,4}=0.3$。当某个旋翼的工作状态退化到状态 2 或更低的状态时（$M_d=2$），该旋翼可以被称为损伤旋翼。为了保证无人机能够正常完成各项飞行功能，所有旋翼的最大工作状态之差不应超过一定的阈值，本案例中假设平衡阈值为 4（$h_f=4$）。当无人机系统失衡，或损伤旋翼数量超过 5 个（$k_f=5$）时，无人机系统失效。假设该无人机需要执行一项侦察任务，任务持续时长为 6 小时（$\tau = 6$）。当无人机旋翼系统中损伤旋翼数量超过 $k_a(0 \le k_a \le k_f)$，或者当系统平衡水平超过 $h_a(0 \le h_a \le h_f)$ 时，任务终止。假设系统在时刻 $t(0 < t < \xi)$ 进行任务终止并执行救援活动，其救援时间为 $\varphi(t) = \eta t$。

当给定参数 $\eta = 1$ 时，可以得到该无人机旋翼系统的任务可靠度（mission success probability，MSP）和系统生存概率（system survivability，SS）如图 7.4 所示。从图 7.4（a）可以看出，当给定了 k_a 值时，任务可靠度随另一任务终止阈值 h_a 增加而增加，而系统生存概率随之减小。这是由于随着任务终止条件变得更加严格，任务终止的可能性逐渐变小，所以任务更有可能成功，但同时随着任务进行，系统需要运行更长时间，因此系统失效的可能性增大，导致系统生存概率逐渐降低。当两个任务终止阈值分别为 $h_a = 4$ 和 $k_a = 5$ 时，任务可靠度和系统生存概率的值相等，因为在这种情况下，系统失效条件和任务终止条件相同，相当于没有执行任务终止策略。图 7.4（b）中，任务可靠度和系统生存概率随 k_a 的变化规律与图 7.4（a）中两个指标随 h_a 的变化规律相同。

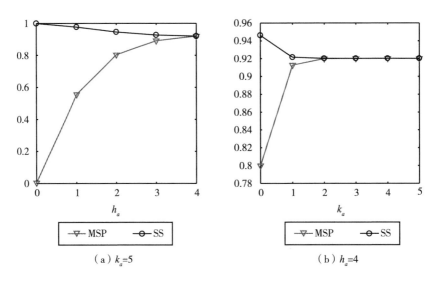

图 7.4　无人机旋翼系统的任务可靠度和系统生存概率

图 7.5 中给出了救援时间参数 η 的灵敏度分析，可以看出给定不同

参数值的情形下，任务可靠度和系统生存概率的对比。从该图中可以看出，任务可靠度和系统生存概率这两个指标随着任务终止阈值 h_a 和 k_a 的变化趋势与图7.4中的趋势是相同的。在图7.5（a）和（b）中，任务可靠度随着救援时间参数 η 的增加而增加，而系统生存概率随着救援时间参数 η 的增加而减小。在 $h_a = 4$ 和 $k_a = 5$ 的特殊情况下，任务终止策略不起作用，因此这两个指标的值是相同的。

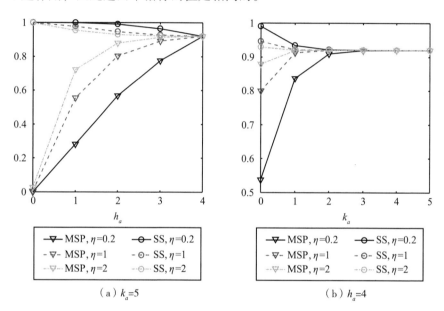

（a）k_a=5 （b）h_a=4

图7.5 参数 η 的灵敏度分析

7.4.2 任务终止策略优化结果

本节给出了任务终止策略的优化结果。7.2.3节所构建的优化模型Ⅰ和优化模型Ⅱ的目标函数分别为任务可靠度最大与平均费用最低。对于优化模型Ⅰ来说，当给定系统生存概率的约束值为 $S^* = 0.93$，且参数 M_d 和 η 分别取不同的值时，其任务终止阈值的优化结果如表7.2中的第3列所示，相应的最优任务可靠度和系统生存概率分别如第4列及第5列所示；对于优化模型Ⅱ来说，当给定任务失败的费用和系统失效的费

用分别为 $C_M = 200$、$C_S = 900$，且参数 M_d 和 η 分别取不同的值时，其任务终止阈值的优化结果如中表 7.3 的第 3 列所示，相应的最优平均费用如第 4 列所示。由于决策变量 h_a 和 k_a 只能取整数值，且取值范围非常有限，因此两个优化模型都可以直接通过穷举法得到最终结果。根据优化模型 I 的结果可知，当 $M_d = 1$ 和 $M_d = 0$ 时，任务可靠度在救援时间参数 $\eta = 1$ 时取最大值；当 $M_d = 2$ 时，任务可靠度随着 η 的增大而增大；而当 $M_d = 3$ 时，任务可靠度随着 η 的增大而减小。根据优化模型 II 的结果可知，当参数 M_d 的值确定时，最优平均费用随着 η 的增大而增大；当参数 η 的值确定时，最优平均费用也随着 M_d 的增大而增大，但增加幅度较小。

此外，表 7.2 和表 7.3 还给出了两个模型的最优化结果和不采用任务终止策略情形的对比结果。对于优化模型 I 和优化模型 II，分别用 S_0 和 C_0 表示给定 $k_a = 5$ 及 $h_a = 4$ 时的系统生存概率与平均费用。给定 $k_a = 5$ 和 $h_a = 4$ 的情形与不采用任务终止策略是等价的，因为在这种情形下，系统的任务终止条件与失效条件是相同的，即需要进行任务终止时，系统同时失效了，因此在系统失效前是没有机会进行任务终止的。用 δ_S 代表优化模型 I 下系统生存概率增加的百分比，用 δ_C 代表优化模型 II 下平均费用减少的百分比，其表达式分别为：

$$\delta_S = (S^* - S_0/S_0) \times 100\%$$

$$\delta_C = (C_0 - C^*/C^*) \times 100\%$$

表 7.2　　　　　　　　任务终止策略优化模型 I 的优化结果

M_d	η	(k_a^*, h_a^*)	R^*	S^*	S_0	$\delta_S(\%)$
	0.2	(5, 3)	0.7760	0.9642	0.9202	4.78
0	1	(5, 2)	0.8036	0.9464	0.9202	2.85
	2	(3, 1)	0.7232	0.9544	0.9202	3.72
	0.2	(5, 3)	0.7760	0.9642	0.9202	4.78
1	1	(5, 2)	0.8036	0.9464	0.9202	2.85
	2	(5, 1)	0.7232	0.9544	0.9202	3.72

M_d	η	(k_a^*, h_a^*)	R^*	S^*	S_0	$\delta_S(\%)$
2	0.2	(1, 4)	0.8373	0.9343	0.9202	1.53
	1	(5, 2)	0.8036	0.9464	0.9202	2.85
	2	(5, 1)	0.7232	0.9544	0.9202	3.72
3	0.2	(5, 3)	0.7758	0.9640	0.9199	4.79
	1	(1, 4)	0.8435	0.9318	0.9199	1.29
	2	(1, 2)	0.8664	0.9312	0.9199	1.23

表7.3　　　　　　任务终止策略优化模型 II 的优化结果

M_d	η	(k_a^*, h_a^*)	C^*	C_0	$\delta_C(\%)$
0	0.2	(5, 3)	77.0139	87.7466	13.94
	1	(5, 3)	87.3228	87.7466	0.49
	2	(5, 2)	87.6578	87.7466	0.10
1	0.2	(5, 3)	77.0140	87.7468	13.94
	1	(5, 3)	87.3230	87.7468	0.49
	2	(5, 1)	87.6579	87.7468	0.10
2	0.2	(5, 3)	77.0193	87.7552	13.94
	1	(5, 3)	87.3300	87.7552	0.49
	2	(5, 2)	87.6640	87.7552	0.10
3	0.2	(5, 3)	77.2390	88.0623	14.01
	1	(5, 3)	87.6081	88.0623	0.52
	2	(5, 2)	87.9258	88.0623	0.16

根据表7.2和表7.3的结果可知，在优化模型 I 中对系统采取任务终止策略所得到的系统生存概率得到了提高，在优化模型 II 中对系统采取任务终止策略所花费的平均费用也得到了降低。在工程实践中，本章所构建的优化模型结果可以帮助决策者对执行任务的系统任务可靠度和系统生存概率的权衡，来提高任务成功概率或降低平均费用，避免由于系统本身失效而带来的严重后果。在任务开始前，决策者可以通过优化模型得到最优的任务终止阈值，在任务执行过程中，决策者需要监测系统工作状态，并适时进行任务终止。根据分析结果，执行任务终止策略可以明显提高系统的生存能力，降低平均费用，可以为工程实践中技术人

员对系统进行优化设计时提供理论参考。

7.5　本章小结

　　本章构建了执行多准则任务终止策略的具有多态部件的平衡系统。由于关键重要设备的系统生存通常比完成任务具有更高的优先级，因此需要为这种系统设计相应的任务终止策略。根据平衡系统的特点，为其设计了两个任务终止准则：一是系统的平衡水平，当系统中所有部件最大的状态差超过一定的阈值，任务终止；二是系统中损伤部件的个数，当损伤部件达到一定数量时，任务终止。本章运用马尔可夫过程刻画部件的状态退化过程以及整个系统的状态退化过程，并运用马尔可夫过程的相关定理推导出了任务可靠度和系统生存概率的解析表达式。为得到最优的任务终止阈值，本章分别以任务可靠度最大和平均费用最小为目标函数，构建了两个不同的优化模型。最后，以无人机侦察任务问题为背景，给出了工程应用案例，对不同参数作了灵敏度分析，并对两个优化模型的结果进行了对比。

第 **8** 章

多态平衡系统的
复合运维策略优化研究

8.1 引言

许多工程系统需要执行不同的任务，由于系统组成结构和运行环境复杂，任务情况多变，往往需要采取不同的运维策略来满足系统在执行不同任务时对任务完成与系统生存的需求。例如，航天测控系统需要在卫星运行过程中对其进行跟踪测量、监视与控制等。航天测控系统通常包括多个测控站，其主要工作可以分为数传和测控两部分。在数据传输时，不同测控站负责收集不同卫星的数据；而在测控时，需要根据卫星工作状态控制调整其运行轨道、运行姿态等。为保证卫星运行的同步性，需要各测控站的数据传输速度保持一致，因此需要在其运行过程中设计一个调节策略贯穿测控系统运行始终，以保持传输速度的平衡。在数据传输时，为保证数据传输的完整性和准确性，从而准确测量卫星的运行状态，可以为其设计一个部件交换策略，提高测控系统整体的使用效率；

平
衡
系统可靠性建模与分析

而在测控时，需要控制卫星运行，为防止由于系统失效带来更大的风险，有时需要根据系统工作状态提前终止任务，因此可以为其设计一个任务终止策略，避免系统失效带来的灾难性后果。

基于以上航天测控系统执行不同任务的问题，本章构建了为多态平衡系统设计了两种复合运维策略，执行不同任务时需采取不同的运维策略。该系统的部件均为多态部件，当系统中所有部件状态之差的最大值超过一定阈值时，系统失效。在整个系统运行过程中，为系统设计一个平衡调节策略，当系统处于失衡状态时，需要调整部件状态让系统恢复平衡。在复合运维策略 I 下，将调节策略与部件交换策略相结合，在系统运行一定时间后通过交换部件位置以提高系统长期可靠性；在复合运维策略 II 下，将调节策略和任务终止策略相结合，当系统中损伤部件达到一定数量时，为防止系统失效带来的严重后果，对任务进行终止。本章运用马尔可夫过程嵌入法得到可靠度等概率指标的解析表达式，并针对两种不同的复合运维策略，分别构建了相应的参数优化模型。最后以航天测控系统的不同任务问题为背景，验证了本章所构建模型的有效性。

以下给出本章所用符号及含义：

n	系统中部件个数。
Ω_{com}	部件状态空间。
M	部件完美工作状态。
$X_i(t)$	第 i 个位置上的部件在时刻 t 的状态。
$\lambda_{u,u-1}^i$	第 i 个位置上的部件从状态 u 转移到状态 $u-1$ 的转移率。
$D(t)$	系统的平衡水平，即系统中所有部件状态之差的最大值。
h	系统的平衡阈值，即平衡水平超过该值的系统处于失衡状态。
M_d	损伤部件状态阈值，即状态不超过该值的部件定义为损伤部件。
$N_d(t)$	t 时刻系统中损伤部件个数。
k_f	系统失效的损伤部件个数阈值，即损伤部件超过该值时系统失效。

L	系统寿命。
τ_{I}	复合运维策略 I 下的任务时长。
τ_{II}	复合运维策略 II 下的任务时长。
τ_r	部件交换时刻。
$\mathbf{z}$	部件交换方案。
$R_I(t)$	复合运维策略 I 下的系统可靠度。
k_a	系统任务终止阈值，即损伤部件数超过该值时任务终止。
T	任务终止时刻。
$\varphi(t)$	t 时刻任务终止所需的救援时间。
ξ	若任务终止条件在该时刻后达到，则不需要任务终止。
$S(\cdot)$	系统生存概率。
$R(\cdot)$	任务可靠度。

8.2　系统可靠性模型

8.2.1　系统可靠性模型

考虑一个由 n 个同型部件组成的系统，每个部件功能相同，可以互相替换，且每个部件都有多个工作状态，其状态空间为 $\Omega_{com}=\{0,1,\cdots,M\}$，其中状态 0 表示部件完全失效状态，状态 M 表示部件的完美工作状态。每个部件状态都随时间退化，但不同位置上的部件由于其工作载荷或受外界影响不同，其退化规律也不同。系统中第 i 个位置上部件的退化过程可以用马尔可夫过程 $\{X_i(t),t\geq0\}$ 来刻画，其中 $X_i(t)$ 表示第 i 个位置上的部件在时刻 t 的状态。假设部件状态只能从当前状态退化到临近的下一个状态，且第 i 个位置上的部件从状态 u 转移到状态 $u-1$ 的转移率为 $\lambda_{u,u-1}^i(i=1,2,\cdots,n;u=1,2,\cdots,M)$。因此，马尔可夫过程 $\{X_i(t),t\geq0\}$ 的状态转移规律如图 8.1 所示。

图 8.1　第 i 个位置上部件的状态退化过程

系统平衡准则：定义 $D(t)$ 为系统的平衡水平，表示的是在时刻 t 系统中所有部件状态之差的最大值，即 $D(t) = \max_{1 \leqslant i \leqslant n}(X_i(t)) - \min_{1 \leqslant i \leqslant n}(X_i(t))$。将系统平衡定义为系统的平衡水平不超过某阈值，可以表示为 $D(t) \leqslant h$，其中 h 是事先确定的值。

系统失效准则：将状态小于等于 M_d 的部件定义为损伤部件。令 $N_d(t)$ 表示在时刻 t 系统中损伤部件的个数，可以表示为 $N_d(t) = \sum_{i=1}^{n} I_{\{X_i(t) \leqslant M_d\}}$，其中 $I_{\{e\}}$ 为示性函数，当事件 e 为真时，$I_{\{e\}} = 1$，否则 $I_{\{e\}} = 0$。当系统中损伤部件数超过 $k_f(k_f = 0, 1, \cdots, n-1)$，即 $N_d(t) > k_f$ 时，系统失效。

8.2.2　系统复合运维策略 I

上述平衡系统的复合运维策略 I 结合了平衡调节策略与部件交换策略，具体内容如下所示。

平衡调节策略：当系统失衡时，立即采用平衡调节策略，首先检测出系统中状态超过 $\min_{1 \leqslant i \leqslant n}(X_i(t)) + h$ 的部件，并将其状态调整为 $\min_{1 \leqslant i \leqslant n}(X_i(t)) + h$，以保持系统平衡。假设部件状态可以实时监测，且平衡调节操作是立即完成的，即平衡调节所用时间忽略不计。

部件交换策略：假设该系统需要在时间区间 $[0, \tau_I)$ 内完成一项任务，部件交换时刻为 $\tau_r (0 < \tau_r < \tau_I)$，具体的交换方案用矩阵 $\mathbf{z} = \{z_{i,j}\}_{n \times n}$ 表示，其中 $z_{i,j}(i,j = 1, 2, \cdots, n)$ 为二元变量，如果系统中原来处于第 i 个位置的部件被交换到第 j 个位置，则 $z_{i,j} = 1$，否则 $z_{i,j} = 0$。其中部件交换时刻 τ_r 和具体的交换方案 $\mathbf{z}$ 是需要进行优化的决策变量。系统在任务期间内任一时刻 t 的可靠度用 $R_I(t)$ 表示。

此时系统的运行过程如图 8.2 所示。首先，需要根据优化模型确定最

优部件交换时刻 τ_r^* 和部件交换方案 $\mathbf{z}^*$。在系统运行过程中，需要对部件状态进行实时监测，当系统失衡时，需要立即对系统进行平衡调节，当系统达到失效条件，即立即失效。当系统运行到最优部件交换时刻 τ_r^*，需要立即执行部件交换方案 $\mathbf{z}^*$，而后系统继续运行。在系统运行过程中，仍然需要对部件状态进行实时监测并判断是否需要平衡调节，直到系统失效。

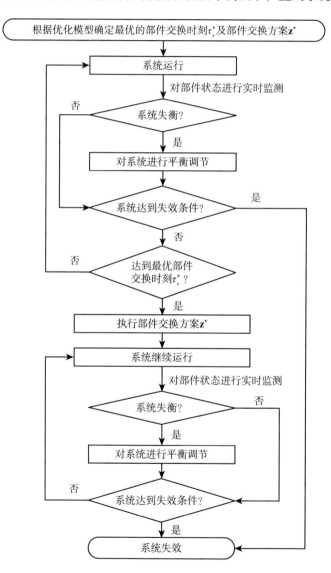

图 8.2　执行复合运维策略 I 的系统运行过程

8.2.3　系统复合运维策略 II

上述平衡系统的复合运维策略 I 结合了平衡调节策略与任务终止策略，具体内容如下所示。

平衡调节策略： 与复合运维策略 I 相同，当系统失衡时，需要识别出状态超过 $\min_{1\leqslant i\leqslant n}(X_i(t))+h$ 的部件，并将其状态调整为 $\min_{1\leqslant i\leqslant n}(X_i(t))+h$，以保持系统平衡。仍然假设部件状态可以实时监测且平衡调节时间忽略不计。

任务终止策略： 假设该系统需要在时间区间 $[0,\tau_{\text{II}})$ 内完成一项任务，此时系统生存比任务完成具有更高的优先级，当系统中损伤部件个数超过 $k_a(0\leqslant k_a\leqslant k_f)$ 时需要对任务进行终止，以避免系统失效带来的严重后果。

该系统的运行过程如图 8.3 所示。首先，需要根据优化模型确定最优

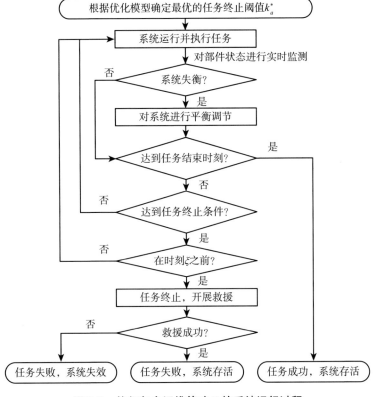

图 8.3　执行复合运维策略 II 的系统运行过程

的任务终止阈值 k_a^*。在系统执行任务期间，需要对部件状态进行实时监测，当系统失衡时，立即对系统进行平衡调节，当系统在任务结束时刻前达到任务终止条件时，如果在时刻 ξ 之后，无须终止任务；如果在时刻 ξ 之前，则立刻终止任务，并开展救援活动。如果救援成功，则系统运行过程结束，这种情况下，任务失败但系统存活；如果救援失败，则任务失败且系统失效。如果系统在任务结束时刻之前始终没有达到任务终止条件，则任务成功且系统存活。

8.3 系统可靠性分析与运维策略优化模型

8.3.1 系统可靠性指标

本节运用马尔可夫过程嵌入法来推导上述平衡系统的可靠性概率指标。首先，对系统中第 i 个位置上的部件，构建马尔可夫过程 $\{X_i(t), t \geq 0\}$ 来刻画其状态退化过程，状态空间为 $\Omega_{com} = \{0, 1, \cdots, M\}$。部件只能从当前状态转移到临近的下一个更差的状态，且从状态 u 转移到状态 $u-1$ 的转移率为 $\lambda_{u,u-1}^i$。

为描述整个系统的状态退化过程，构建马尔可夫过程 $\{\mathbf{X}(t), t \geq 0\}$，其中 $\mathbf{X}(t)$ 为一向量，具体表示为 $\mathbf{X}(t) = (X_1(t), X_2(t), \cdots, X_n(t))$，其中第 i 个元素 $X_i(t)$ 表示系统中第 i 个部件在时刻 t 所处的状态。根据系统失效条件，可得到该马尔可夫过程的状态空间为：

$$\Omega_{sys}^f = \Big\{ (x_1, x_2, \cdots, x_n) \mid \max_{1 \leq i \leq n}(x_i) - \min_{1 \leq i \leq n}(x_i) \leq h,$$

$$\sum_{i=1}^n I_{\{x_i \leq M_d\}} \leq k_f \Big\} \cup \{E_f\}$$

其中，E_f 表示吸收态，即系统失效状态。

该马尔可夫过程的状态转移规则如下：假设系统中第 i 个位置上的部件从状态 x_i 退化到状态 $x_i - 1$，导致系统从状态 $\mathbf{X} = (x_1, x_2, \cdots, x_n)$ 退化到

状态 $\mathbf{X}'' = (x_1'',x_2'',\cdots,x_n'')$。系统先从状态 $\mathbf{X} = (x_1,x_2,\cdots,x_n)$ 退化到中间状态 $\mathbf{X}' = (x_1',\cdots,x_i',\cdots,x_n') = (x_1,\cdots,x_i-1,\cdots,x_n)$，然后判断该状态下系统是否平衡，若平衡则保持该状态，若失衡则进行平衡调节使其恢复平衡。该马尔可夫过程具体的状态转移规则如下所示：

① 如果 $\max\limits_{1\leqslant i\leqslant n}(x_i') - \min\limits_{1\leqslant i\leqslant n}(x_i') \leqslant h$，且 $\sum\limits_{i=1}^{n}I_{|x_i'\leqslant M_d|} \leqslant k_f$，则系统以转移率 λ_{x_i,x_i-1}^i 从状态 $\mathbf{X} = (x_1,x_2,\cdots,x_n)$ 转移到状态 $\mathbf{X}'' = X' = (x_1,\cdots,x_i-1,\cdots,x_n)$；

② 如果 $\max\limits_{1\leqslant i\leqslant n}(x_i') - \min\limits_{1\leqslant i\leqslant n}(x_i') > h$，且 $\sum\limits_{i=1}^{n}I_{|x_i'\leqslant M_d|} \leqslant k_f$，则系统以转移率 λ_{x_i,x_i-1}^i 从状态 $\mathbf{X} = (x_1,x_2,\cdots,x_n)$ 转移到状态 $\mathbf{X}'' = (x_1'',x_2'',\cdots,x_n'')$，其中：

$$x_v'' = \begin{cases} x_v, & \text{如果 } v\neq i, x_v-(x_i-1)\leqslant h \\ x_i-1+h, & \text{如果 } v\neq i, x_v-(x_i-1)>h \\ x_i-1, & \text{如果 } v=i \end{cases}$$

③ 如果 $\sum\limits_{i=1}^{n}I_{|x_i'\leqslant M_d|} > k_f$，则系统以转移率 $\sum\limits_{i=1}^{n}\lambda_{M_d+1,M_d}^i I_{|x_i=M_d+1|}$ 从状态 $\mathbf{X} = (x_1,x_2,\cdots,x_n)$ 转移到状态 $\mathbf{X}'' = E_f$。

以下用一个具体的例子来说明以上马尔可夫过程。假设一个系统的参数分别为 $n=2$，$M=2$，$M_d=0$，$k_f=1$，$h=1$，$\lambda_{21}^1 = 0.2$，$\lambda_{10}^1 = 0.1$，$\lambda_{21}^2 = 0.3$，$\lambda_{10}^2 = 0.5$。根据定义，该系由 2 个同型部件组成，每个部件都具有 0，1，2 三种状态，其中状态 2 为完美工作状态，状态 0 为完全失效状态。当部件状态为 0，即部件完全失效时，该部件被定义为损伤部件。当系统中两个部件的状态差大于 1 时，系统失衡，需要进行平衡调节。系统中只要有 1 个损伤部件就失效。为刻画系统状态的退化过程，可以构建马尔可夫过程 $\{\mathbf{X}(t),t\geqslant 0\}$，其中 $\mathbf{X}(t)$ 可表示为：

$$\mathbf{X}(t) = (X_1(t),X_2(t))$$

其中，$X_1(t)$ 和 $X_2(t)$ 分别表示 t 时刻系统中第 1 个部件和第 2 个部件的状态。该马尔可夫过程的状态空间为：

$$\Omega_{sys}^f = \{(2,2),(2,1),(1,2),(1,1)\} \cup \{(1,0),(0,1)\} \cup \{E_f\}$$

根据该马尔可夫过程的状态转移规律，可以得到其状态转移如图8.4所示。

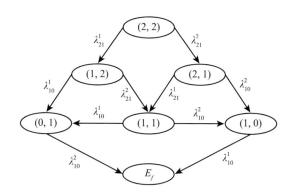

图 8.4　系统层面马尔可夫过程的状态转移

相对应的转移率矩阵为：

$$
\mathbf{Q}_f =
\begin{array}{c}
(2,2)\\
(2,1)\\
(1,2)\\
(1,1)\\
(1,0)\\
(0,1)\\
E_f
\end{array}
\left(
\begin{array}{cccccc:c}
-0.5 & 0.3 & 0.2 & 0 & 0 & 0 & 0\\
0 & -0.7 & 0 & 0.2 & 0.5 & 0 & 0\\
0 & 0 & -0.4 & 0.3 & 0 & 0.1 & 0\\
0 & 0 & 0 & -0.6 & 0.5 & 0.1 & 0\\
0 & 0 & 0 & 0 & -0.1 & 0 & 0.1\\
0 & 0 & 0 & 0 & 0 & -0.5 & 0.5\\
\hdashline
0 & 0 & 0 & 0 & 0 & 0 & 0
\end{array}
\right)
$$

基于以上转移规则，可以得到系统马尔可夫过程的转移率矩阵 $\mathbf{Q}_f$，并将其划分为如下形式：

$$\mathbf{Q}_f = \left(\begin{array}{c:c} \mathbf{A}_f & \mathbf{B}_f \\ \hdashline \mathbf{0} & \mathbf{0} \end{array} \right)$$

其中，$\mathbf{A}_f$ 表示所有转移态之间的转移率矩阵，$\mathbf{B}_f$ 表示转移态到吸收态之间的转移率矩阵。因此，系统在时刻 t 的可靠度为：

$$R_I(t) = \boldsymbol{\alpha}_I \exp(\mathbf{Q}_f t) \mathbf{e}^T \tag{8.1}$$

其中，$\boldsymbol{\alpha}_I = (1,0,\cdots,0)_{1 \times |\Omega_{sys}^f|}$，$\mathbf{e} = (1,\cdots,1,0,\cdots,0)_{1 \times |\Omega_{sys}^f|}$，其中向量 $\mathbf{e}$ 的第 1 个到第 $|\Omega_{sys}^1|$ 个元素为 1，第 $|\Omega_{sys}^1|+1$ 到第 $|\Omega_{sys}^f|$ 个元素为 0。

8.3.2　复合运维策略 I 优化

对复合运维策略 I 进行优化的目的是使系统的任务结束时刻 τ_I 的可靠度最大，其中 τ_I 是事先确定的值。需要优化的两个决策变量分别是部件交换时刻 τ_r 和部件交换方案 $\mathbf{z}$。在构建优化模型前，首先需要计算如下可靠性指标。

如果不进行部件交换，系统在任务结束时刻 τ_I 原始的可靠度用 $R_I^{base}(\tau_I)$ 表示，可以得到：

$$R_I^{base}(\tau_I) = \boldsymbol{\alpha}_I \exp(\mathbf{Q}_f \tau_I) \mathbf{e}^T \tag{8.2}$$

当给定部件交换时刻 τ_r，此时系统处于各状态的概率为：

$$\mathbf{P}_I(\tau_r) = \boldsymbol{\alpha}_I \exp(\mathbf{Q}_f \tau_r) = (P_1(\tau_r), P_2(\tau_r), \cdots, P_{|\Omega_{sys}^f|}(\tau_r)) \tag{8.3}$$

在以方案 $\mathbf{z}$ 进行部件交换后，上述向量可以被重新写为：

$$\mathbf{P}_I'(\tau_r) = (P_1'(\tau_r), P_2'(\tau_r), \cdots, P_{|\Omega_{sys}^f|}'(\tau_r)) \tag{8.4}$$

任务结束时刻系统的可靠度为：

$$R_I^{re}(\tau_I) = \mathbf{P}_I'(\tau_r) \exp(\mathbf{Q}_f(\tau_I - \tau_r)) \mathbf{e}^T \tag{8.5}$$

注意到，上式中的状态转移率矩阵仍为 $\mathbf{Q}_f$，因为部件的转移规律只与部件所处位置有关。

得到以上可靠性指标后，可以构建优化模型（8.6）。

$$\max \quad R_{sys}^{re}(\tau_r, \mathbf{z})$$

$$s.t. \begin{cases} \sum_{i=1}^{n} z_{i,j} = 1, & (a) \\ \sum_{j=1}^{n} z_{i,j} = 1, & (b) \\ z_{i,j} \in \{0,1\}, & (c) \\ 0 \leq \tau_r \leq \tau_I, i,j = 1,2,\cdots,n & (d) \end{cases} \quad (8.6)$$

该模型中，当原来处于位置 i 的部件交换到位置 j 时，二元变量 $z_{i,j}$ 为 1，否则 $z_{i,j} = 0$。约束（a）和（b）是为了保证一个部件只能交换到一个位置，且一个位置只能容纳一个部件。

8.3.3 复合运维策略 II 优化

首先计算该系统的任务可靠度和系统生存概率。系统寿命用 L 表示，系统达到任务终止条件的时刻用 T 表示。当任务被终止后，需要立即对系统进行救援。救援时间通常定义为任务终止时刻 τ_a 的函数，用 $\varphi(\tau_a)$ 表示，且 $\tau_a \in [0, \tau_{II})$。如果剩余任务时长 $\tau_{II} - \tau_a$ 比救援时间 $\varphi(\tau_a)$ 短或二者相等，即 $\varphi(\tau_a) \geq \tau_{II} - \tau_a$，则执行救援工作没有意义，因此在这种情况下将放弃救援，继续执行任务。令 $\xi(0 < \xi < \tau_{II})$ 表示此后不需要进行任务终止的时刻，则有：

$$\varphi(\tau_a) \geq \tau_{II} - \tau_a, \tau_a \geq \xi$$

任务可靠度表示的是系统能够成功完成任务的概率，可以表示为：

$$R_{II}(k_a) = \Pr\{L > \tau_{II}, T \geq \xi\} \quad (8.7)$$

系统生存概率表示的是系统在任务结束时仍未失效或在救援结束时仍未失效的概率，可以表示为：

$$S_{II}(k_a) = R_{II}(k_a) + \Pr\{L > T + \varphi(T), T < \xi\} \quad (8.8)$$

可以构建与系统失效过程类似的马尔可夫过程 $\{\mathbf{Y}(t), t \geq 0\}$ 来描述任务终止过程，其状态空间为：

$$\Omega_{sys}^a = \left\{ (y_1, y_2, \cdots, y_n) \mid \max_{1 \le i \le n}(x_i) - \min_{1 \le i \le n}(x_i) \le h, \right.$$

$$\left. \sum_{i=1}^{n} I_{|x_i \le M_d|} \le k_a \right\} \cup \{E_a\}$$

其状态转移率矩阵为：

$$\mathbf{Q}_a = \left(\begin{array}{c|c} \mathbf{A}_a & \mathbf{B}_a \\ \hline \mathbf{0} & \mathbf{0} \end{array} \right)$$

状态空间 Ω_{sys}^a 中的所有工作状态都存在于状态空间 Ω_{sys}^f 中，其状态转移规则只需将矩阵 $\mathbf{Q}_f$ 的转移规则中的参数 k_f 替换为 k_a，从而得到转移率矩阵 $\mathbf{Q}_a$。因此，系统在时刻 t 处于各状态的概率为：

$$\mathbf{P}_0(t) = \boldsymbol{\alpha}_a \exp(\mathbf{A}_a t) = (p_1(t), p_2(t), \cdots, p_{|\Omega_{sys}^a|-1}(t)) \qquad (8.9)$$

其中，$\boldsymbol{\alpha}_a = (1, 0, \cdots, 0)_{1 \times (|\Omega_{sys}^a|-1)}$。

将以上向量中无法通过一步转移到达满足任务终止条件的状态所对应的分量替换为 0，并去掉最后一个吸收态所对应的元素，可以得到一个新的向量：

$$\mathbf{P}_1(t) = (p_1'(t), p_2'(t), \cdots, p_{|\Omega_{sys}^1|-1}'(t))$$

任务刚好在时间区间 $[t, t+dt)$ 内达到终止条件的概率为：

$$f_T(t)dt = \mathbf{P}_1(t)\mathbf{B}_a dt$$

构建 $1 \times (|\Omega_{sys}^f| - 1)$ 的行向量 $\mathbf{P}_2(t)$，如果状态空间 Ω_{sys}^a 中的第 r 个状态与状态空间 Ω_{sys}^f 中的第 l 个状态相同，且 $p_r' \neq 0$，则向量 $\mathbf{P}_2(t)$ 中第 l 个分量与向量 $\mathbf{P}_1(t)$ 的第 r 个分量具有相同的值，得到：

$$\mathbf{P}_2(t) = (p_1''(t), p_2''(t), \cdots, p_{|\Omega_{sys}^1|-1}''(t))$$

将向量 $\mathbf{P}_2(t)$ 归一化，进而得到向量：

$$\boldsymbol{\alpha}_f = (q_1, q_2, \cdots, q_{|\Omega_{sys}^f|-1})$$

令 L_a 表示从任务终止时刻开始系统的寿命，因此可以得到在时刻 t 进行任务终止的条件下，系统在任务结束时未失效的概率为：

$$\Pr\{L_a > \tau - T \mid T = t\} = \boldsymbol{\alpha}_f \exp(\mathbf{A}_f(\tau_{\mathrm{II}} - t))\mathbf{e}_2^T \tag{8.10}$$

其中，$\mathbf{e}_2 = (1, \cdots, 1)_{1 \times (\mid \Omega_{sys}^f \mid -1)}$。

基于以上结果，进而得到任务可靠度的解析表达式为：

$$
\begin{aligned}
R(k_a) &= \Pr\{L > \tau_{\mathrm{II}}, T \geqslant \xi\} \\
&= \Pr\{L > \tau_{\mathrm{II}}, T \geqslant \tau_{\mathrm{II}}\} + \Pr\{L > \tau_{\mathrm{II}}, \xi \leqslant T < \tau_{\mathrm{II}}\} \\
&= \Pr\{T \geqslant \tau_{\mathrm{II}}\} + \int_{\xi}^{\tau_{\mathrm{II}}} \Pr\{L_a > \tau_{\mathrm{II}} - T \mid T = t\} f_T(t) dt \\
&= \boldsymbol{\alpha}_a \exp(\mathbf{A}_a \tau_{\mathrm{II}})\mathbf{e}_1^T + \int_{\xi}^{\tau_{\mathrm{II}}} \boldsymbol{\alpha}_f \exp(\mathbf{A}_f(\tau_{\mathrm{II}} - t))\mathbf{e}_2^T \mathbf{P}_1(t)\mathbf{B}_a dt
\end{aligned}
\tag{8.11}
$$

其中，$\mathbf{e}_1 = (1, \cdots, 1)_{1 \times (\mid \Omega_{sys}^a \mid -1)}$。

最后，得到系统生存概率的解析表达为：

$$
\begin{aligned}
S(k_a) &= R(k_a) + \Pr\{L > T + \varphi(T), T < \xi\} \\
&= R(k_a) + \int_0^{\xi} \Pr\{L_a > \varphi(T) \mid T = t\} f_T(t) dt \\
&= R(k_a) + \int_0^{\xi} \boldsymbol{\alpha}_f \exp(\mathbf{A}_f \varphi(t))\mathbf{e}_2^T \mathbf{P}_1(t)\mathbf{B}_a dt
\end{aligned}
\tag{8.12}
$$

得到以上可靠性指标后，以任务可靠度最大为目标函数，以任务终止阈值 k_a 为决策变量，可以构建任务终止策略的优化模型：

$$
\begin{aligned}
\max \quad & R(k_a) \\
\text{s. t.} \quad & S(k_a) \geqslant S_0
\end{aligned}
\tag{8.13}
$$

8.4 数值算例

8.4.1 复合运维策略 I 的可靠性指标与优化结果

为说明各可靠性指标的具体计算方法，首先考虑一个只包含 2 个测控站的航天测控系统（$n=2$），每个测控站都有 0，1，2 三个性能水平，且状态 2 为完美工作状态（$M=2$），状态 0 为完全失效状态，两个测控站的状态退化率分别为 $\lambda_{21}^1=0.2$，$\lambda_{10}^1=0.1$，$\lambda_{21}^2=0.3$，$\lambda_{10}^2=0.5$。当某测控站小于等于状态 0 时（$M_d=0$），将其定义为损伤部件。当所有测控站状态差的最大值超过 1 时（$h=1$），系统失衡，需要立即进行平衡调节。当系统中有一个损伤部件（$k_f=0$）时，系统失效。假设该航天测控系统需要执行的任务结束时刻为 $\tau_l=0.4$，救援时长为 $\varphi(t)=\eta t$，假设 $\eta=0.2$，则有 $\xi=1$。在给定部件交换时刻 $\tau_r=0.2$、交换方案 $\mathbf{z}=\begin{pmatrix}0&1\\1&0\end{pmatrix}$ 和任务终止阈值 $k_a=0$ 时，计算该系统的各项指标如下。在前面的例子中已经得到该系统的状态转移矩阵，根据式（8.3），可以得到在时刻 $\tau_r=0.2$ 部件交换前系统处于各状态的概率为：

$$\mathbf{P}_l(\tau_r)=\boldsymbol{\alpha}_l\exp(\mathbf{Q}_f\tau_r)$$
$$=(0.9048,0.0532,0.0366,0.0022,0.0028,0.0004,0)$$

进行部件交换后，以上向量可以被改写为：

$$\mathbf{P}_l'(\tau_r)=(0.9048,0.0366,0.0532,0.0022,0.0004,0.0028,0)$$

任务结束时刻系统处于各状态的概率为：

$$\mathbf{P}_f^0=\mathbf{P}_1'(\tau_r)\exp(\mathbf{Q}_f(\tau_l-\tau_r))$$
$$=(0.8187,0.0799,0.0822,0.0080,0.0067,0.0040,0.0004)$$

此时的系统可靠度为：

$$R_l=0.9996$$

为分析复合运维策略 I 的优化结果，考虑一个包含 4 个部件的系统，其模型参数分别为 $n=4$，$M=2$，$M_d=0$，$h=1$，$k_f=0$。部件状态退化率如表 8.1 所示。任务时长为 $\tau_l=0.4$。

表 8.1　　　　系统中各部件的状态退化率

λ_{21}^1	λ_{10}^1	λ_{21}^2	λ_{10}^2	λ_{21}^3	λ_{10}^3	λ_{21}^4	λ_{10}^4
0.6	0.5	0.3	0.2	1.2	0.8	1.5	1

在给定部件交换时刻 $\tau_r = 0.2$ 和交换方案 $\mathbf{z} = \begin{pmatrix} 0 & 0 & 0 & 1 \\ 0 & 0 & 1 & 0 \\ 0 & 1 & 0 & 0 \\ 1 & 0 & 0 & 0 \end{pmatrix}$ 时，该系

统在任务 I 阶段进行部件交换和未进行部件交换的情况下系统生存概率的对比如图 8.5 所示。可以看出，系统生存概率在经过部件交换之后有了明显的提高，且提高的幅度是逐渐增大的，在任务结束时，系统生存概率通过部件交换由 0.8239 提高到了 0.8426。

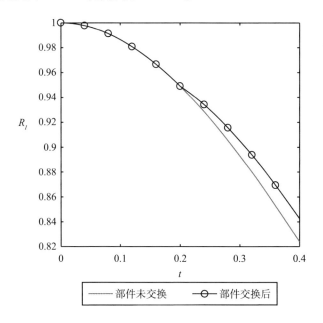

图 8.5　复合运维策略 I 下部件交换前后系统可靠度对比

当给定不同参数时，复合运维策略 I 的最优解如表 8.2 所示。当损伤部件的阈值 M_d 增大时，最优部件交换时刻变化较大，且任务结束时系统的可靠度较低，因为系统更加容易失效。当系统平衡阈值变化为 0 时，最优部件交换时刻较小，任务结束时的可靠度也变小。当任务时长 τ_I 增加时，最优部件交换时刻也增加，而任务结束时的系统可靠度降低，但部件交换方案不变，且最优部件交换时刻通常为任务时长的 1/2 左右。当系统失效阈值 k_f 增加时，系统失效条件变得宽松，最优部件交换时刻

变小，且由于系统更加不容易失效，任务结束时刻的可靠度也逐渐增大。

表 8.2 不同参数下复合运维策略 I 的最优解

h	M_d	τ_I	k_f	τ_r^*	$\mathbf{z}^*$	$R_{sys}^{re\,*}$
1	0	0.4	0	0.2010	CDAB	0.8607
1	1	0.4	0	0.0220	DCBA	0.2369
2	0	0.4	0	0.2010	CDAB	0.8607
0	0	0.4	0	0.0070	DCBA	0.8202
1	0	0.5	0	0.2510	DCBA	0.7983
1	0	0.6	0	0.3020	DCBA	0.7318
1	0	0.4	1	0.1300	CDAB	0.9158
1	0	0.4	2	0.0270	ADBC	0.9969

8.4.2 复合运维策略 II 的可靠性指标与优化结果

考虑一个包含 4 个部件的系统，其模型参数分别为 $n=4$，$M=2$，$M_d=0$，$h=1$，$k_f=3$。部件状态退化率分别为 $\lambda_{10}^1=1$，$\lambda_{21}^1=2$，$\lambda_{10}^2=0.5$，$\lambda_{21}^2=0.3$，$\lambda_{10}^3=0.8$，$\lambda_{21}^3=1$，$\lambda_{10}^4=0.6$，$\lambda_{21}^4=0.5$。假设任务时长为 $\tau_{II}=1.5$，救援时长为 $\varphi(t)=\eta t$，其中 $\eta=0.05$。

在任务 II 阶段马尔可夫过程 $\{\mathbf{Y}(t), t \geq 0\}$ 的状态空间为：

$$\Omega_{sys}^a = \{(2,2),(2,1),(1,2),(1,1)\} \cup \{E_a\}$$

状态转移率矩阵为：

$$\mathbf{Q}_a = \begin{array}{c} (2,2) \\ (2,1) \\ (1,2) \\ (1,1) \\ E_a \end{array} \left(\begin{array}{cccc|c} -0.5 & 0.3 & 0.2 & 0 & 0 \\ 0 & -0.7 & 0 & 0.2 & 0.5 \\ 0 & 0 & -0.4 & 0.3 & 0.1 \\ 0 & 0 & 0 & -0.6 & 0.6 \\ \hline 0 & 0 & 0 & 0 & 0 \end{array} \right)$$

给定时刻 $t=0.8$，此时系统处于各状态的概率为：

$$\mathbf{P}_0(t) = \boldsymbol{\alpha}_0 \exp(\mathbf{A}_a t) = (0.6703, 0.1487, 0.1117, 0.0248)$$

将无法通过一次转移达到吸收态的状态所对应的概率替换为 0 可得：

$$\mathbf{P}_1(t) = (0, 0.1487, 0.1117, 0.0248)$$

相应的向量 $\mathbf{P}_2(t)$ 为：

$$\mathbf{P}_2(t) = (0, 0.1487, 0.1117, 0.0248, 0, 0)$$

将以上向量归一化，进而得到：

$$\boldsymbol{\alpha}_f = (0, 0.5214, 0.3917, 0.0870, 0, 0)$$

因此系统在时刻 $t = 0.8$ 进行任务终止的条件下系统在任务结束时未失效的概率为：

$$\Pr\{L_a > \tau_{\mathrm{II}} - T \mid T = t\} = \boldsymbol{\alpha}_f \exp(\mathbf{Q}_f(\tau_{\mathrm{II}} - t)) \mathbf{e}_2^T = 0.9880$$

当给定不同的任务终止阈值 k_a 时，可得任务可靠度和系统生存概率如图 8.6 所示。其任务可靠度随任务终止阈值增加而增大，而系统生存概率随任务终止阈值增加而降低，最终二者相等。

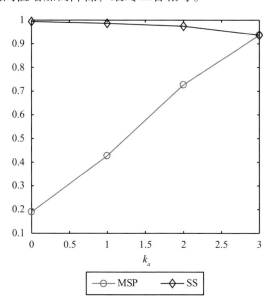

图 8.6　复合运维策略 II 下的任务可靠度与系统生存概率

平衡系统可靠性建模与分析

当给定不同参数，且 $S_0 = 0.9700$ 时，复合运维策略 II 的优化结果如表8.3所示。当损伤部件定义阈值 M_d 增加时，系统更容易失效，最优任务可靠度下降。当救援时长的参数 η 增加时，最优任务终止阈值呈现降低的趋势。当任务时长 τ_{II} 增加时，由于系统生存概率随 k_a 下降，在约束条件下，最优任务终止阈值和最优任务可靠度也会随之变化，当任务终止阈值相同时，最优任务可靠度随 τ_{II} 增加而降低。

表8.3　　　　　　　　　不同参数下复合运维策略 II 的最优解

M_d	η	τ_{II}	k_a^*	R^*	S^*
0	0.05	1.5	2	0.7270	0.9743
0	0.06	1.5	1	0.4311	0.9836
0	0.07	1.5	1	0.4354	0.9807
0	0.05	1.6	2	0.6865	0.9703
0	0.05	1.7	1	0.3369	0.9846
1	0.05	1.5	2	0.4506	0.9752
1	0.06	1.5	2	0.4534	0.9707
1	0.07	1.5	1	0.0977	0.9944
1	0.05	1.6	2	0.4137	0.9735
1	0.05	1.7	2	0.3792	0.9721

8.5　本章小结

本章构建了执行复合运维策略的多态平衡系统可靠性模型，考虑了两种不同的复合运维策略，在复合运维策略 I 中，将平衡调节策略与部件交换策略相结合，平衡调节策略贯穿系统运行过程始终，在任务期间会进行一次部件交换；在复合运维策略 II 中，平衡调节策略仍然贯穿系统运行过程始终，以损伤部件个数为任务终止阈值，提出了任务终止策略。针对两种多态平衡系统可靠性模型，分别构建了相应的系统可靠性模型，运用马尔可夫过程嵌入法推导了所需的系统可靠性概率指标。针对两种复合运维策略，分别构建了参数优化模型，并提出了求解流程。最后，以航天测控系统的复杂任务问题为背景，给出了工程应用实例，验证了所构建模型的有效性。

第 *9* 章

具有多功能区的平衡系统
可靠性建模与分析

9.1 引言

在军事和航空领域中，一些平衡系统的系统组成部分往往承担着不同的功能，这些平衡系统的组成结构通常较为复杂，并且具有多功能区的特征，如飞机的机翼系统。飞机的机翼系统通常由左机翼和右机翼构成，每个机翼包括襟翼、油箱、地面扰流板、飞行扰流板、内侧副翼、外侧副翼等组成部分[184]。机翼的各个组成部分承担着不同的功能，例如，襟翼的作用是为飞机在运行过程中提供升力，油箱为飞机提供飞行的能源和动力，地面扰流板与飞行扰流板分别用于飞机在地面和空中减速，内侧副翼与外侧副翼分别用于飞机在高速和低速运行时控制飞行方向。两边机翼的各个组成部分呈对称结构，各个部分承担着不同的功能。当其中一个组成部分的失效准则被满足时，该组成部分发生失效。为了保持左右机翼在飞行中的整体平衡，左右机翼中某个相同组成部分应当时刻处于相同的运行水平。

　　针对系统组成部分具有多功能特点的一类工程系统，以航空航天领域的飞机机翼系统为例，本章构建了三个不同的具有多功能区的平衡系统可靠性模型。在本章的模型中，假设系统在运行过程中，失去平衡的系统通过以下两种方式重新实现平衡状态：一是关闭一些工作的部件，并将其考虑成温储备的部件；二是重新启动一些温储备的部件，让这些部件重新投入系统运行中。本章模型考虑被关闭部件是温储备部件，提出了全新的系统平衡定义，通过采用不同的系统失效准则，分别构建了三个具有多功能区的平衡系统可靠性模型。对于三个新构建的模型，均运用马尔可夫过程嵌入法分析每个功能区的可靠性指标，推导出每个功能区正常工作部件个数的计算公式。对于模型Ⅰ和模型Ⅱ，本章分别运用有限马尔可夫链嵌入法分析和推导两个平衡系统的可靠性指标；对于模型Ⅲ，采用通用生成函数法求得平衡系统可靠性指标的解析表达式。最后，以飞机机翼系统为工程应用实例，给出丰富的算例验证新构建的模型并验证建模方法的有效性。

　　下面给出本章所用符号的含义：

l　　　　系统中分组的个数。

n　　　　每个分组中功能区的个数。

n_i　　　功能区 i 中部件的个数，$i=1,2,\cdots,n$。

k_i　　　在系统Ⅰ和Ⅲ中，导致功能区 i 失效所需要的失效以及关闭部件个数之和的最小值，$i=1,2,\cdots,n$。

k_{s_1}　　导致系统Ⅰ失效所需要的失效功能区个数的最小值。

k_{s_2}　　导致系统Ⅱ失效所需要的失效以及关闭部件总数目的最小值。

k_{s_3}　　导致系统Ⅲ失效所需要的失效功能区个数的最小值。

k_{s_4}　　导致系统Ⅲ失效所需要的失效以及关闭部件总数目的最小值。

$R_i(t)$　　在系统Ⅰ中，功能区 i 的可靠度。

$P_j^i(t)$　　在系统Ⅱ的功能区 i 中，失效和关闭部件数目总数为 j 的概率。

$R_{s_1}(t)$ 　　系统 I 的可靠度。

$R_{s_2}(t)$ 　　系统 II 的可靠度。

$R_{s_3}(t)$ 　　系统 III 的可靠度。

$\otimes_+$ 　　通用生成函数方法的组合算子。

9.2　模型假设和模型描述

本章所构建的三个新的平衡系统，系统均由 l 个相同的分组构成，每个分组包含 n 个功能区，n 个功能区提供 n 个不同的功能。在每个分组中，功能区 $i(i=1,2,\cdots,n)$ 包含 n_i 个部件，本书定义这样的系统为具有多功能区的平衡系统。图 9.1 展示了一个具有多功能区的平衡系统的组成结构实例，系统组成结构参数为 $n=3$，$l=2$，$n_1=4$，$n_2=3$ 和 $n_3=4$。图 9.1 展示的平衡系统由 2 个分组（$l=2$）构成，每个分组均有 3 个功能区（$n=3$），3 个功能区的部件个数分别为 $4(n_1=4)$，$3(n_2=3)$ 和 $4(n_3=4)$。

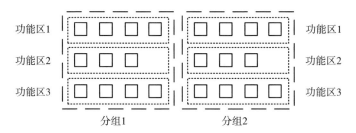

图 9.1　具有多功能区的平衡系统结构实例

基于实际工程情景，本节提出了新的平衡定义，如下所示。

平衡系统平衡定义：如果在任意两个分组中，功能区 $i(i=1,2,\cdots,n)$ 工作部件的数目差值小于等于 d_i，则系统是平衡的。此平衡定义可以理解为，当属于不同分组的相同功能区的正常工作部件数量差值处于某个范围时，系统仍然处于平衡状态。当 $d_i=0(i=1,2,\cdots,n)$ 时，此系统平衡定义退化为已有研究中的平衡定义，即在任意两个分组中，功能区 i

$(i = 1, 2, \cdots, n)$ 工作部件的数目时刻保持相等，则系统处于平衡状态。此系统平衡定义更加通用和符合实际，允许一定范围内的平衡差值，本书将此系统平衡定义命名为**平衡容差**。

本章所构建的具有多功能区的平衡系统，具有以下模型假设。

① 在平衡系统的任意分组中，只要是属于同一个功能区的所有部件，都是独立同分布的。

② 平衡系统中的所有部件的寿命均服从指数分布。

③ 功能区 $i (i = 1, 2, \cdots, n)$ 中，工作部件与温储备部件的失效率分别为 λ_1^i 和 λ_2^i。在已有研究中，被关闭部件被当作为冷储备部件，然而在本书中，被关闭部件被当作温储备部件，这更加符合实际工程情形。

基于以上系统平衡定义和模型假设，本章构建了以下三个不同的具有多功能区的平衡系统可靠性模型。

具有多功能区的平衡系统 I：平衡系统 I 采用 $d_i = 0$ ($i = 1, 2, \cdots, n$) 的系统平衡定义。当第 $g (g = 1, 2, \cdots, l)$ 个分组的功能区 i ($i = 1, 2, \cdots, n$) 中的一个部件发生失效时，为了重新实现系统的平衡状态，应该对系统 I 采取以下行动/顺序进行抉择：①如果第 g 个分组的功能区 i 中至少存在一个关闭的部件，则需要重启其中的一个关闭部件，从而使系统重新恢复平衡状态；②如果行动①不可行，此时系统中剩下的 $l - 1$ 个分组的功能区 i 中均应该立即关闭一个部件，从而恢复系统 I 中所有分组的平衡。需要注意的是，在本章的平衡系统中，处于储备状态时的关闭部件服从失效过程，因此，可以将关闭部件当作是温储备部件。在功能区 i 中，如果失效部件和关闭部件的总数目大于等于 k_i 时，则功能区 i 失效。在系统 I 的每个分组中，如果失效功能区的个数大于等于 k_{s_1}，则系统 I 发生失效。

具有多功能区的平衡系统 II：平衡系统 II 采用 $d_i = 0$ ($i = 1, 2, \cdots, n$) 的系统平衡定义。当系统 II 失衡时，重新恢复平衡所采用的行动与系统 I 是一样的。在系统 II 的每个分组中，如果失效部件和关闭部件的总数目大于等于 k_{s_2}，则系统 II 失效。

具有多功能区的平衡系统Ⅲ：平衡系统Ⅲ采用 $\sum_{i=1}^{n} d_i \geq 0$ 的系统平衡定义。当第 $g(g=1,2,\cdots,l)$ 个分组的功能区 i $(i=1,2,\cdots,n)$ 中的一个部件发生失效，为了重新实现系统的平衡状态，应该对系统Ⅲ采取以下行动/顺序进行抉择：①如果第 g 个分组的功能区 i 中至少存在一个关闭的部件，则需要重启其中的一个关闭部件，从而使系统重新恢复平衡状态；②如果行动①不可行，则检查剩下 $l-1$ 个分组中功能区 i 的工作部件个数情况，如果有些分组中功能区 i 工作部件的个数差值已经达到阈值 d_i，则需要立即关闭这些分组中功能区 i 的一个工作部件，从而使系统Ⅲ重新恢复平衡状态。当以下两个事件中任意一个事件发生时，以先发生者为准，系统Ⅲ会发生失效：系统中存在至少 k_{s_3} 个失效的功能区；系统中任意一个分组中失效部件和关闭部件的总数目大于等于 k_{s_4}。

为了更好地理解这三个新构建的平衡系统，当模型参数为 $n=3$，$l=2$，$n_1=4$，$n_2=3$，$n_3=4$ 时，图9.2展示了系统Ⅰ和Ⅱ可能发生的关闭部件和重启部件情景，以及系统Ⅰ和Ⅱ可能发生的失效情景。对系统Ⅰ来说，相关的系统失效参数为 $k_{s_1}=2$，$k_1=2$，$k_2=2$，$k_3=3$。对于系统Ⅱ来说，相关的系统失效参数为 $k_{s_2}=5$。在图9.2（a）中，在第1个分组的功能区1中有一个部件失效，而第2个分组的功能区1所有部件都在正常工作，此时系统失去平衡；因此，需要关闭第2个分组的功能区1中的一个工作部件，从而使系统重新恢复平衡。在图9.2（b）中，在第1个分组的功能区3中有一个部件失效，导致整个系统失去平衡；通过重新启动第1个分组的功能区3中一个温储备的部件，系统可再次恢复平衡状态。图9.2（c）描绘了系统Ⅰ可能发生失效的情景。由于功能区1和功能区3中失效部件与关闭部件的总数目分别超过了阈值 $k_1=2$ 和 $k_3=3$，则功能区1和功能区3发生失效。此时，满足了系统Ⅰ失效的准则（$k_{s_1}=2$），则系统Ⅰ发生失效。图9.2（d）描绘了系统Ⅱ发生一次失效的情况。由于两个分组中，失效部件和关闭部件的总数目到达了系统Ⅱ失效的阈值 $k_{s_2}=5$，则系统Ⅱ发生失效。

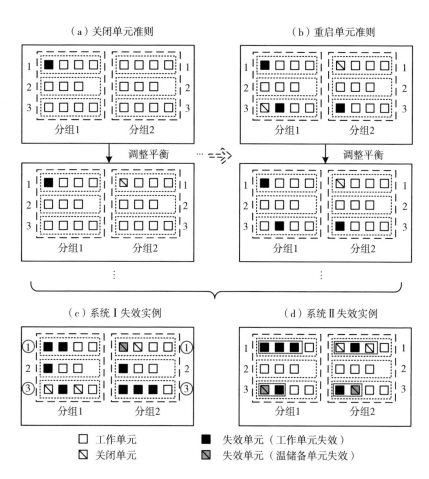

（a）关闭单元准则 （b）重启单元准则

分组1 分组2 分组1 分组2

调整平衡 调整平衡

分组1 分组2 分组1 分组2

（c）系统 I 失效实例 （d）系统 II 失效实例

分组1 分组2 分组1 分组2

□ 工作单元 ■ 失效单元（工作单元失效）
◨ 关闭单元 ◪ 失效单元（温储备单元失效）

图 9.2 平衡系统 I 和 II 中关闭部件、重启部件和发生失效的实例

图 9.3 描绘了系统 III 在运行过程中，可能发生关闭部件和重启部件的情景，以及系统 III 失效的情景，系统 III 相关模型参数为 $n=3$，$l=2$，$n_1=4$，$n_2=3$，$n_3=4$，$k_{s_3}=2$，$k_{s_4}=6$，$k_1=k_2=2$，$k_3=4$，$d_i=1, i=1,2,3$。在图 9.3（a）中，由于第 1 个分组和第 2 个分组中的功能区 1 工作部件个数的差值大于 1，超过了平衡容差 $d_1=1$，则系统 III 失去平衡；为了重新恢复系统 III 的平衡，应当关闭第 2 个分组中功能区 1 中的一个工作部件。在图 9.3（b）中，当第 1 个分组的功能区 3 有一个部件发生失效，则第 1 个分组的功能区 3 将重新启动一个关闭的部件。在图 9.3（c）中，由于功能区 1 和 3 中失效与关闭部件的总数目分别超过了各自的阈

平 衡 系统可靠性建模与分析

值 $k_1 = 2$ 和 $k_3 = 4$，因此功能区 1 和 3 都发生失效；此时系统Ⅲ中共有 2 个功能区失效（$k_{s_3} = 2$），则系统Ⅲ发生失效。在图 9.3（d）中，第 1 个分组中失效和关闭部件的总数目达到系统失效的阈值 $k_{s_4} = 6$，因此系统Ⅲ发生失效。

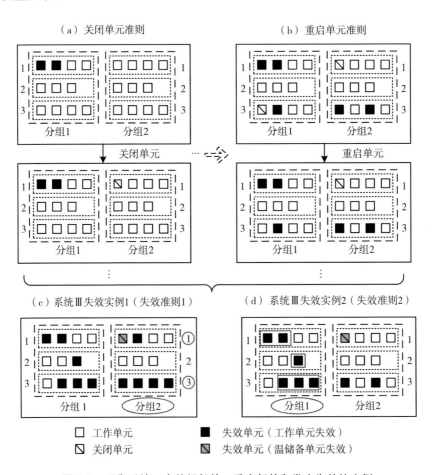

图 9.3 平衡系统Ⅲ中关闭部件、重启部件和发生失效的实例

本章所构建的三个新的平衡系统之间存在一定的关联关系，并且构建的新系统与已有研究中的平衡系统也存在一定的关联关系，图 9.4 给出了平衡系统模型之间具体的关联关系。

如图 9.4 所示，当满足以下三个条件时，平衡系统Ⅲ可以退化成平衡系统Ⅰ：

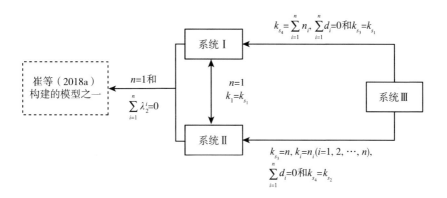

图 9.4   三个新的平衡系统以及已有模型之间的关联关系

① 当平衡系统Ⅲ中第 2 个竞争失效准则条件被设置成完全宽松时，也就是说第 2 个竞争失效准则不起任何作用时，即 $k_{s_4} = \sum\limits_{i=1}^{n} n_i$；

② 系统Ⅲ中任意两个分组中功能区 i 中 ($i = 1, 2, \cdots, n$) 工作部件个数差值不被允许时，即 $\sum\limits_{i=1}^{n} d_i = 0$；

③ 系统Ⅲ中第 1 个竞争失效准则与系统Ⅰ的失效准则参数相等，即 $k_{s_3} = k_{s_1}$。

类似地，当模型参数同时满足以下三个条件时，平衡系统Ⅲ也可以退化成平衡系统Ⅱ：

① 当系统Ⅲ中第 1 个竞争失效准则的条件被设置成完全宽松时，也就是说第 1 个竞争失效准则不起任何作用时，即 $k_{s_3} = n, k_i = n_i$ ($i = 1, 2, \cdots, n$)；

② 系统Ⅲ中任意两个分组中功能区 i 中 ($i = 1, 2, \cdots, n$) 工作部件个数的差值不被允许时，即 $\sum\limits_{i=1}^{n} d_i = 0$；

③ 系统Ⅲ中第 2 个竞争失效准则与系统Ⅱ的失效准则参数相等，即 $k_{s_4} = k_{s_2}$。

此外，当 $n = 1$ 和 $k_1 = k_{s_2}$ 时，系统Ⅰ和系统Ⅱ是等价关系。当 $n = 1$ 并且 $\lambda_2^i = 0, i = 1, 2, \cdots, n$ 时，则系统Ⅰ和系统Ⅱ可以退化成崔等[9]构建的模型之一，也就是本章模型考虑关闭部件为温储备部件，而已有模型考虑关闭部件不会失效，是冷储备部件。

9.3　具有多功能区的平衡系统 I 可靠性分析

本节采用两步分析法对9.2节所构建的多功能区的平衡系统 I 进行可靠性建模，并推导一系列的概率指标的解析表达式，如功能区的可靠度函数及系统可靠度函数等。

第一步，以系统 I 内的各个功能区为研究对象，运用马尔可夫过程嵌入法建模功能区的运行和失效过程，从而求得功能区可靠度函数的解析表达式。

第二步，基于第一步求出的功能区的可靠性情况，以整个系统为研究对象，运用有限马尔可夫链嵌入法探究系统 I 的运行情况，构建相应的马尔可夫链，求得系统 I 各个状态的一步转移概率矩阵，从而求得系统可靠度函数的解析表达式。

9.3.1　功能区可靠度

首先，运用马尔可夫过程嵌入法对功能区进行可靠性建模和分析。在系统 I 中，功能区中所有部件的寿命服从指数分布，因此，本书可以采用连续时间的马尔可夫过程嵌入法描述和建模功能区中部件运行过程。假设属于不同功能区的部件服从参数不同的指数分布。为了描述功能区 i 的运行过程，本书构建一个随机点过程 $\{X_i^1(t), t \geq 0\}$：

$$X_i^1(t) = \mathbf{v}_{h_i^1}^i, h_i^1 = 1, 2, \cdots, N_i^1$$

其中，$\mathbf{v}_{h_i^1}^i$ 表示第 i 个功能区在状态空间 S_i^1 中所处的状态，状态空间的基数等于功能区状态的数目 $|S_i^1| = N_i^1$。本书用 $\mathbf{v}_{h_i^1}^i = (x_1^i, x_2^i, \cdots, x_l^i)$ 表示所有分组中功能区 i 失效部件的个数，并且 $(x_1^i, x_2^i, \cdots, x_l^i)$ 中的元素以降序排列。例如，假设系统共有 5 个分组，5 个分组中的第 1 个功能区失效部件

数量分别为 1,3,2,3,0。因此，$\mathbf{v}_{h_i}^1 = (x_1^1, x_2^1, x_3^1, x_4^1, x_5^1) = (3,3,2,1,0)$。对于 $x_1^1 = 3$，它不代表分组 1 的第 1 个功能区失效部件数量为 3，它表示所有分组中第 1 个功能区的失效部件的最大值为 3。对于 $\mathbf{v}_{h_i}^i = (x_1^i, x_2^i, \cdots, x_l^i)$ 来说，可以推出：

$$\begin{cases} x_1^i = x_2^i = \cdots = x_{s_1}^i, \\ x_{s_1+1}^i = x_{s_1+2}^i = \cdots = x_{s_2}^i, \\ \qquad\qquad \vdots \\ x_{s_{c-1}+1}^i = x_{s_{c-1}+2}^i = \cdots = x_{s_c}^i, \\ 1 \leqslant s_1 < s_2 < \cdots < s_c = l, \\ x_{s_1}^i > x_{s_2}^i > \cdots > x_{s_c}^i, 1 \leqslant c \leqslant l \end{cases} \tag{9.1}$$

对于平衡系统 I，如果功能区 i 中总共存在至少 k_i 个失效和关闭部件，则功能区 i 失效，因此可知式（9.1）满足条件 $x_1^i < k_i$。功能区 i 的状态个数为 $N_i^1 = \begin{pmatrix} l+k_i-1 \\ k_i-1 \end{pmatrix} + 1$，详细的求解过程可以参见崔等（2018）[9]。功能区 i 各个状态之间的转移规则如表 9.1 所示。

表 9.1　　　系统 I 中功能区 i 各个状态之间的转移规则

编号	适用条件	转移情景	转移率
1	$1 < u \leqslant c$	$(x_1^i, \cdots, x_{s_{u-1}}^i, x_{s_{u-1}+1}^i, \cdots, x_l^i)$ $\rightarrow (x_1^i, \cdots, x_{s_{u-1}}^i, x_{s_{u-1}+1}^i+1, \cdots, x_l^i)$	$(s_u - s_{u-1})(n_i - x_1^i)\lambda_1^i$ $+ (s_u - s_{u-1})(x_1^i - x_{s_{u-1}+1}^i)\lambda_2^i$
2	$x_1^i < k_i - 1$	$(x_1^i, x_2^i, \cdots, x_l^i) \rightarrow (x_1^i+1, x_2^i, \cdots, x_l^i)$	$s_1(n_i - x_1^i)\lambda_1^i$
3	$x_1^i = k_i - 1$	$(x_1^i, x_2^i, \cdots, x_{s_1+1}^i, \cdots, x_l^i) \rightarrow F_i$	$s_1(n_i - k_i + 1)\lambda_1^i$

一旦构建了功能区 i 的马尔可夫过程 $\{X_i^1(t), t \geqslant 0\}$ 以及其状态空间 $S_i^1 = W_i^1 \cup F_i^1$ 后，其中 W_i^1 和 F_i^1 分别表示工作的状态和失效的状态，然后，可以求得功能区 i 的状态转移率矩阵 $\mathbf{Q}_i^1$ 如下：

$$\mathbf{Q}_i^1 = \begin{bmatrix} \mathbf{Q}_{W_i^1 W_i^1}^1 & \mathbf{Q}_{W_i^1 F_i^1}^1 \\ \mathbf{Q}_{F_i^1 W_i^1}^1 & \mathbf{Q}_{F_i^1 F_i^1}^1 \end{bmatrix} = \begin{bmatrix} \mathbf{Q}_{W_i^1 W_i^1}^1 & \mathbf{Q}_{W_i^1 F_i^1}^1 \\ \mathbf{0} & \mathbf{0} \end{bmatrix} \tag{9.2}$$

基于柯尔孔和霍克斯（Colquhoun & Hawkes，1981）[185]的结论，可以求出功能区 i 的可靠度函数为：

$$R_i(t) = \boldsymbol{\pi}_1^i \exp(\mathbf{Q}_{W_i^1 W_i^1}^1 t) \mathbf{I}_i \tag{9.3}$$

其中，$\boldsymbol{\pi}_1^i = (1,0,\cdots,0)_{1 \times |W_i^1|}$，$\mathbf{I}_i = (1,1,\cdots,1)_{1 \times |W_i^1|}^T$。

为了更好地理解系统 Ⅰ 中功能区 i 运行情况的建模过程，以下面的例子来举例阐述。假设一个具有多功能区的平衡系统 Ⅰ 由 2 个分组构成（$l=2$），每个分组中有 2 个功能区（$n=2$），第 1 个功能区包含 2 个部件（$n_1=2$）。当功能区 1 中总共包含至少 2 个失效和关闭的部件（$k_1=2$），则功能区 1 将发生失效。因此，功能区 1 共有 4 个状态，分别是 $\mathbf{v}_1^1=(0,0)$，$\mathbf{v}_2^1=(1,0)$，$\mathbf{v}_3^1=(1,1)$，$\mathbf{v}_4^1=(F_1)$。然后，可以求得功能区 1 所有状态之间的转移率矩阵为：

$$\mathbf{Q}_1^1 = \begin{matrix} \mathbf{v}_1^1 \\ \mathbf{v}_2^1 \\ \mathbf{v}_3^1 \\ F_1 \end{matrix} \begin{bmatrix} -4\lambda_1^1 & 4\lambda_1^1 & 0 & \vdots & 0 \\ 0 & -\lambda_1^1-\lambda_2^1 & \lambda_2^1 & \vdots & \lambda_1^1 \\ 0 & 0 & -2\lambda_2^1 & \vdots & 2\lambda_1^1 \\ \cdots & \cdots & \cdots & \vdots & \cdots \\ 0 & 0 & 0 & \vdots & 0 \end{bmatrix}$$

为了方便理解，本书给出以下转移状态和转移条件的详细解释。

① 状态 $\mathbf{v}_1^1$：2 个分组的第 1 个功能区中所有部件正常工作。

② 状态 $\mathbf{v}_2^1$：1 个分组的第 1 个功能区包含 1 个失效部件，另外 1 个分组的第 1 个功能区包含 1 个被关闭部件。

③ 状态 $\mathbf{v}_3^1$：2 个分组的第 1 个功能区中分别包含 1 个失效部件和 1 个工作部件。

④ 状态 F_1：第 1 个功能区发生失效。

状态 $\mathbf{v}_1^1$ 以转移率 $4\lambda_1^1$ 转到状态 $\mathbf{v}_2^1$：2 个分组的第 1 个功能区总共包含 4（$n_1 \times l = 2 \times 2 = 4$）个部件，只要其中任意一个部件失效，则发生此状

态转移。状态 $\mathbf{v}_2^1$ 以转移率 λ_2^1 转到状态 $\mathbf{v}_3^1$：第 1 个功能区的被关闭部件发生失效。状态 $\mathbf{v}_2^1$ 以转移率 λ_1^1 转到状态 F_1：第 1 个功能区的工作部件发生失效。状态 $\mathbf{v}_3^1$ 以转移率 $2\lambda_1^1$ 转到状态 F_1：每个分组的第 1 个功能区均包含 1 个工作部件，任意一个工作部件发生失效。

9.3.2 具有多功能区的平衡系统 I 可靠度

在获得单个功能区的运行情况后，然后从整个系统的角度出发，建立一个马尔可夫链为：

$$Y_i^1 = N_i^{sf}, 1 \leqslant i \leqslant n$$

其中，随机变量 N_i^{sf} 表示在前 i 个功能区中，失效功能区的个数；在 $t = 0$ 时，有限马尔可夫链的初始状态为 $Y_i^1 = 0$。

系统 I 的马尔可夫链状态空间 Θ_1 为：

$$\Theta_1 = W^{s1} \cup F^{s1} = \left\{ n^{sf} : 0 \leqslant n^{sf} \leqslant k_{s_1} - 1 \right\} \cup \left\{ F^{s1} \right\}$$

其中，W^{s1} 表示中间转移态，即表示系统 I 仍然处于工作状态；F^{s1} 表示系统 I 的吸收态，即表示系统发生失效。我们可以很容易推断出 W^{s1} 中共有 k_{s_1} 个转移态。因此，有限马尔可夫链 Y_k^1 的状态空间共有 $k_{s_1} + 1$ 个系统状态，$\mathbf{A}_i^1$ 表示系统各个状态之间转移概率矩阵。系统各个状态之间的转移规则如下：

① 当 $n^{sf} \in \{0, 1, 2, \cdots, k_{s_1} - 1\}$ 时，$P\{Y_i^1 = n^{sf} \mid Y_{i-1}^1 = n^{sf}\} = R_i(t)$；

② 当 $n^{sf} \in \{0, 1, 2, \cdots, k_{s_1} - 2\}$ 时，$P\{Y_i^1 = n^{sf} + 1 \mid Y_{i-1}^1 = n^{sf}\} = 1 - R_i(t)$；

③ 当 $n^{sf} = k_{s_1} - 1$ 时，$P\{Y_i^1 = F^{s1} \mid Y_{i-1}^1 = k_{s_1} - 1\} = 1 - R_i(t)$；

④ $P\{Y_i^1 = F^{s1} \mid Y_{i-1}^1 = F^{s1}\} = 1$；

⑤ 其他转移概率均为 0。

当确定了系统各个状态的转移规则后，可以得到系统各个状态的一步转移概率矩阵 $\mathbf{A}_i^1$，矩阵维度是 $(k_{s_1} + 1) \times (k_{s_1} + 1)$，由下式表示：

$$\mathbf{A}_i^1 = \begin{array}{c} 0 \\ 1 \\ 2 \\ \vdots \\ k_{s_1}-2 \\ k_{s_1}-1 \\ F^1 \end{array} \left[\begin{array}{ccccccc} R_i(t) & 1-R_i(t) & 0 & \cdots & 0 & 0 & 0 \\ 0 & R_i(t) & 1-R_i(t) & \cdots & 0 & 0 & 0 \\ 0 & 0 & R_i(t) & \cdots & 0 & 0 & 0 \\ \vdots & \vdots & \vdots & \ddots & \vdots & \vdots & \vdots \\ 0 & 0 & 0 & \cdots & R_i(t) & 1-R_i(t) & 0 \\ 0 & 0 & 0 & \cdots & 0 & R_i(t) & 1-R_i(t) \\ 0 & 0 & 0 & \cdots & 0 & 0 & 1 \end{array} \right]_{(k_{s_1}+1)\times(k_{s_1}+1)}$$

$$(9.4)$$

获得一步转移概率矩阵 $\mathbf{A}_i^1 (1 < k \leqslant n)$ 后, 平衡系统 I 的可靠度可以由下式求得:

$$R_{s_1}(t) = \boldsymbol{\alpha}_1 \prod_{i=1}^{n} \mathbf{A}_i^1 \boldsymbol{\beta}_1 \qquad (9.5)$$

其中, $\boldsymbol{\alpha}_1 = (1, 0, \cdots, 0)_{1\times(k_{s_1}+1)}$, $\boldsymbol{\beta}_1 = (1, \cdots, 1, 0)^T_{1\times(k_{s_1}+1)}$。

9.4 具有多功能区的平衡系统 II 可靠性分析

类似地, 本节采用两步分析法对 9.2 节所构建的具有多功能区的平衡系统 II 进行可靠性分析, 并获得一系列系统 II 可靠性相关概率指标的解析表达式, 如功能区的可靠度函数及系统可靠度函数等。

第一步, 以系统 II 内的各个功能区为研究对象, 运用马尔可夫过程嵌入法建模功能区的运行和失效过程, 关注功能区中失效和关闭部件的总个数, 从而求得功能区处于各个状态概率的解析表达式。

第二步, 基于第一步求出的功能区的可靠性情况, 以整个系统为研究对象, 运用有限马尔可夫链嵌入法探究系统 II 的运行及失效情况, 构建相应的马尔可夫链, 求得系统 II 各个状态的一步转移概率矩阵, 从而求得系统 II 可靠度函数的解析表达式。

9.4.1　功能区可靠度

根据系统Ⅱ的系统失效准则，系统是否失效取决于任何一个分组中失效和关闭部件的总个数。因此，为了求得系统可靠度的解析表达式，首先要获取每个功能区中失效和关闭部件总个数的信息。

当系统内单个分组中所有功能区中总共至少存在 k_{s_2} 个失效和关闭部件时，系统Ⅱ发生失效。对于系统Ⅱ的功能区 i 来说，功能区各个状态之间的转移率规则与表9.1中系统Ⅰ的功能区 i 各个状态转移率规则相同。在系统Ⅱ的模型假设下，式（9.1）中满足 $x_1^i \leqslant \min(n_i, k_{s_2}-1)$。

系统Ⅱ的功能区 i 的一步转移率矩阵表示为 $\mathbf{Q}_{W_i^2 W_i^2}^2$。系统Ⅱ的功能区 i 中间转移态的数目为 $\binom{l+\min(n_i, k_{s_2}-1)}{\min(n_i, k_{s_2}-1)}$。定义 $\mathbf{M}_i(t)$ 是一个维度为 $\binom{l+\min(n_i, k_{s_2}-1)}{\min(n_i, k_{s_2}-1)}$ 的行向量，表示功能区 i 处于各个状态的概率，$\mathbf{M}_i(t)$ 的计算公式为：

$$\mathbf{M}_i(t) = \boldsymbol{\pi}_2^i \exp(\mathbf{Q}_{W_i^2 W_i^2}^2 t) \tag{9.6}$$

其中，$\boldsymbol{\pi}_2^i = (1,0,\cdots,0)_{1 \times |W_i^2|}$。令 $P_j^i(t)$ 表示功能区 i 中总共存在 j 个失效和关闭部件的概率，可由下式求得 $P_j^i(t)$：

$$P_j^i(t) = \begin{cases} M_{i,1}(t), & j=0, \\ \sum_{h=\binom{l+j-1}{j-1}+1}^{\binom{l+j}{j}} M_{i,h}(t), & j=1,2,\cdots,\min(n_i,k_{s_2}-1) \end{cases} \tag{9.7}$$

其中，$M_{i,h}(t)$ 代表向量 $\mathbf{M}_i(t)$ 中的第 h 个元素。

为了更好地理解系统Ⅱ功能区 i 的运行情况，以下面的例子来进行详细地阐述。假设平衡系统Ⅱ共有3个分组构成（$l=3$），每个分组有3个功能区（$n=3$），功能区1由2个部件构成（$n_1=2$）。当每个分组内总共

至少存在 6 个失效和关闭部件时,整个系统将会失效。因此,系统 Ⅱ 的功能区 1 的状态空间为:

$$S_1^2 = \left\{ \begin{array}{l} (0,0,0),(1,0,0),(1,1,0),(1,1,1),(2,0,0), \\ (2,1,0),(2,1,1),(2,2,0),(2,2,1),(2,2,2) \end{array} \right\} \cup F_1$$

基于式 (9.6),可以求出 $\mathbf{M}_1(t)$,表示为 $\mathbf{M}_1(t) = (M_{1,1}(t), M_{1,2}(t), \cdots, M_{1,10}(t))$,其中 $M_{1,a}(t)$ 表示系统处于状态空间 S_1^2 中第 a 个状态的概率。基于式 (9.7),可以得到:

$$P_0^1(t) = M_{1,1}(t), P_1^1(t) = M_{1,2}(t) + M_{1,3}(t) + M_{1,4}(t),$$
$$P_2^1(t) = M_{1,5}(t) + M_{1,6}(t) + M_{1,7}(t) + M_{1,8}(t) + M_{1,9}(t) + M_{1,10}(t)$$

9.4.2　具有多功能区的平衡系统 Ⅱ 可靠度

对于具有多功能区的平衡系统 Ⅱ,首先定义随机变量 N_i^{uf} 表示各个分组中前 i 个功能区中失效和关闭部件的总数目,然后构建与随机变量 N_i^{uf} 相关的马尔可夫链 Y_i^2 如下:

$$Y_i^2 = N_i^{uf}, 1 \leqslant i \leqslant n$$

其中,在 $t=0$ 时,初始状态为 $Y_i^2 = 0$。

平衡系统 Ⅱ 的马尔可夫链状态空间 Θ_2 为:

$$\Theta_2 = W^{s2} \cup F^{s2} = \{ n^{uf} : 0 \leqslant n^{uf} \leqslant k_{s_2} - 1 \} \cup \{ F^{s2} \}$$

其中,W^{s2} 是中间转移态的集合,表示系统处于工作状态;F^{s2} 是吸收态,表示系统发生失效。集合 W^2 共有 k_{s_2} 个转移态,因此系统 Ⅱ 马尔可夫链的状态空间 Θ_2 中共有 $k_{s_2} + 1$ 个状态。$\mathbf{A}_k^2$ 表示系统各个状态之间一步转移概率矩阵。系统各个状态之间的转移规则如下:

① 当 $n^{uf} \in \{0, 1, 2, \cdots, k_{s_2} - 1 - a\}$ 且 $a \in \{0, 1, 2, \cdots, \min(n_i, k_{s_2} - 1)\}$ 时,$P\{ Y_i^2 = n^{uf} + a \mid Y_{i-1}^2 = n^{uf} \} = P_a^i(t)$;

② 当 $n^{uf} \in \{ k_{s_2} - \min(n_i, k_{s_2} - 1), k_{s_2} - \min(n_i, k_{s_2} - 1) + 1, \cdots, k_{s_2} - 1 \}$

时，$P\{Y_i^2 = F^{s2} \mid Y_{i-1}^2 = n^{uf}\} = 1 - \sum_{j=0}^{k_{s_2}-1-n^{uf}} P_j^i(t)$；

③ $P\{Y_i^2 = F^{s2} \mid Y_{i-1}^2 = F^{s2}\} = 1$；

④ 其他转移概率均为 0。

根据系统各个状态之间的转移规则，可以得到一步转移概率矩阵 $\mathbf{A}_i^2$ 为：

$$\mathbf{A}_i^2 = \begin{bmatrix} \mathbf{\Lambda}_{11} & \mathbf{\Lambda}_{12} \\ \mathbf{\Lambda}_{21} & \mathbf{\Lambda}_{22} \end{bmatrix} \tag{9.8}$$

其中，$\mathbf{A}_i^2$ 是一个维度为 $(k_{s_2}+1) \times (k_{s_2}+1)$ 的矩阵。$\mathbf{\Lambda}_{11}$（矩阵维度为 $k_{s_2} \times k_{s_2}$）表示转移态之间的一步转移概率矩阵；$\mathbf{\Lambda}_{12}$（矩阵维度为 $k_{s_2} \times 1$）表示转移态到吸收态之间的一步转移概率矩阵；$\mathbf{\Lambda}_{21}$（矩阵维度为 $1 \times k_{s_2}$ 的零矩阵）表示吸收态到转移态之间的一步转移概率矩阵；$\mathbf{\Lambda}_{22}$（矩阵维度为 1×1 的单位矩阵）表示吸收态到吸收态的一步转移概率矩阵。

为了更好地理解平衡系统 Ⅱ 的运行情况，以下面的例子来进行详细地阐述。假设一个具有多功能区的平衡系统 Ⅱ 由 3 个分组构成（$l=3$），功能区 i 由 2 个部件构成（$n_i=2$）。根据功能区建模的结果，通过马尔可夫过程嵌入法求得 $P_0^i(t)$，$P_1^i(t)$，$P_2^i(t)$。当每个分组内总共存在至少 6 个失效和关闭部件时（$k_{s_2}=6$）时，整个系统将会失效。当 $k_{s_2}=6$ 时，系统共有 6 个转移态，可以得到系统的一步转移概率矩阵 $\mathbf{A}_i^2$：

$$\mathbf{A}_i^2 = \begin{array}{c} 0 \\ 1 \\ 2 \\ 3 \\ 4 \\ 5 \\ F^{s2} \end{array} \begin{bmatrix} P_0^i(t) & P_1^i(t) & P_2^i(t) & 0 & 0 & 0 & 0 \\ 0 & P_0^i(t) & P_1^i(t) & P_2^i(t) & 0 & 0 & 0 \\ 0 & 0 & P_0^i(t) & P_1^i(t) & P_2^i(t) & 0 & 0 \\ 0 & 0 & 0 & P_0^i(t) & P_1^i(t) & P_2^i(t) & 0 \\ 0 & 0 & 0 & 0 & P_0^i(t) & P_1^i(t) & 1-P_0^i(t)-P_1^i(t) \\ 0 & 0 & 0 & 0 & 0 & P_0^i(t) & 1-P_0^i(t) \\ 0 & 0 & 0 & 0 & 0 & 0 & 1 \end{bmatrix}$$

在获得每个功能区的 $\mathbf{A}_i^2\,(1\leqslant k\leqslant n)$ 后，平衡系统 Ⅱ 可靠度的计算公式为：

$$R_{s_2}(t) = \boldsymbol{\alpha}_2 \prod_{i=1}^{n} \mathbf{A}_i^2 \boldsymbol{\beta}_2 \qquad (9.9)$$

其中，$\boldsymbol{\alpha}_2 = (1,0,\cdots,0)_{1\times(k_{s_2}+1)}$ 和 $\boldsymbol{\beta}_2 = (1,\cdots,1,0)_{1\times(k_{s_2}+1)}^T$。

9.5　具有多功能区的平衡系统 Ⅲ 可靠性分析

对于假设一个具有多功能区的平衡系统 Ⅲ，只要任意两个分组中功能区 i 正常工作部件的个数小于等于 d_i 时，系统 Ⅲ 便处于平衡状态。系统 Ⅲ 所采用的平衡定义更加通用和符合实际情况，即容许一定范围内的差值。因此，需要求得每个分组中的每个功能区失效和关闭部件总个数的信息。本节采用两步可靠性分析方法去探究平衡系统 Ⅲ 的可靠度指标。

第一步，以每个分组中的每个功能区为研究对象，运用马尔可夫过程嵌入法求得功能区中失效部件个数的解析表达式，从而求得每个功能区处于各个状态概率的解析表达式。

第二步，采用通用生成函数方法，集成每个分组中每个功能区失效部件和关闭部件个数的信息，从而求得整个系统可靠度函数的解析表达式。

9.5.1　功能区可靠度

针对功能区 i，构建一个随机马尔可夫过程 $\{X_i^3(t),t\geqslant 0\}$ 如下：

$$X_i^3(t) = \mathbf{v}_{h_i^3}^i, h_i^3 = 1,2,\cdots,N_i^3$$

其中，$\mathbf{v}_{h_i^3}^i$ 表示功能区 i 状态空间 S_i^3 中的一个状态，并且 $|S_i^3| = N_i^3 = (n_i+1)^l$。

假设 $\mathbf{v}_{h_i^3}^i = (x_1^i, x_2^i, \cdots, x_g^i, \cdots, x_l^i)$，其中 x_g^i 表示第 g 个分组的功能区 i

中失效部件的个数，并且 $x_g^i \leqslant n_i$。表9.2给出了平衡系统Ⅲ的功能区 i 所有状态之间的转移规则。

表9.2　　　系统Ⅲ中功能区 i 各个状态之间的转移规则

编号	适用条件	转移情景	转移率
1	$x_g^i = \max\limits_{a \in \{1,2,\cdots,l\}} x_a^i$	$(x_1^i, x_2^i, \cdots, x_g^i, \cdots, x_l^i)$ $\rightarrow (x_1^i, x_2^i, \cdots, x_g^i + 1, \cdots, x_l^i)$	$(n_i - x_g^i)\lambda_1^i$
2	$x_g^i \neq \max\limits_{a \in \{1,2,\cdots,l\}} x_a^i$	$(x_1^i, x_2^i, \cdots, x_g^i, \cdots, x_l^i)$ $\rightarrow (x_1^i, x_2^i, \cdots, x_g^i + 1, \cdots, x_l^i)$	$\max\left(0, \left(\max\limits_{a \in \{1,2,\cdots,l\}} x_a^i\right) - x_g^i - d_i\right)(\lambda_2^i - \lambda_1^i)$ $+ (n_i - x_g^i)\lambda_1^i$

对于功能区 i，当构建完其马尔可夫过程 $\{X_i^3(t), t \geqslant 0\}$ 以及获得状态空间 S_i^3 后，便可以求得功能区 i 各个状态之间的转移率矩阵 $\mathbf{Q}_i^3$。由于平衡系统Ⅲ采用的是平衡定义2，因此每个分组中功能区 i 的工作部件个数是不相同的。可由下式求得状态空间 S_i^3 中功能区 i 处于每个状态的概率：

$$\mathbf{P}_i^3(t) = \boldsymbol{\pi}_3^i \exp(\mathbf{Q}_i^3 t) \tag{9.10}$$

其中，$\boldsymbol{\pi}_3^i = (1, 0, \cdots, 0)_{1 \times N_i^3}$。

9.5.2　具有多功能区的平衡系统Ⅲ可靠度

根据9.5.1节平衡系统Ⅲ功能区的可靠性分析结果，可以获得每个分组中功能区 i 失效部件个数的解析表达式。然而，系统是否发生失效是由每个分组中功能区 i 中失效和关闭部件的总数目决定的。

因此，定义随机变量 $\boldsymbol{\Delta}_{i,j}$：

$$\boldsymbol{\Delta}_{i,j} = \begin{bmatrix} \mathbf{a}_{i,j} \\ \bar{\mathbf{a}}_{i,j} \end{bmatrix}$$

其中，$\mathbf{a}_{i,j} = (a_1^{i,j}, a_2^{i,j}, \cdots, a_g^{i,j}, \cdots, a_l^{i,j})$ 表示每个分组中功能区 i 中失效和关闭部件的总个数，$\bar{\mathbf{a}}_{i,j} = (\bar{a}_1^{i,j}, \bar{a}_2^{i,j}, \cdots, \bar{a}_g^{i,j}, \cdots, \bar{a}_l^{i,j})$ 表示每个分组中功

能区 i 是否正常工作，其中当第 g 分组中的功能区 i 正常工作时，元素 $\bar{a}_g^{i,j}=0$，反之，当第 g 分组中的功能区 i 发生失效时，元素 $\bar{a}_g^{i,j}=1$。当提取状态空间 S_i^3 中第 j 个状态的信息后，通过以下两个公式可以求得 $\boldsymbol{\Delta}_{i,j}$：

$$a_g^{i,j} = \max\left(x_g^i, \max_{a\in\{1,2,\cdots,l\}} x_a^i - d_i\right), g = 1,2,\cdots,l \tag{9.11}$$

$$\bar{a}_g^{i,j} = \begin{cases} 0, \text{if } a_g^{i,j} < k_i \\ 1, \text{if } a_g^{i,j} \geqslant k_i \end{cases}, g = 1,2,\cdots,l \tag{9.12}$$

基于通用生成函数法，功能区 i 的 UGF 表现形式为：

$$U_i(z) = \sum_{j=1}^{(n_i+1)^l} P_{i,j}^3(t) z^{\Delta_{i,j}} \tag{9.13}$$

其中，$P_{i,j}^3(t)$ 代表向量 $\mathbf{P}_i^3(t)$ 的第 j 个元素。

考虑所有分组中的所有功能区的组合运算，本书采用下面的递归算法获得整个系统的 UGF 表现形式 $\bar{U}(z)$。

① 赋值 $\bar{U}_\Omega(z) = \bar{U}_\varnothing(z) = z^{0_{2\times l}}$；

② 令 i 分别取 $1,2,\cdots,n$ 时，重复以下操作：通过下式求得 $\bar{U}_{\Omega\cup i}(z) = \bar{U}_\Omega(z) \underset{+}{\otimes} U_i(z)$，并且赋值 $\Omega = \Omega \cup \{i\}$。

$$\begin{aligned}
\bar{U}_{\Omega\cup i}(z) &= \bar{U}_\Omega(z) \underset{+}{\otimes} U_i(z) \\
&= \left(\sum_{f=1}^{F_\Omega} \boldsymbol{\pi}_{\Omega,f} z^{\Delta_{\Omega,f}}\right) \underset{+}{\otimes} \left(\sum_{j=1}^{(n_i+1)^l} P_{i,j}^3(t) z^{\Delta_{i,j}}\right) \\
&= \sum_{f=1}^{F_\Omega} \sum_{j=1}^{(n_i+1)^l} \boldsymbol{\pi}_{\Omega,f} P_{i,j}^3(t) z^{\left[\begin{smallmatrix} a_1^{\Omega,f}+a_1^{i,j}, a_2^{\Omega,f}+a_2^{i,j}, \cdots, a_g^{\Omega,f}+a_g^{i,j}, \cdots, a_l^{\Omega,f}+a_l^{i,j} \\ \bar{a}_1^{\Omega,f}+\bar{a}_1^{i,j}, \bar{a}_2^{\Omega,f}+\bar{a}_2^{i,j}, \cdots, \bar{a}_g^{\Omega,f}+\bar{a}_g^{i,j}, \cdots, \bar{a}_l^{\Omega,f}+\bar{a}_l^{i,j} \end{smallmatrix}\right]} \\
&= \sum_{f=1}^{F_{\Omega\cup i}} \boldsymbol{\pi}_{\Omega\cup i,f} z^{\left[\begin{smallmatrix} a_1^{\Omega\cup i,f}, a_2^{\Omega\cup i,f}, \cdots, a_g^{\Omega\cup i,f}, \cdots, a_l^{\Omega\cup i,f} \\ \bar{a}_1^{\Omega\cup i,f}, \bar{a}_2^{\Omega\cup i,f}, \cdots, \bar{a}_g^{\Omega\cup i,f}, \cdots, \bar{a}_l^{\Omega\cup i,f} \end{smallmatrix}\right]} \\
&= \sum_{f=1}^{F_{\Omega\cup i}} \boldsymbol{\pi}_{\Omega\cup i,f} z^{\Delta_{\Omega\cup i,f}}
\end{aligned} \tag{9.14}$$

令 $i = 1,2,\cdots,n$，重复计算式（9.14），最终求得式（9.15）来表示所有分组中所有功能区组合运算后的 UGF 表现形式：

$$\bar{U}(z) = \sum_{f=1}^{F} \pi_f z^{\Delta_f} = \sum_{f=1}^{F} \pi_f z^{\left[\begin{array}{c} a_f \\ \bar{a}_f \end{array}\right]}$$

$$= \sum_{f=1}^{F} \pi_f z^{\left[\begin{array}{c} a_1^f, a_2^f, \ldots, a_g^f, \ldots, a_l^f \\ \bar{a}_1^f, \bar{a}_2^f, \ldots, \bar{a}_g^f, \ldots, \bar{a}_l^f \end{array}\right]} = \sum_{f=1}^{F} \pi_f z^{\hat{a}_f} \qquad (9.15)$$

其中，F 表示所有可能的实现方式，$|F|$ 是集合 F 的基数。

定义变量 $\hat{a}_f$ 为 $\hat{a}_f = \begin{cases} 0, \text{当} \max\limits_{g=1,2,\cdots,l}(a_g^f) < k_{s_3} \text{且} \max\limits_{g=1,2,\cdots,l}(\bar{a}_g^f) < k_{s_4} \\ 1, \text{其他情况} \end{cases}$，其中，

$\hat{a}_f = 0$ 表示系统处于正常工作状态；当其他情况时，$\hat{a}_f = 1$ 表示系统发生失效。综上，平衡系统Ⅲ的可靠度为：

$$R_{s_3}(t) = \sum_{f=1}^{|F|} \pi_f I(\hat{a}_f = 0) \qquad (9.16)$$

为了更好地理解平衡系统Ⅲ可靠度的求解过程，以下面的例子做详细地阐述。假设一个具有多功能区的平衡系统Ⅲ模型参数设置如下：$l = 2$，$n_1 = 2$，$n_2 = 1$，$k_1 = 2$，$k_2 = 1$，$d_1 = 1$，$d_2 = 0$，$k_{s_3} = 1$，$k_{s_4} = 2$。依据 9.5.1 节平衡系统Ⅲ功能区可靠性分析的结果，可以求得功能区 1 和功能区 2 的状态空间分别为：

$$S_1^3 = \left\{ \begin{array}{l} (0,0),(0,1),(0,2),(1,0),(1,1), \\ (1,2),(2,0),(2,1),(2,2) \end{array} \right\}$$

$$S_2^3 = \{(0,0),(0,1),(1,0),(1,1)\}$$

因此，在 $\Delta_{i,j}$ 中，对于功能区 1 来说，$i=1, j=1,2,\cdots,9$；对于功能区 2 来说，$i=2, j=1,2,3,4$，从而分别计算求得两个功能区的 $\Delta_{i,j}$ 如下：

功能区 1：$\Delta_{11} = \begin{bmatrix} 0 & 0 \\ 0 & 0 \end{bmatrix}$，$\Delta_{12} = \begin{bmatrix} 0 & 1 \\ 0 & 0 \end{bmatrix}$，$\Delta_{13} = \begin{bmatrix} 1 & 2 \\ 0 & 1 \end{bmatrix}$，$\Delta_{14} = \begin{bmatrix} 1 & 0 \\ 0 & 0 \end{bmatrix}$，

$\Delta_{15} = \begin{bmatrix} 1 & 1 \\ 0 & 0 \end{bmatrix}$，$\Delta_{16} = \begin{bmatrix} 1 & 2 \\ 0 & 1 \end{bmatrix}$，$\Delta_{17} = \begin{bmatrix} 2 & 1 \\ 1 & 0 \end{bmatrix}$，$\Delta_{18} = \begin{bmatrix} 2 & 1 \\ 1 & 0 \end{bmatrix}$，$\Delta_{19} = \begin{bmatrix} 2 & 2 \\ 1 & 1 \end{bmatrix}$

功能区 2：$\Delta_{21} = \begin{bmatrix} 0 & 0 \\ 0 & 0 \end{bmatrix}$，$\Delta_{22} = \begin{bmatrix} 1 & 1 \\ 1 & 1 \end{bmatrix}$，$\Delta_{23} = \begin{bmatrix} 1 & 1 \\ 1 & 1 \end{bmatrix}$，$\Delta_{24} = \begin{bmatrix} 1 & 1 \\ 1 & 1 \end{bmatrix}$

根据式（9.10），可以计算求得 $\mathbf{P}_1^3(t)$ 和 $\mathbf{P}_2^3(t)$，分别表示为：$\mathbf{P}_1^3(t) =$

$(p_{11}, p_{12}, p_{13}, p_{14}, p_{15}, p_{16}, p_{17}, p_{18}, p_{19})$ 和 $\mathbf{P}_2^3(t) = (p_{21}, p_{22}, p_{23}, p_{24})$。相应的，功能区 1 和功能区 2 的 UGF 表现形式分别为：

$$U_1(z) = p_{11}z^{\begin{bmatrix} 0 & 0 \\ 0 & 0 \end{bmatrix}} + p_{12}z^{\begin{bmatrix} 0 & 1 \\ 0 & 0 \end{bmatrix}} + (p_{13} + p_{16})z^{\begin{bmatrix} 1 & 2 \\ 0 & 1 \end{bmatrix}} + p_{14}z^{\begin{bmatrix} 1 & 0 \\ 0 & 0 \end{bmatrix}}$$

$$+ p_{15}z^{\begin{bmatrix} 1 & 1 \\ 0 & 0 \end{bmatrix}} + (p_{17} + p_{18})z^{\begin{bmatrix} 2 & 1 \\ 1 & 0 \end{bmatrix}} + p_{19}z^{\begin{bmatrix} 2 & 2 \\ 1 & 1 \end{bmatrix}}$$

$$U_2(z) = p_{21}z^{\begin{bmatrix} 0 & 0 \\ 0 & 0 \end{bmatrix}} + (p_{22} + p_{23} + p_{24})z^{\begin{bmatrix} 1 & 1 \\ 1 & 1 \end{bmatrix}}$$

采用下面的递归算法，可以求出所有分组内所有功能区组合运算后的 UGF 表现形式。

第一步：赋值 $\bar{U}_1(z) = U_1(z)$；

第二步：

$$\bar{U}(z) = \bar{U}_{1\cup 2}(z) = \bar{U}_1(z) \underset{+}{\otimes} U_2(z)$$

$$= (p_{11} \times p_{21})z^{\begin{bmatrix} 0 & 0 \\ 0 & 0 \end{bmatrix}} + (p_{12} \times p_{21})z^{\begin{bmatrix} 0 & 1 \\ 0 & 0 \end{bmatrix}} + ((p_{13} + p_{16}) \times p_{21})z^{\begin{bmatrix} 1 & 2 \\ 0 & 1 \end{bmatrix}}$$

$$+ (p_{14} \times p_{21})z^{\begin{bmatrix} 1 & 0 \\ 0 & 0 \end{bmatrix}} + (p_{15} \times p_{21})z^{\begin{bmatrix} 1 & 1 \\ 0 & 0 \end{bmatrix}} + ((p_{17} + p_{18}) \times p_{21})z^{\begin{bmatrix} 2 & 1 \\ 1 & 0 \end{bmatrix}}$$

$$+ ((p_{19} \times p_{21}) + (p_{15} \times (p_{22} + p_{23} + p_{24})))z^{\begin{bmatrix} 2 & 2 \\ 1 & 1 \end{bmatrix}} + (p_{11} \times (p_{22} + p_{23}$$

$$+ p_{24}))z^{\begin{bmatrix} 1 & 1 \\ 1 & 1 \end{bmatrix}} + (p_{12} \times (p_{22} + p_{23} + p_{24}))z^{\begin{bmatrix} 1 & 2 \\ 1 & 1 \end{bmatrix}} + ((p_{13} + p_{16}) \times (p_{22}$$

$$+ p_{23} + p_{24}))z^{\begin{bmatrix} 2 & 3 \\ 1 & 2 \end{bmatrix}} + (p_{14} \times (p_{22} + p_{23} + p_{24}))z^{\begin{bmatrix} 2 & 1 \\ 1 & 1 \end{bmatrix}} + ((p_{17} + p_{18})$$

$$\times (p_{22} + p_{23} + p_{24}))z^{\begin{bmatrix} 3 & 2 \\ 2 & 1 \end{bmatrix}} + (p_{19} \times (p_{22} + p_{23} + p_{24}))z^{\begin{bmatrix} 3 & 3 \\ 2 & 2 \end{bmatrix}}$$

$$= (p_{11} \times p_{21} + p_{12} \times p_{21} + p_{14} \times p_{21} + p_{15} \times p_{21})z^0 +$$

$$\begin{pmatrix} (p_{13} + p_{16}) \times p_{21} + (p_{17} + p_{18}) \times p_{21} + (p_{19} \times p_{21}) \\ + (p_{15} \times (p_{22} + p_{23} + p_{24})) + p_{11} \times (p_{22} + p_{23} + p_{24}) + p_{12} \\ \times (p_{22} + p_{23} + p_{24}) + (p_{13} + p_{16}) \times (p_{22} + p_{23} + p_{24}) + p_{14} \\ \times (p_{22} + p_{23} + p_{24}) + (p_{17} + p_{18}) \times (p_{22} + p_{23} + p_{24}) \\ + p_{19} \times (p_{22} + p_{23} + p_{24}) \end{pmatrix} z^1$$

最后，可以求得此平衡系统Ⅲ的可靠度为：

$$R_{s_3}(t) = p_{11} \times p_{21} + p_{12} \times p_{21} + p_{14} \times p_{21} + p_{15} \times p_{21}$$

9.6　工程应用实例

基于三个具有多功能区的平衡系统可靠性分析的结果，本节以飞机机翼为工程应用实例，来分析飞机机翼系统的运行过程，从而验证三个平衡系统模型的有效性。主要包含三个具体的算例，分别绘制随着时刻 t 变化的三个飞机机翼系统的可靠度函数，并对各个模型参数进行灵敏度分析。

9.6.1　机翼系统 Ⅰ 可靠度

利用 9.3 节提出的具有多功能区的平衡系统 Ⅰ 的可靠性模型，来分析飞机机翼系统 Ⅰ 的运行过程。机翼系统 Ⅰ 由 2 个机翼（ $l=2$ ）构成，每个机翼由 6 个功能区（ $n=6$ ）构成，包括襟翼、油箱、地面扰流板、飞行扰流板、内侧副翼、外侧副翼，每个功能区实现不同的功能。表 9.3 给出机翼系统各个功能区的参数。当机翼系统 Ⅰ 的某个功能区内失效和关闭部件的总数超过一定值时，则该功能区发生失效。当机翼系统 Ⅰ 内总共有 3 个功能区发生失效（ $k_{s_1}=3$ ）时，则整个机翼系统 Ⅰ 无法完成功能，并发生失效。基于平衡系统 Ⅰ 的可靠性建模和分析过程，绘制图 9.5 和图 9.6 分别表示机翼系统 Ⅰ 各个功能区的可靠度函数及机翼系统 Ⅰ 可靠度函数的变化趋势。

表 9.3　　　　　　　　机翼系统 Ⅰ 中各个功能区的模型参数

功能区编号	n_i	k_i	λ_1^i	λ_2^i	功能区编号	n_i	k_i	λ_1^i	λ_2^i
1	6	3	2	0	4	5	4	1.5	0.5
2	5	3	1.5	1	5	5	4	2	1
3	7	5	3	2	6	4	2	2	0.5

平
衡
系统可靠性建模与分析

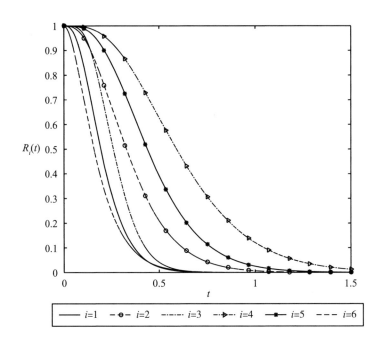

图9.5　随着时间变化的机翼系统 I 中各个功能区可靠度函数

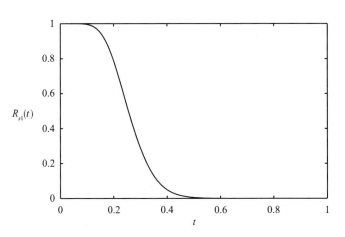

图9.6　随着时间变化的机翼系统 I 的可靠度函数

　　从图9.5可知，随着时间的增加，各个功能区的可靠度均呈现逐渐下降的趋势。大约在时刻 $t=0.75$ 时，功能区1、功能区3和功能区6的可靠度均收敛至0。大约在时刻 $t=1.1$，$t=1.5$，$t=1.3$ 时，功能区2、功能区4和功能区5的可靠度分别降低至0。如图9.6所示，随着时刻的增加，平衡系统 I 的可靠度也呈现逐渐降低的变化趋势，并且大约在 $t = 0.55$ 时，平衡系统 I 的可靠度趋近于 0。特别地，当平衡系统 I 只包含功能区 1 时，系统可靠度函数与崔等（2018）[9] 中模型 3 的可靠度函数（模型参数为 $n = 6$，$\lambda = 2$）相吻合。

9.6.2 机翼系统 II 可靠度

下面以飞机机翼系统 II 为例验证具有多功能区的平衡系统 II 可靠性模型的有效性。机翼系统 II 的系统结构和采用的平衡定义与机翼系统 I 相同。机翼系统 II 的系统失效准则是：如果任何分组内失效和关闭部件的总数目超过 k_{s_2}。表 9.4 给出了机翼系统 II 中各个功能区的模型参数。

表 9.4　　　　　　机翼系统 II 中各个功能区的模型参数

功能区编号	n_i	λ_1^i	λ_2^i	功能区编号	n_i	λ_1^i	λ_2^i
1	2	3	1	4	2	1.5	1
2	3	1.5	1	5	2	2	1
3	3	2	1.5	6	4	2	0.5

基于 9.4 节对平衡系统 II 可靠性分析和建模的过程，当机翼系统失效准则参数为 $k_{s_2} = 6$ 时，图 9.7 展示了各个功能区内失效和关闭部件总数目为各个可能取值的概率函数。根据表 9.4 中各个功能区的参数，我们可知 1~6 号功能区中失效和关闭部件总数目的可能性分别为 3 个、4 个、4 个、3 个、3 个、5 个。对于每个功能区来说，随着时刻 t 的增加，失效和关闭部件总数目为 0（$j = 0$）的概率均逐渐减小。相反地，对于每个功能区来说，随着时刻 t 的增加，失效和关闭部件总数目最大取值的概率函数呈现单调递增的趋势（$j = \min(n_i, k_{s_2})$）。此外，每个功能区内失效和关闭部件总数目介于 0 和最大值之间的概率函数均呈现先增后减的变化趋势（$0 < j < \min(n_i, k_{s_2})$）。

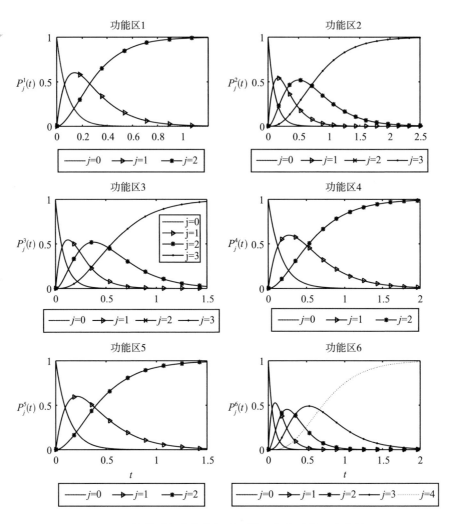

**图 9.7　随着时间变化的机翼系统 Ⅱ 各个功能区内失效
和关闭部件总数目取不同值的概率函数**

图 9.8 展示了当机翼系统 Ⅱ 失效准则参数为 $k_{s_2}=4,5,6,7,8$ 时，机
翼系统 Ⅱ 的系统可靠度函数。如图 9.8 所示，无论机翼系统 Ⅱ 失效准
则参数 k_{s_2} 取任何一个值时，随着时刻 t 的增加，机翼系统 Ⅱ 的可靠度
函数均呈现单调递减的变化趋势。随着机翼系统 Ⅱ 失效准则参数 k_{s_2} 的
增加，机翼系统 Ⅱ 的可靠度升高，因此，当 $k_{s_2}=8$，机翼系统 Ⅱ 的可
靠度函数衰减速度最慢。

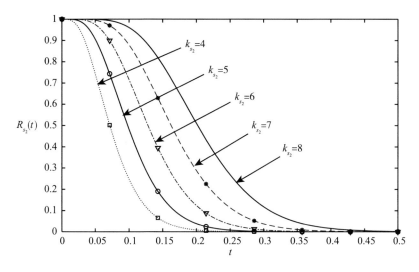

图9.8　系统失效准则参数为 $k_{s_2}=4,5,6,7,8$ 时，随着时间
变化的机翼系统 II 可靠度函数（从左至右）

9.6.3　机翼系统Ⅲ可靠度

依据所构建的具有多功能区的平衡系统Ⅲ，本节分析机翼系统Ⅲ的运行过程。机翼系统Ⅲ由左右2个机翼构成（$l=2$）。在本节中，由于机翼系统中的襟翼和油箱属于为机翼提供动力的组成部分，故将这两个组成部分合并为功能区1；由于地面扰流板和飞行扰流板的作用均使飞机减速，故将这两个组成部分合并为功能区2；由于内侧和外侧副翼的作用是控制飞机飞行方向，故将这两个组成部分合并为功能区3。因此，每个机翼包含3个功能区（$n=3$），每个功能区实现不同的功能。在机翼系统Ⅲ中，考虑两个机翼之间各个功能区的平衡容差 $d_i(i=1,2,3)$。当任何一个机翼中至少存在2个失效功能区（$k_{s_3}=2$）或至少存在总共5个失效和关闭部件（$k_{s_4}=5$）时，无论哪个事件先发生，机翼系统Ⅲ发生失效。机翼系统Ⅲ的系统失效准则可以理解为上述两个事件的竞争失效准则。机翼系统Ⅲ各个功能区的模型参数如表9.5所示。

表9.5 机翼系统Ⅲ中各个功能区的模型参数

功能区编号	n_i	λ_1^i	λ_2^i	k_i	d_i
1	3	3	1	2	1
2	2	1.5	1	1	0
3	3	2	1.5	2	2

根据9.5节对机翼系统Ⅲ的可靠度分析和建模，绘制图9.9展示机翼系统Ⅲ的可靠度函数。如图9.9所示，随着时刻t的增加，机翼系统Ⅲ的可靠度呈现单调递减的趋势，并最终大约在$t=0.4$时机翼系统Ⅲ的可靠度趋近于0。此外，图9.10展示了各个功能区的不同平衡容差取值对机翼系统Ⅲ可靠度的影响和作用。根据表9.5中各个功能区的模型参数，功能区1-3的平衡容差可以分别取以下的值：$d_1=0,1,2$，$d_2=0,1$，$d_3=0$，$1,2$。从图9.10可知，当所有功能区的平衡容差$d_i(i=1,2,3)$变大时，机翼系统Ⅲ可靠度函数衰减速率越慢，机翼系统Ⅲ的可靠度将升高。特别是当功能区1和功能区3的平衡容差$d_i(i=1,3)$从0变成1时，与从1变成2时相比较，机翼系统Ⅲ可靠度的提升更为显著。

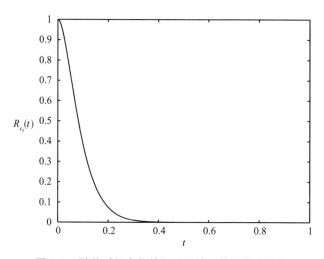

图9.9 随着时间变化的机翼系统Ⅲ的可靠度函数

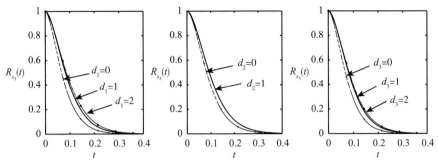

图 9.10 当各个功能区平衡容差 $d_i\,(i=1,2,3)$ 取不同值时，
随着时间变化的机翼系统Ⅲ可靠度函数

9.7 本章小结

　　针对系统组成部分具有多功能特点的情形，通过采用平衡容差的系统平衡定义和不同的系统失效准则，本章分别构建了三个具有多功能区的平衡系统可靠性模型。所构建的系统均由 l 个分组构成，每个分组中都包含 n 个功能区，每个功能区实现不同的功能，且每个功能区都包含一定数量的部件。本章提出的系统平衡定义是指：在系统运行过程中，不同分组之间相同功能区内工作部件的数量容许一定范围内的平衡容差。在工程领域中，本章所提出的系统平衡定义更加通用和符合实际情况，并且在现有研究中并未涉及。此外，本章考虑被关闭的工作部件服从失效过程，可以当作是温储备部件，现有研究也并未考虑此情形。对于本章所构建的三个新的平衡系统，均运用马尔可夫过程嵌入法分别分析和建模平衡系统内功能区的运行过程。对于新构建的平衡系统Ⅰ和Ⅱ来说，采用有限马尔可夫链嵌入法分别推导了平衡系统可靠度的解析表达式。对于新构建的平衡系统Ⅲ，应用通用生成函数法去计算平衡系统Ⅲ的可靠度。最后，针对每个平衡系统，本章以飞机机翼系统为例，给出了丰富的数值算例来验证模型和建模方法的有效性，探究三个平衡系统可靠度函数的变化趋势，并考察不同模型参数对系统可靠度的影响。

第 *10* 章

平衡调节受限机制下的
平衡系统可靠性建模与分析

10.1 引言

为了时刻维持平衡系统运行过程中的系统平衡，在对平衡系统进行可靠性建模时，必然要设计平衡系统的调节平衡机制。当系统中某个部件发生失效后，关闭部件和重启部件是重新调整系统平衡的两个主要方式，平衡系统现有研究通常假设这两种方式可以完美地完成，不会发生任何失效。然而，在一些现实工程情况中，平衡系统在运行过程中会遭受一些不可避免因素的影响，如不利的运行环境等，这将导致关闭部件和重启部件功能会出现一些失效的情形。以四旋翼无人机为例，当无人机上升的过程中，为了能够平稳地上升，无人机动力系统中的四个旋翼应当提供相同的升力，处于相同的工作状态[9]。然而，在上升过程中，无人机动力系统在调整系统平衡时，由于外部恶劣环境等因素，一些部件的开关功能可能发生随机失效，无法实现调节系统平衡的功能。

聚焦于平衡系统的调节平衡机制问题，以实际工程应用——多旋翼无人机系统为例，本章构建了两个平衡调节受限机制下的平衡系统可靠性模型，并分析和推导了该系统可靠性指标的解析表达式。以建模实际工程问题为目标，本章分别考虑部件关闭功能和重启功能的随机失效，设计了相应的主动平衡调节受限机制，进而构建了两个平衡调节受限机制下的平衡系统可靠性模型。这两个全新的平衡系统可靠性模型的运行机制和系统失效准则均不同于已有模型。本章采用马尔可夫过程嵌入法来分析这两个平衡系统的可靠度指标，并推导求得系统可靠度函数和相关概率指标的解析表达式。利用所构建的平衡系统模型，分析多旋翼无人机动力系统的运行过程，探究系统可靠度函数的变化趋势，并探讨不同的模型参数对系统可靠度函数的影响。

给出本章所用符号的含义：

m	系统中区的个数。
n	系统中每个区包含的部件数量。
k	导致整个系统失效的某些区失效部件数量的最小值。
$R_{s1}(t)$	平衡系统Ⅰ的可靠度。
$R_{s2}(t)$	平衡系统Ⅱ的可靠度。
λ_i	平衡系统Ⅰ和Ⅱ的第 i 个区中部件的失效率。
μ_i	平衡系统Ⅰ的第 i 个区中部件关闭功能的失效率。
p_i	平衡系统Ⅱ的第 i 个区中关闭部件被成功重启的概率。

10.2 模型假设和模型描述

针对具有 m 个区的 n 中取 $k(\text{F})$ 平衡系统，分别考虑部件关闭功能和重启功能的随机失效，从而分别构建两个全新的平衡调节受限机制下的平衡系统，这两个全新的平衡系统在本章中简称为平衡系统Ⅰ和平衡系统Ⅱ。在平衡系统Ⅰ和Ⅱ中，系统平衡的概念是指在任何时刻保持系统内所有区工作部件的个数相等。本节将详细地介绍两种平衡调节受限机制、两个全新平衡系统的运行机制及失效准则。

10.2.1　基本假设

本章提出的基本假设如下：

①本章所构建的平衡系统的基本系统组成结构是具有 m 个区的 n 中取 $k(F)$ 平衡系统，该系统由 m 个区构成，每个区具有 n 个部件。

②当一些区中有大于等于 k 个失效单元时，整个系统发生失效。

③系统中的所有单元互相独立地运行，并且每个单元具有三种可能的状态：工作状态、备用状态和失效状态。

④在平衡系统I中，第 i 个区 $(1,2,\cdots,m)$ 的工作部件的失效率为 λ_i，部件关闭功能的失效率为 μ_i。处于不同区单元的寿命服从具有不同参数的指数分布，处于不同区的部件关闭功能的寿命服从具有不同参数的指数分布。

⑤在平衡系统Ⅱ中，第 i 个区 $(1,2,\cdots,m)$ 的工作部件的失效率为 λ_i，成功重启被关闭单元的概率为 p_i。

10.2.2　平衡系统 I 的模型描述

平衡系统 I 的系统运行机制：如果某个区中某个部件发生失效，则在剩余 $m-1$ 个区中都需要关闭一个工作部件，从而使系统内所有区的工作部件数量保持相等，维持系统平衡。假设被关闭的部件无法重启，因此被关闭的部件等价于失效部件。在系统运行过程中，部件关闭功能的寿命服从指数分布。在部件失效前，如果其关闭功能先发生失效，则这个部件将一直工作直到部件失效或者系统失效。反之，当部件先于其关闭功能失效，由于部件已经失效，其关闭功能不再起作用，也等同于失效。

平衡系统 I 的系统失效准则：当以下两个系统失效准则中任意一个被满足时，无论哪个先发生，系统发生失效。平衡系统 I 的两个竞争失效准则为：

系统失效准则 A：在某个区中，失效部件和被关闭部件的总数达到 k。

系统失效准则 B：当某个区的一个部件发生失效时，为了保持各个区之间的平衡，需要在其他区都关闭一个工作部件，但是此时在其他区中不存在完好关闭功能的工作部件，无法完成关闭部件的操作，即无法使系统恢复平衡，进而系统发生失效。失效准则 B 是由于系统无法调节系统平衡而导致失效的失效准则。图 10.1 的系统运行流程图便于更好地理解平衡系统 I 的运行机制和失效准则。

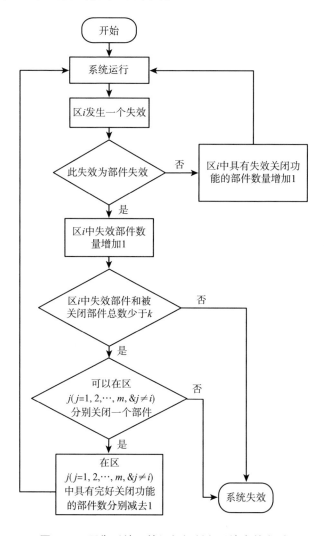

图 10.1　平衡系统 I 的运行机制和系统失效准则

平衡 系统可靠性建模与分析

为了更清楚地阐述两个新构建的平衡系统，当平衡系统 I 的模型参数为 $m=3$，$n=4$，$k=3$ 时，图 10.2 展示了平衡系统 I 可能发生的调节平衡行动和系统失效情景。如图 10.2 所示，当第 2 个区中一个部件发生失效后，各关闭第 1 和第 3 个区中的一个工作部件来恢复系统的平衡。图 10.2（a）展示了系统由于失效准则 A 发生失效的一个可能的情景，即当第 2 个区失效部件的数量达到 $k=3$。图 10.2（b）展示了系统由于失效准则 B 发生失效的一个可能的情景，即当第 2 个区中一个部件发生失效时，由于第 1 个区中不存在关闭功能完好的工作部件，便无法在第 1 个区中关闭一个工作部件，则系统由于无法成功调节系统平衡而失效。

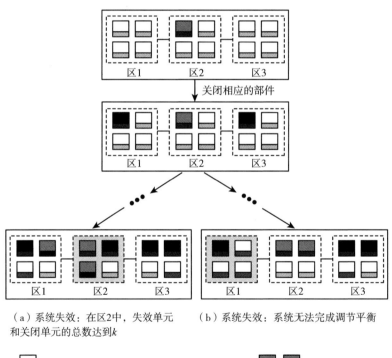

（a）系统失效：在区2中，失效单元和关闭单元的总数达到k　　（b）系统失效：系统无法完成调节平衡

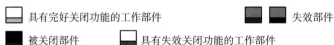

□ 具有完好关闭功能的工作部件　　　　　■ 失效部件

■ 被关闭部件　　　□ 具有失效关闭功能的工作部件

图 10.2　平衡系统 I 可能发生的调节平衡行为和系统失效情景

10.2.3　平衡系统Ⅱ的模型描述

在平衡系统Ⅱ中，假设关闭部件的活动可以瞬时成功完成，每个被关闭的部件只有一次重启的机会。在第 i 个区中，被关闭部件以概率 p_i 成功重启，以概率 $q_i = 1 - p_i$ 无法成功重启。当被关闭的部件无法成功重启时，则这个部件不再具有重启的机会，并等价于失效部件。

平衡系统Ⅱ的系统运行机制：当第 i 个区中的一个工作部件发生失效时，系统调节平衡的过程如下。

① 如果第 i 区中的失效部件数量最大时，此时第 i 区不存在被关闭的部件，则需要在其他 $m-1$ 个区中各关闭一个工作部件，从而使系统恢复平衡。

② 如果在第 i 区中存在至少一个被关闭部件时，每次随机选择一个被关闭部件，尝试将其重启。每次重启行动，选择每个被关闭部件的概率相等。

③ 当一个被关闭部件被成功重启时，此时系统重新恢复平衡，重启活动结束。没有被成功重启的关闭部件称为失效部件。

④ 如果第 i 区中所有被关闭部件都无法重启时，则需要在剩下 $m-1$ 个区中分别关闭一个工作部件，从而使系统恢复平衡。在这种情形下，第 i 区中失效部件数量成为整个系统的最大值。

平衡系统Ⅱ的系统失效准则：当在系统的某个区中，其失效部件的数量达到 k 时，则系统发生失效。为了更清楚地阐述平衡系统Ⅱ的运行机制和失效准则，绘制平衡系统Ⅱ运行流程如图 10.3 所示。

为便于更好地理解平衡系统Ⅱ，当平衡系统Ⅱ模型参数为 $m=3$，$n=4$，$k=3$ 时，图 10.4 展示了平衡系统Ⅱ可能发生的调节平衡行动、部件重启及系统失效情景。如图 10.4 所示，当第 1 个区有一个工作部件发生失效后，第 2 和第 3 个区各关闭一个工作部件来维持系统的平衡；随后，当第 2 个区中有一个工作部件失效后，此时第 2 个区中存在 2 个被关闭的部件，系统可能发生以下三种情景：情景一是第一次就可以成功重启一个

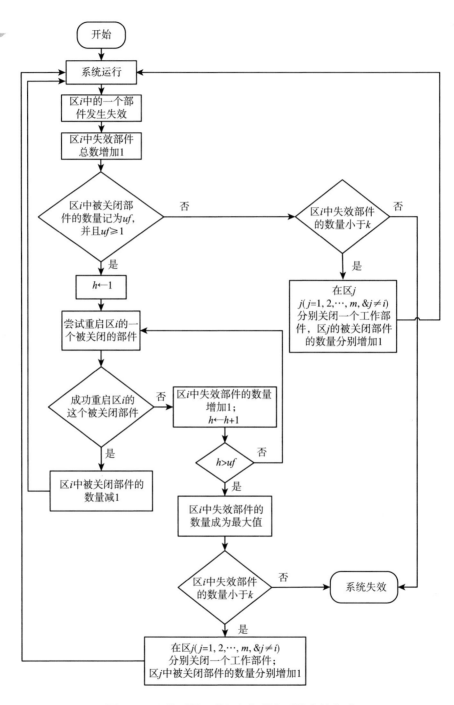

平
衡
系统可靠性建模与分析

开始

系统运行

区*i*中的一个部件发生失效

区*i*中失效部件总数增加1

区*i*中被关闭部件的数量记为*uf*，并且*uf*≥1   否   区*i*中失效部件的数量小于*k*   否

是   是

h←1   在区*j* *j*(*j*=1, 2,···, *m*, &*j* ≠ *i*)分别关闭一个工作部件，区*j*的被关闭部件的数量分别增加1

尝试重启区*i*的一个被关闭的部件

成功重启区*i*的这个被关闭部件   否   区*i*中失效部件的数量增加1；*h*←*h*+1

是   *h*>*uf*   否

区*i*中被关闭部件的数量减1   是

区*i*中失效部件的数量成为最大值

区*i*中失效部件的数量小于*k*   否   系统失效

是

在区*j*(*j*=1, 2,···, *m*, &*j* ≠ *i*)分别关闭一个工作部件；区*j*中被关闭部件的数量分别增加1

图 10.3 平衡系统 Ⅱ 的运行机制和系统失效准则

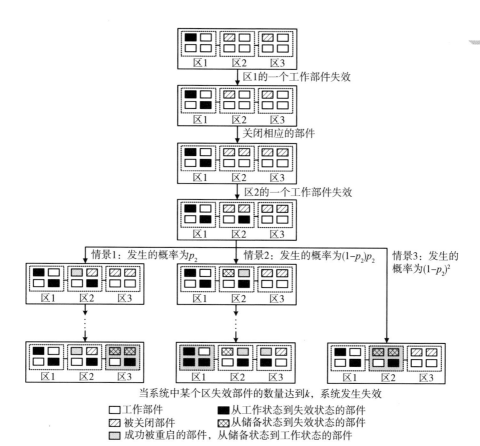

当系统中某个区失效部件的数量达到k，系统发生失效
☐ 工作部件   ■ 从工作状态到失效状态的部件
▧ 被关闭部件   ⊠ 从储备状态到失效状态的部件
▨ 成功被重启的部件，从储备状态到工作状态的部件

图10.4   平衡系统 Ⅱ 可能发生的调节平衡行为和系统失效情景

被关闭部件，使系统重新恢复平衡；情景二是第一次没有成功重启被关闭部件，但是第二次成功重启了；情景三是两次尝试重启第 2 个区被关闭部件均失败，并且此时第 2 个区失效部件的总数达到 $k=3$，系统发生失效。

10.2.4   新模型和已有模型的联系

通过比较分析，图 10.5 给出了两个新构建的平衡系统和已有模型之间的模型联系。如图 10.5 所示，当模型参数 $p_i = \mu_i = 0 (i = 1, 2, \cdots, m)$ 时，平衡系统 Ⅰ 等价于平衡系统 Ⅱ。当部件成功重启的概率为 $p_i = 0 (i = 1,$

$2, \cdots, m)$ 和 $p_i = 1(i = 1, 2, \cdots, m)$ 时，平衡系统 Ⅱ 分别退化成崔等（2018）[9] 提出的模型 1 和模型 2。此外，当模型参数 $\mu_i = 0(i = 1, 2, \cdots, m)$ 时，平衡系统 Ⅰ 退化成崔等（2018）[9] 提出的模型 1。当考虑了部件关闭功能和重启功能的随机失效时，新平衡系统的运行机制及失效准则和已有模型均不相同。此外，所构建的模型 Ⅰ 将系统无法调节平衡作为新的系统失效准则。综上所述，本书所构建的两个平衡系统是更通用的模型，并且通过考虑部件关闭功能和重启功能的随机失效，更加符合工程实际情况。

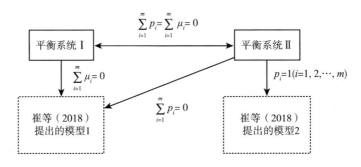

图 10.5　两个新构建的平衡系统和已有模型之间的模型关系

10.3　平衡调节受限机制下的平衡系统 Ⅰ 可靠性分析

在平衡系统 Ⅰ 中，所有部件的寿命均服从指数分布，因此可以采用一个嵌入的马尔可夫过程描述系统的运行过程，构建关于平衡系统 Ⅰ 的一个随机马尔可夫过程 $\{X_1(t), t \geq 0\}$ 为：

$$X_1(t) = \mathbf{g}_i, \ i = 1, 2, \cdots, N_1$$

其中，$\mathbf{g}_i$ 表示状态空间 Ω_1 中的一个状态，并且 $|\Omega_1| = N_1$。向量 $\mathbf{g}_i$ 由 $m + 1$ 个元素构成，表示为 $\mathbf{g}_i = (x, y_1, y_2, \cdots, y_m)$，其中 x 代表每个区中失效部件和被关闭部件的总数，$y_1, y_2, \cdots, y_m$ 分别表示第 $1, 2, \cdots, m$ 个区中失去关闭功能工作部件的数量，即具有失效关闭功能部件的数量。F_1 是马尔

可夫过程 $\{X_1(t), t \geqslant 0\}$ 的吸收态，表示系统发生失效。系统各个状态之间的转移规则如下所示。

① 对于平衡系统 I 中的第 i 个区（$i = 1, 2, \cdots, m$），当满足 $0 \leqslant x < k - 1$，$y_i > 0$ 和 $\prod\limits_{j=1\&j\neq i}^{m} (n - x - y_j) > 0$ 时，马尔可夫过程 $X_1(t)$ 的状态转移可以表示为：

$$(x, y_1, y_2, \cdots, y_i, \cdots, y_m) \rightarrow (x + 1, y_1, y_2, \cdots, y_i - 1, \cdots, y_m)$$

相应的状态转移率为 $y_i \lambda_i$。

② 当满足 $0 \leqslant x < k - 1$ 时，马尔可夫过程 $X_1(t)$ 的状态转移可以表示为：

$$(x, y_1, y_2, \cdots, y_m) \rightarrow (x + 1, y_1, y_2, \cdots, y_m)$$

相应的状态转移率为 $\sum\limits_{i=1}^{m} \left\{ (n - x - y_i) I \left(\prod\limits_{j=1\&j\neq i}^{m} (n - x - y_j) > 0 \right) \lambda_i \right\}$。其中，$I(x)$ 是示性函数，$I(x) = 1$ 表示事件 x 为真，$I(x) = 0$ 表示事件 x 为假。

③ 对于平衡系统 I 中的第 i 区（$i = 1, 2, \cdots, m$），当满足 $0 \leqslant x < k$ 和 $n - x - y_i > 0$ 时，马尔可夫过程 $X_1(t)$ 的状态转移可以表示为：

$$(x, y_1, y_2, \cdots, y_i, \cdots, y_m) \rightarrow (x, y_1, y_2, \cdots, y_i + 1, \cdots, y_m)$$

相应的状态转移率为 $(n - x - y_i) \mu_i$。

④ 当 $x = k - 1$ 时，马尔可夫过程 $X_1(t)$ 的状态转移可以表示为：

$$(x, y_1, y_2, \cdots, y_m) \rightarrow F_1$$

相应的状态转移率为：

$$\sum_{i=1}^{m} y_i \lambda_i + \sum_{i=1}^{m} (n - k + 1 - y_i) \lambda_i$$

⑤ 当满足 $0 \leqslant x < k - 1$ 和 $\sum\limits_{i=1}^{m} I(n - x - y_i = 0) \geqslant 2$ 时，马尔可夫过程 $X_1(t)$ 的状态转移可以表示为：

$$(x, y_1, y_2, \cdots, y_m) \rightarrow F_1$$

相应的状态转移率为：

$$\sum_{i=1}^{m} y_i \lambda_i + \sum_{i=1}^{m} (n - x - y_i) \lambda_i$$

⑥ 对于平衡系统 I 中的第 i 区 $(i = 1, 2, \cdots, m)$，当满足 $0 \leqslant x < k - 1$ 和 $n - x - y_i = 0$，并且假设平衡系统 I 中第 j 个区不存在具有完好关闭功能的工作部件，表示为 $\sum_{j=1 \& j \neq i}^{m} I(n - x - y_j = 0) = 0$，马尔可夫过程 $X_1(t)$ 的状态转移可以表示为：

$$(x, y_1, y_2, \cdots, y_m) \rightarrow F_1$$

相应的状态转移率为 $\sum_{j=1 \& j \neq i}^{m} y_j \lambda_j + \sum_{j=1 \& j \neq i}^{m} (n - x - y_j) \lambda_j$。

为了便于阐述，具有完好关闭功能的工作部件简称为具有关闭功能完好（good forced-down function，GFF）的工作部件，具有失效关闭功能的工作部件简称为具有关闭功能失效（disabled forced-down function，DFF）的工作部件。对平衡系统 I 各个状态之间的转移规则的详细解释如下所示。

转移规则①：在第 i 区中 $(i = 1, 2, \cdots, m)$，一个具有 DFF 的工作部件发生失效时，在系统的其他 $m - 1$ 个区分别关闭一个具有 GFF 的工作单元，从而使系统重新恢复平衡。

转移规则②：在第 i 区中 $(i = 1, 2, \cdots, m)$，一个具有 GFF 的工作部件发生失效。在转移规则②中，当在第 i 区中 $(i = 1, 2, \cdots, m)$，一个具有 GFF 的工作部件发生失效时，在其他区应当可以成功关闭一个工作部件使系统恢复平衡，这由 $I(\prod_{j=1 \& j \neq i}^{m} (n - x - y_j) > 0)$ 表示。系统中具有 GFF 的工作部件总数为 $\sum_{i=1}^{m} (n - x - y_i)$。系统中任何一个具有 GFF 的工作部件发生失效都将导致系统状态的转移。综上所述，转移规则②的转移率为 $\sum_{i=1}^{m} \{(n - x - y_i) I(\prod_{j=1 \& j \neq i}^{m} (n - x - y_j) > 0) \lambda_i\}$。

转移规则③：在第 i 区中 $(i = 1, 2, \cdots, m)$，某个具有 GFF 的工作部件

的关闭功能发生失效时，系统状态的转移变化。

转移规则④：如果系统内任意一个区中失效部件和被关闭部件的数量达到 $k-1$，当随后一个工作部件再发生失效时，则该区失效部件和被关闭部件的数量达到 k，系统发生失效。

转移规则⑤：当系统内至少有两个区中不存在具有 GFF 的工作部件时，随后如果任意一个区中再发生一个工作部件失效，则系统由于无法调节系统平衡而发生失效。

转移规则⑥：当系统内只有第 i 个区($i=1,2,\cdots,m$)中不存在具有 GFF 的工作部件时，随后如果在第 j 区 ($j\neq i$) 中一个工作部件发生失效时，则系统由于无法调节系统平衡而发生失效。

当构建马尔可夫过程 $X_1(t)$ 和相应的状态空间 $\Omega_1=W_1\cup F_1$ 后，平衡系统 I 的状态转移率矩阵 $\mathbf{\Lambda}_{s1}$ 可以表示为：

$$\mathbf{\Lambda}_{s1}=\begin{bmatrix}\mathbf{Q}_{W_1W_1} & \mathbf{Q}_{W_1F_1}\\ \mathbf{Q}_{F_1W_1} & \mathbf{Q}_{F_1F_1}\end{bmatrix}=\begin{bmatrix}\mathbf{Q}_{W_1W_1} & \mathbf{Q}_{W_1F_1}\\ \mathbf{0} & \mathbf{0}\end{bmatrix}$$

其中，W_1 和 F_1 分别表示系统工作的状态空间和系统失效的状态空间。根据柯尔孔和霍克斯（Colquhoun & Hawkes, 1981）[185] 的结论，系统可靠度函数 $R_{s1}(t)$ 和系统寿命的 l 阶矩 $E\left[T_1^l\right]$ 分别为：

$$R_{s1}(t)=\boldsymbol{\pi}_1\exp(\mathbf{Q}_{W_1W_1}t)\mathbf{I}_1^T \tag{10.1}$$

$$E\left[T_1^l\right]=(-1)^l l!\ \boldsymbol{\pi}_1\mathbf{Q}_{W_1W_1}^{-1}\mathbf{I}_1^T,\ (l=1,2,\cdots) \tag{10.2}$$

其中，$\boldsymbol{\pi}_1=(1,0,\cdots,0)_{1\times N_1}$，$\mathbf{I}_1=(1,1,\cdots,1)_{1\times N_1}$，$T$ 表示转置运算。

10.4 平衡调节受限机制下的平衡系统 II 可靠性分析

在平衡系统 II 中，所有部件的寿命均服从指数分布，因此可以采用一个嵌入的马尔可夫过程描述系统的运行过程，构建关于平衡系统 II 的一个随机马尔可夫过程 $\{X_2(t), t \geq 0\}$ 为：

$$X_2(t) = \mathbf{h}_i, i = 1, 2, \cdots, N_2$$

其中，$\mathbf{h}_i$ 表示状态空间 Ω_2 中的一个状态，并且 $|\Omega_2| = N_2$。向量 $\mathbf{h}_i$ 包括 m 个元素，并表示为 $\mathbf{h}_i = (x_1, x_2, \cdots, x_m)$，$x_i$ 表示第 i 个区 $(i = 1, 2, \cdots, m)$ 失效部件的数量。系统各个状态之间的转移规则如下所示。

① 对于平衡系统 II 的第 i 个区 $(i = 1, 2, \cdots, m)$，如果 $x_i \neq \max\limits_{a=1,2,\cdots,m} x_a$，$\max\limits_{a=1,2,\cdots,m} x_a < k-1$ 并且 $r_i = 1, 2, \cdots, (\max\limits_{a=1,2,\cdots,m} x_a - x_i)$ 时，马尔可夫过程 $X_2(t)$ 的状态转移可以表示为：

$$(x_1, x_2, \cdots, x_i, \cdots, x_m) \rightarrow (x_1, x_2, \cdots, x_i + r_i, \cdots, x_m)$$

相应的状态转移率为 $(1 - p_i)^{r_i - 1} p_i (n - \max\limits_{a=1,\cdots,m} x_a) \lambda_i$。

② 对于平衡系统 II 的第 i 个区 $(i = 1, 2, \cdots, m)$，如果 $x_i \neq \max\limits_{a=1,2,\cdots,m} x_a$ 并且 $\max\limits_{a=1,\cdots,m} x_a < k-1$，马尔可夫过程 $X_2(t)$ 的状态转移表示为：

$$(x_1, x_2, \cdots, x_i, \cdots, x_m) \rightarrow (x_1, x_2, \cdots, (\max\limits_{a=1,\cdots,m} x_a) + 1, \cdots, x_m)$$

相应的状态转移率为 $(1 - p_i)^{\max\limits_{a=1,2,\cdots,m} x_a - x_i} (n - \max\limits_{a=1,\cdots,m} x_a) \lambda_i$。

③ 对于平衡系统 II 的第 i 个区 $(i = 1, 2, \cdots, m)$，如果 $x_i = \max\limits_{a=1,2,\cdots,m} x_a$ 且 $x_i < k-1$ 时，马尔可夫过程 $X_2(t)$ 的状态转移可以表示为：

$$(x_1, x_2, \cdots, x_i, \cdots, x_m) \rightarrow (x_1, x_2, \cdots, x_i + 1, \cdots, x_m)$$

相应的状态转移率为 $(n - x_i) \lambda_i$。

④ 如果平衡系统 II 中至少有一个区包含 $k-1$ 个失效部件，由 $\sum\limits_{i=1}^{m} I(x_i = k-1) \geq 1$ 表示，马尔可夫过程 $X_2(t)$ 的状态转移可以表示为：

$$(x_1, \cdots, x_j, \cdots, x_i, \cdots, x_m) \rightarrow F_2$$

相应的状态转移率为：

$$\sum_{i=1}^{m} [I(x_i = k-1)(n - k + 1)\lambda_i] +$$

$$\sum_{j=1}^{m} \{I(x_j \neq k-1)[(n - k + 1)\lambda_j][(1 - p_j)^{(k-1-x_j)}]\}$$

对平衡系统 Ⅱ 各个状态之间的转移规则的详细阐述如下所示。

转移规则①：如果第 i 个区 $(i=1,2,\cdots,m)$ 中的一个工作部件发生失效时，成功重启了第 i 区中的第 r_i 个被关闭部件 $\left[r_i=1,2,\cdots,\left(\max\limits_{a=1,2,\cdots,m} x_a-x_i\right)\right]$，使系统重新恢复了平衡状态。其中 r_i-1 个被关闭部件重启失败，由储备状态转变为失效状态，再加上 1 个由工作状态变为失效状态的部件，因此第 i 个区中的失效单元数量总共增加 r_i。

转移规则②：当第 i 个区 $(i=1,2,\cdots,m)$ 中有一个工作部件发生失效后，第 i 个区所有被关闭部件均重启失败，这些无法重启的储备部件将等同于失效部件。此时应当在系统剩下的区分别关闭一个工作单元，使系统重新恢复平衡。

转移规则③：当第 i 个区的失效部件数量是系统中的最大值并且小于 $k-1$ 时，第 i 区中一个工作部件失效后，需要在其他区均关闭一个工作部件使系统重新恢复平衡。

转移规则④：在平衡系统 Ⅱ 内至少一个区包括 $k-1$ 个失效部件时，在以下两个事件中，任意一个事件的发生将导致系统下一步发生失效：事件一是在具有 $k-1$ 个失效部件的区中，任意一个工作部件发生失效；事件二是在少于 $k-1$ 个失效部件的区中，任意一个工作部件发生失效，并且该区中所有被关闭单元均无法成功重启。

当构建马尔可夫过程 $X_2(t)$ 和其相应的状态空间 $\Omega_2=W_2\cup F_2$ 后，可以求得系统的状态转移率矩阵 $\boldsymbol{\Lambda}_{s2}$ 为：

$$\boldsymbol{\Lambda}_{s2}=\begin{bmatrix}\mathbf{Q}_{W_2W_2} & \mathbf{Q}_{W_2F_2}\\ \mathbf{Q}_{F_2W_2} & \mathbf{Q}_{F_2F_2}\end{bmatrix}=\begin{bmatrix}\mathbf{Q}_{W_2W_2} & \mathbf{Q}_{W_2F_2}\\ \mathbf{0} & \mathbf{0}\end{bmatrix}$$

其中，W_2 和 F_2 分别表示系统工作的状态空间和失效的状态空间。一旦确定状态转移率矩阵 $\boldsymbol{\Lambda}_{s2}$ 后，可以得到系统可靠度函数 $R_{s2}(t)$ 和系统寿命 l 阶矩 $E\left[T_2^l\right]$ 的表达式如下：

$$R_{s2}(t)=\boldsymbol{\pi}_2\exp(\mathbf{Q}_{W_2W_2}t)\mathbf{I}_2^T \tag{10.3}$$

$$E[T_2^l] = (-1)^l l! \ \boldsymbol{\pi}_2 \mathbf{Q}_{W_2 W_2}^{-1} \mathbf{I}_2^T, \ (l = 1, 2, \cdots) \qquad (10.4)$$

其中，$\boldsymbol{\pi}_2 = (1, 0, \cdots, 0)_{1 \times N_2}$，$\mathbf{I}_2 = (1, 1, \cdots, 1)_{1 \times N_2}$，$T$ 表示转置运算。

10.5　工程应用实例

　　针对本章所构建的两个平衡调节受限机制下的平衡系统可靠性模型，以旋翼无人机系统为例，本节给出数值算例来验证模型的有效性。具体来说，对于平衡系统 Ⅰ，给出一个基于马尔可夫过程嵌入法的可靠性分析具体实例，并对部件关闭功能失效率以及每个区含有部件的数量进行了灵敏度分析。对于平衡系统 Ⅱ，同样给出一个基于马尔可夫过程的可靠性分析具体实例，并探讨了不同的部件成功重启功能的概率和每个区包含部件的数量对系统可靠度函数的影响。

10.5.1　多旋翼无人机系统 Ⅰ 可靠度

　　以一个具有双旋翼的（$m = 2$）无人机系统为例验证平衡调节受限机制下的平衡系统 Ⅰ 的有效性，假设每个旋翼包含 2 个部件（$n = 2$）。为了更清晰地展示无人机系统 Ⅰ 由于系统无法调节平衡而导致系统失效的失效准则 B，将模型参数设置为 $k = 2$，从而使失效准则 A 不起作用。基于第 6.3 节的分析，双旋翼无人机系统共有 13 个中间转移态，分别为 $\mathbf{g}_1 = (0, 0, 0)$，$\mathbf{g}_2 = (1, 0, 0)$，$\mathbf{g}_3 = (0, 1, 0)$，$\mathbf{g}_4 = (0, 0, 1)$，$\mathbf{g}_5 = (0, 1, 1)$，$\mathbf{g}_6 = (1, 0, 1)$，$\mathbf{g}_7 = (1, 1, 0)$，$\mathbf{g}_8 = (0, 2, 0)$，$\mathbf{g}_9 = (0, 0, 2)$，$\mathbf{g}_{10} = (0, 2, 1)$，$\mathbf{g}_{11} = (0, 1, 2)$，$\mathbf{g}_{12} = (0, 2, 2)$，$\mathbf{g}_{13} = (1, 1, 1)$。各个转移状态的含义如表 10.1 所示。

表 10.1 　　　　　　　　双旋翼无人机系统 I 各个状态的含义 　　　　*213*

系统状态	状态含义
$g_1 = (0,0,0)$	每个旋翼均包含 2 个具有 GFF 的工作部件
$g_2 = (1,0,0)$	在每个旋翼中，失效部件和被关闭部件的总数均为 1；在每个旋翼中，只有 1 个具有 GFF 的工作部件
$g_3 = (0,1,0)$	旋翼 1 和 2 的所有部件均处于工作状态；旋翼 1 中的一个工作部件的关闭功能发生失效
$g_4 = (0,0,1)$	旋翼 1 和 2 的所有部件均处于工作状态；旋翼 2 中的一个工作部件的关闭功能发生失效
$g_5 = (0,1,1)$	旋翼 1 和 2 的所有部件均处于工作状态；旋翼 1 和 2 中各有一个工作部件的关闭功能发生失效
$g_6 = (1,0,1)$	在每个旋翼中，失效部件和被关闭部件的总数均为 1；对于旋翼 2 中的唯一工作部件，其关闭功能发生失效
$g_7 = (1,1,0)$	在每个旋翼中，失效部件和被关闭部件的总数均为 1；对于旋翼 1 中的唯一工作部件，其关闭功能发生失效
$g_8 = (0,2,0)$	旋翼 1 和 2 的所有部件均处于工作状态；旋翼 1 中的两个工作部件的关闭功能均发生失效
$g_9 = (0,0,2)$	旋翼 1 和 2 的所有部件均处于工作状态；旋翼 2 中的两个工作部件的关闭功能均发生失效
$g_{10} = (0,2,1)$	旋翼 1 和 2 的所有部件均处于工作状态；旋翼 1 中的两个工作部件的关闭功能均发生失效；旋翼 2 中的一个工作部件的关闭功能发生失效
$g_{11} = (0,1,2)$	旋翼 1 和 2 的所有部件均处于工作状态；旋翼 1 中的一个工作部件的关闭功能发生失效；旋翼 2 中的两个工作部件的关闭功能均发生失效
$g_{12} = (0,2,2)$	旋翼 1 和 2 的所有部件均处于工作状态；旋翼 1 和 2 中所有工作部件的关闭功能均发生失效
$g_{13} = (1,1,1)$	在每个旋翼中，失效部件和被关闭部件的总数均为 1；对于旋翼 1 和 2 中的唯一工作部件，其关闭功能发生失效

根据平衡系统 I 的状态转移规则，则双旋翼无人机系统的状态转移率矩阵为：

$$\boldsymbol{\Lambda}_{s1} = \begin{bmatrix} \mathbf{Q}_{W_1 W_1} & \mathbf{Q}_{W_1 F_1} \\ \mathbf{0} & \mathbf{0} \end{bmatrix}$$

其中：$\mathbf{Q}_{W_1W_1} = \begin{bmatrix} \mathbf{A}_{5\times5} & \mathbf{B}_{5\times8} \\ \mathbf{0}_{8\times5} & \mathbf{C}_{8\times8} \end{bmatrix}$

$$\mathbf{Q}_{W_1F_1} = [\,0 \quad \lambda_1+\lambda_2 \quad 0 \quad 0 \quad 0 \quad \lambda_1+\lambda_2 \quad \lambda_1+\lambda_2 \quad 2\lambda_2 \quad 2\lambda_1 \quad 2\lambda_2 \quad 2\lambda_1 \quad 2\lambda_1 + 2\lambda_2 \quad \lambda_1+\lambda_2\,]^T$$

$$\mathbf{A} = \begin{bmatrix}
-2\sum_{i=1}^2\lambda_i - 2\sum_{i=1}^2\mu_i & 2\lambda_1+2\lambda_2 & 2\mu_1 & 2\mu_2 & 0 \\
0 & -\left(\sum_{i=1}^2\lambda_i + \sum_{i=1}^2\mu_i\right) & 0 & 0 & 0 \\
0 & \lambda_1 & -2\sum_{i=1}^2\lambda_i - 2\mu_2 - \mu_1 & 0 & 2\mu_2 \\
0 & \lambda_2 & 0 & -2\sum_{i=1}^2\lambda_i - 2\mu_1 - \mu_2 & 2\mu_1 \\
0 & 0 & 0 & 0 & -2\sum_{i=1}^2\lambda_i - \sum_{i=1}^2\mu_i
\end{bmatrix}$$

$$\mathbf{B} = \begin{bmatrix}
0 & 0 & 0 & 0 & 0 & 0 & 0 & 0 \\
\mu_2 & \mu_1 & 0 & 0 & 0 & 0 & 0 & 0 \\
0 & \lambda_1+2\lambda_2 & \mu_1 & 0 & 0 & 0 & 0 & 0 \\
2\lambda_1+\lambda_2 & 0 & 0 & \mu_2 & 0 & 0 & 0 & 0 \\
\lambda_1 & \lambda_2 & 0 & 0 & \mu_1 & \mu_2 & 0 & \lambda_1+\lambda_2
\end{bmatrix}$$

$$\mathbf{C} = \begin{bmatrix}
-\sum_{i=1}^2\lambda_i - \mu_1 & 0 & 0 & 0 & 0 & 0 & 0 & \mu_1 \\
0 & -\sum_{i=1}^2\lambda_i - \mu_2 & 0 & 0 & 0 & 0 & 0 & \mu_2 \\
0 & 2\lambda_1 & -2\left(\sum_{i=1}^2\lambda_i + \mu_2\right) & 0 & 2\mu_2 & 0 & 0 & 0 \\
2\lambda_2 & 0 & 0 & -2\left(\sum_{i=1}^2\lambda_i + \mu_1\right) & 0 & 2\mu_1 & 0 & 0 \\
0 & 0 & 0 & 0 & -2\sum_{i=1}^2\lambda_i - \mu_2 & 0 & \mu_2 & 2\lambda_1 \\
0 & 0 & 0 & 0 & 0 & -2\sum_{i=1}^2\lambda_i - \mu_1 & \mu_1 & 2\lambda_2 \\
0 & 0 & 0 & 0 & 0 & 0 & -2\sum_{i=1}^2\lambda_i & 0 \\
0 & 0 & 0 & 0 & 0 & 0 & 0 & -\sum_{i=1}^2\lambda_i
\end{bmatrix}$$

图 10.6 展示了此双旋翼无人机系统 I 的状态转移。在图 10.6 中，系

统状态之间的连接线上标出了状态转移率，虚线代表由系统的中间态转移到系统的吸收态（系统发生失效）。表 10.2 展示了系统状态之间发生转移的触发条件。

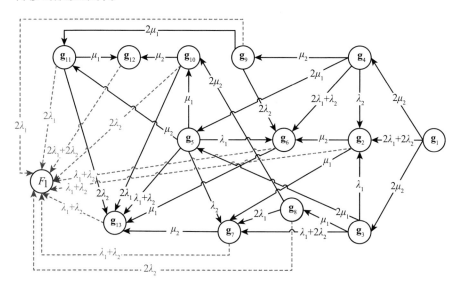

图 10.6　双旋翼无人机系统 I 的状态转移

表 10.2　　　　双旋翼无人机系统 I 状态之间发生转移的触发条件

触发条件	转移率	状态转移
旋翼 1 中唯一的具有 DFF 的工作部件发生失效	λ_1	$\mathbf{g}_3 \rightarrow \mathbf{g}_2$；$\mathbf{g}_5 \rightarrow \mathbf{g}_6$
旋翼 2 中唯一的具有 DFF 的工作部件发生失效	λ_2	$\mathbf{g}_4 \rightarrow \mathbf{g}_2$；$\mathbf{g}_5 \rightarrow \mathbf{g}_7$
旋翼 1 包含两个具有 DFF 的工作部件，其中任意一个具有 DFF 的工作部件发生失效	$2\lambda_1$	$\mathbf{g}_8 \rightarrow \mathbf{g}_7$；$\mathbf{g}_{10} \rightarrow \mathbf{g}_{13}$
旋翼 2 包含两个具有 DFF 的工作部件，其中任意一个具有 DFF 的工作部件发生失效	$2\lambda_2$	$\mathbf{g}_9 \rightarrow \mathbf{g}_6$；$\mathbf{g}_{11} \rightarrow \mathbf{g}_{13}$
旋翼 1 和 2 分别包含两个具有 GFF 的工作部件，其中任意一个工作部件发生失效	$2\lambda_1 + 2\lambda_2$	$\mathbf{g}_1 \rightarrow \mathbf{g}_2$
旋翼 1 中唯一的具有 GFF 的工作部件失效，或者旋翼 2 包含两个具有 GFF 的工作部件，其中任意一个失效	$\lambda_1 + 2\lambda_2$	$\mathbf{g}_3 \rightarrow \mathbf{g}_7$
旋翼 2 中唯一的具有 GFF 的工作部件失效，或者旋翼 1 包含两个具有 GFF 的工作部件，其中任意一个失效	$2\lambda_1 + \lambda_2$	$\mathbf{g}_4 \rightarrow \mathbf{g}_6$

平
衡
系统可靠性建模与分析

触发条件	转移率	状态转移
每个旋翼包含一个具有 GFF 的工作部件或者一个具有 DFF 的工作部件，其中任意一个发生失效	$\lambda_1 + \lambda_2$	$g_2 \to F_1$；$g_5 \to g_{13}$；$g_6 \to F_1$；$g_7 \to F_1$；$g_{13} \to F_1$
旋翼 1 包含唯一一个具有 GFF 的工作部件，其关闭功能失效	μ_1	$g_2 \to g_7$；$g_3 \to g_8$；$g_5 \to g_{10}$；$g_6 \to g_{13}$；$g_{11} \to g_{12}$
旋翼 2 包含唯一一个具有 GFF 的工作部件，其关闭功能失效	μ_2	$g_2 \to g_6$；$g_4 \to g_9$；$g_5 \to g_{11}$；$g_7 \to g_{13}$；$g_{10} \to g_{12}$
旋翼 1 包含两个具有 GFF 的工作部件，其中任意一个具有 GFF 的工作部件的关闭功能失效	$2\mu_1$	$g_1 \to g_3$；$g_4 \to g_5$；$g_9 \to g_{11}$
旋翼 2 包含两个具有 GFF 的工作部件，其中任意一个具有 GFF 的工作部件的关闭功能失效	$2\mu_2$	$g_1 \to g_4$；$g_3 \to g_5$；$g_8 \to g_{10}$
旋翼 1 包含两个工作部件，其中任意一个工作部件失效；此时由于旋翼 2 中不存在具有 GFF 的工作部件，无法完成系统调节平衡的行动，系统因失衡而失效	$2\lambda_1$	$g_9 \to F_1$；$g_{11} \to F_1$
旋翼 2 包含两个工作部件，其中任意一个工作部件失效；此时由于旋翼 1 中不存在具有 GFF 的工作部件，无法完成系统调节平衡的行动，系统因失衡而失效	$2\lambda_2$	$g_8 \to F_1$；$g_{10} \to F_1$
每个旋翼包含两个具有 DFF 的工作部件，其中任意一个工作部件失效时，系统无法完成调节平衡行动，进而发生失效	$2\lambda_1 + 2\lambda_2$	$g_{12} \to F_1$

以一个具有双旋翼的（$m=2$）无人机系统为例，假设每个旋翼包含 4 个部件（$n=4$）。当每个旋翼中失效的部件数量达到 3 时（$k=3$），或者旋翼无法维持平衡状态时，无论哪个事件先发生，此旋翼发生失效。假设无人机两个旋翼的部件失效率为 $\lambda_i = 20(i=1,2)$，当两个旋翼的部件关闭功能寿命的失效率分别为 $\mu_i = 0$，30，60，90（$i=1,2$）时，图 10.7 展示了随时间变化的无人机系统 I 可靠度函数（从右向左）。如图 10.7 所示，当 μ_i 的值越来越小时，无人机系统 I 可靠度函数的衰减越慢。此外，当 μ_i 的值足够大时（$\mu_i = 60$，90），无人机系统 I 可靠度函数之间的差距变得非常小。考虑一个双旋翼无人机系统 I，其部件寿命和部件关闭功能寿命分别服从参数为 $\lambda_i = 15(i=1,2)$ 和 $\mu_i = 30(i=1,2)$ 的指数分

布。当任意一个旋翼中失效部件和被关闭部件的数量之和达到 $k=2$，或者系统 I 失去系统平衡时，无论哪个事件先发生，系统 I 发生失效。当无人机系统 I 内每个旋翼包含的部件数量为 $n=2,3,4,5$ 时，图 10.8 展示了随时间变化的无人机系统可靠度函数（从右向左）。如图 10.8 所示，

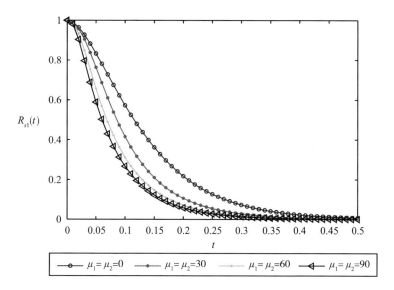

图 10.7　不同参数 μ_1 和 μ_2 下双旋翼无人机系统 I 可靠度函数

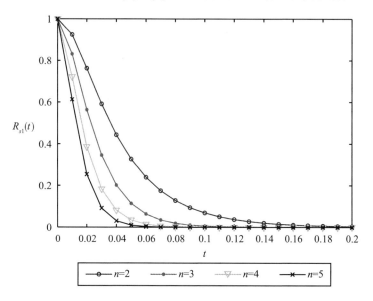

图 10.8　不同参数 n 下双旋翼无人机系统 I 可靠度函数

当 n 越来越大时，无人机系统可靠度函数的衰减越快，这是由于每个旋翼是一个 n 中取 k（F）系统，可以解释为当旋翼中包含更多的部件时，每个旋翼具有更多的可能性去达到使系统失效的临界条件。

10.5.2　多旋翼无人机系统 II 可靠度

以一个具有 2 个旋翼的（$m=2$）的无人机系统为例，每个旋翼中包含 4 个部件（$n=4$），当某些旋翼中失效部件数量达到 3（$k=3$）时，整个无人机系统将发生失效。因此，基于平衡系统II的双旋翼无人机系统共有 9 个转移状态，分别为 $\mathbf{h}_1=(0,0)$，$\mathbf{h}_2=(0,1)$，$\mathbf{h}_3=(0,2)$，$\mathbf{h}_4=(1,0)$，$\mathbf{h}_5=(1,1)$，$\mathbf{h}_6=(1,2)$，$\mathbf{h}_7=(2,0)$，$\mathbf{h}_8=(2,1)$，$\mathbf{h}_9=(2,2)$（见表 10.3）。

表 10.3　　　　　　　双旋翼无人机系统 II 各个状态的含义

系统状态	状态含义
$\mathbf{h}_1=(0,0)$	旋翼 1 和 2 的所有部件正常工作
$\mathbf{h}_2=(0,1)$	旋翼 1 包含 3 个工作部件和 1 个被关闭部件；旋翼 2 包含 3 个工作部件和 1 个失效部件
$\mathbf{h}_3=(0,2)$	旋翼 1 包含 2 个工作部件和 2 个被关闭部件；旋翼 2 包含 2 个工作部件和 2 个失效部件
$\mathbf{h}_4=(1,0)$	旋翼 1 包含 3 个工作部件和 1 个失效部件；旋翼 2 包含 3 个工作部件和 1 个被关闭部件
$\mathbf{h}_5=(1,1)$	旋翼 1 包含 3 个工作部件和 1 个失效部件；旋翼 2 包含 3 个工作部件和 1 个失效部件
$\mathbf{h}_6=(1,2)$	旋翼 1 包含 2 个工作部件、1 个失效部件和 1 个被关闭部件；旋翼 2 包含 2 个工作部件和 2 个失效部件
$\mathbf{h}_7=(2,0)$	旋翼 1 包含 2 个工作部件和 2 个失效部件；旋翼 2 包含 2 个工作部件和 2 个被关闭部件
$\mathbf{h}_8=(2,1)$	旋翼 1 包含 2 个工作部件和 2 个失效部件；旋翼 2 包含 2 个工作部件、1 个失效部件和 1 个被关闭部件
$\mathbf{h}_9=(2,2)$	旋翼 1 包含 2 个工作部件和 2 个失效部件；旋翼 2 包含 2 个工作部件和 2 个失效部件

基于 10.4 节平衡系统 Ⅱ 的可靠性分析，可以得到无人机系统的状态转移率矩阵 $\mathbf{\Lambda}_{s2}$ 为：

$$\mathbf{\Lambda}_{s2} = \begin{bmatrix} \mathbf{Q}_{W_2W_2} & \mathbf{Q}_{W_2F_2} \\ \mathbf{0} & \mathbf{0} \end{bmatrix}$$

其中：

$$\mathbf{Q}_{W_2W_2} = \begin{bmatrix} \mathbf{D}_{5\times5} & \mathbf{E}_{5\times4} \\ \mathbf{0}_{4\times5} & \mathbf{F}_{4\times4} \end{bmatrix}, \mathbf{Q}_{W_2F_2} = \begin{bmatrix} \mathbf{G}_{1\times5} & \mathbf{H}_{1\times4} \end{bmatrix}^T$$

$$\mathbf{D} = \begin{bmatrix} -4(\lambda_1+\lambda_2) & 4\lambda_2 & 0 & 4\lambda_1 & 0 \\ 0 & -3(\lambda_1+\lambda_2) & 3\lambda_2 & 0 & 3\lambda_1 p_1 \\ 0 & 0 & -2(\lambda_1+\lambda_2) & 0 & 0 \\ 0 & 0 & 0 & -3(\lambda_1+\lambda_2) & 3\lambda_2 p_2 \\ 0 & 0 & 0 & 0 & -3(\lambda_1+\lambda_2) \end{bmatrix}$$

$$\mathbf{E} = \begin{bmatrix} 0 & 0 & 0 & 0 \\ 0 & 0 & 3\lambda_1(1-p_1) & 0 \\ 2\lambda_1 p_1 & 0 & 0 & 2\lambda_1(1-p_1)p_1 \\ 3\lambda_2(1-p_2) & 3\lambda_1 & 0 & 0 \\ 3\lambda_2 & 0 & 3\lambda_1 & 0 \end{bmatrix}$$

$$\mathbf{F} = \begin{bmatrix} -2(\lambda_1+\lambda_2) & 0 & 0 & 2\lambda_1 p_1 \\ 0 & -2(\lambda_1+\lambda_2) & 2\lambda_2 p_2 & 2\lambda_2(1-p_2)p_2 \\ 0 & 0 & -2(\lambda_1+\lambda_2) & 2\lambda_2 p_2 \\ 0 & 0 & 0 & -2(\lambda_1+\lambda_2) \end{bmatrix}$$

$$\mathbf{G} = \begin{bmatrix} 0 & 0 & 2\lambda_2+2\lambda_1(1-p_1)^2 & 0 & 0 \end{bmatrix}$$

$$\mathbf{H} = \begin{bmatrix} 2\lambda_2+2\lambda_1(1-p_1) & 2\lambda_1+2\lambda_2(1-p_2)^2 & 2\lambda_1+2\lambda_2(1-p_2) & 2(\lambda_1+\lambda_2) \end{bmatrix}$$

此外，图 10.9 展示了双旋翼无人机系统 Ⅱ 的状态转移。如图 10.9 所示，虚线表示系统由中间状态转移到吸收状态（系统失效），各个状态之间的连接线上给出了相应的转移率。表 10.4 展示了双旋翼无人机系统 Ⅱ

各个状态之间转移的触发条件。

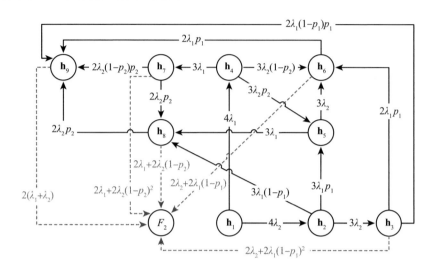

图 10.9　双旋翼无人机系统 II 的状态转移

表 10.4　双旋翼无人机系统 II 状态之间发生转移的触发条件

触发条件	转移率	状态转移
旋翼 1 包含 4 个工作部件，其中任意一个发生失效	$4\lambda_1$	$\mathbf{h}_1 \to \mathbf{h}_4$
旋翼 2 包含 4 个工作部件，其中任意一个发生失效	$4\lambda_2$	$\mathbf{h}_1 \to \mathbf{h}_2$
旋翼 1 的 3 个工作部件中，任意一个发生失效	$3\lambda_1$	$\mathbf{h}_4 \to \mathbf{h}_7$；$\mathbf{h}_5 \to \mathbf{h}_8$
旋翼 2 的 3 个工作部件中，任意一个发生失效	$3\lambda_2$	$\mathbf{h}_2 \to \mathbf{h}_3$；$\mathbf{h}_5 \to \mathbf{h}_6$
旋翼 1 的 3 个工作部件中，任意一个发生失效，并且成功重启了旋翼 1 的 1 个被关闭部件	$3\lambda_1 p_1$	$\mathbf{h}_2 \to \mathbf{h}_5$
旋翼 1 的 3 个工作部件中，任意一个发生失效，并且无法重启旋翼 1 的 1 个被关闭部件	$3\lambda_1(1-p_1)$	$\mathbf{h}_2 \to \mathbf{h}_8$
旋翼 2 的 3 个工作部件中，任意一个发生失效，并且成功重启了旋翼 2 的 1 个被关闭部件	$3\lambda_2 p_2$	$\mathbf{h}_4 \to \mathbf{h}_5$
旋翼 2 的 3 个工作部件中，任意一个发生失效，并且无法重启旋翼 2 的 1 个被关闭部件	$3\lambda_2(1-p_2)$	$\mathbf{h}_4 \to \mathbf{h}_6$
旋翼 1 的 2 个工作部件中，任意一个发生失效，并且第一次便成功重启了旋翼 1 的 1 个被关闭部件	$2\lambda_1 p_1$	$\mathbf{h}_3 \to \mathbf{h}_6$；$\mathbf{h}_6 \to \mathbf{h}_9$
旋翼 1 的 2 个工作部件中，任意一个发生失效，并且第一次无法重启旋翼 1 的 1 个被关闭部件，第二次成功重启了旋翼 1 的 1 个被关闭部件	$2\lambda_1(1-p_1)p_1$	$\mathbf{h}_3 \to \mathbf{h}_9$

触发条件	转移率	状态转移
旋翼 2 的 2 个工作部件中，任意一个发生失效，并且第一次便成功重启了旋翼 2 的 1 个被关闭部件	$2\lambda_2 p_2$	$\mathbf{h}_7 \to \mathbf{h}_8$；$\mathbf{h}_8 \to \mathbf{h}_9$
旋翼 2 的 2 个工作部件中，任意一个发生失效，并且第一次无法重启旋翼 2 的 1 个被关闭部件，第二次成功重启了旋翼 2 的 1 个被关闭部件	$2\lambda_2 (1-p_2) p_2$	$\mathbf{h}_7 \to \mathbf{h}_9$
旋翼 2 的 2 个工作部件中，任意一个发生失效，或者旋翼 1 的 2 个工作部件中，任意一个发生失效并且无法成功重启旋翼 1 的 2 个被关闭部件	$2\lambda_2 + 2\lambda_1 (1-p_1)^2$	$\mathbf{h}_3 \to F_2$
旋翼 1 的 2 个工作部件中，任意一个发生失效，或者旋翼 2 的 2 个工作部件中，任意一个发生失效并且无法成功重启旋翼 2 的 2 个被关闭部件	$2\lambda_1 + 2\lambda_2 (1-p_2)^2$	$\mathbf{h}_7 \to F_2$
旋翼 2 的 2 个工作部件中，任意一个发生失效，或者旋翼 1 的 2 个工作部件中，任意一个发生失效并且无法成功重启旋翼 1 的 1 个被关闭部件	$2\lambda_2 + 2\lambda_1 (1-p_1)$	$\mathbf{h}_6 \to F_2$
旋翼 1 的 2 个工作部件中，任意一个发生失效，或者旋翼 2 的 2 个工作部件中，任意一个发生失效并且无法成功重启旋翼 2 的 1 个被关闭部件	$2\lambda_1 + 2\lambda_2 (1-p_2)$	$\mathbf{h}_8 \to F_2$
每个旋翼各包含 2 个工作部件，其中任意一个部件发生失效	$2(\lambda_1 + \lambda_2)$	$\mathbf{h}_9 \to F_2$

一个无人机系统包含 2 个旋翼（$m=2$），每个旋翼包含 5 个部件（$n=5$）。当每个旋翼中失效部件的个数达到 3 时（$k=3$），无人机系统发生失效。无人机系统两个旋翼的部件寿命分别服从参数为 $\lambda_i = 2$（$i=1,2$）的指数分布。通过 10.4 节的分析，当成功重启被关闭部件概率分别为 $p_i = 0.4,0.6,0.8,1$（$i=1,2$）时，图 10.10 展示了相应的无人机系统可靠度函数（从左至右）的变化趋势。如图 10.10 所示，当成功启动关闭部件的概率逐渐增大时，无人机系统可靠度函数的衰减速度更慢。

考虑另外一个双旋翼无人机系统，当某个旋翼中失效部件的个数达到 2（$k=2$）时，无人机系统发生失效。对于旋翼 i（$i=1,2$）来说，成功重启其被关闭部件的概率为 $p_i = 0.7$，其部件的寿命服从参数为 $\lambda_i = 4$ 的指数分布。图 10.11 展示了每个旋翼中包含的部件数量对无人机系统可

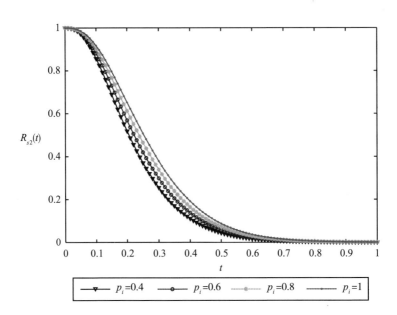

图 10.10　不同参数 p_1 和 p_2 下旋翼无人机系统 II 可靠度函数

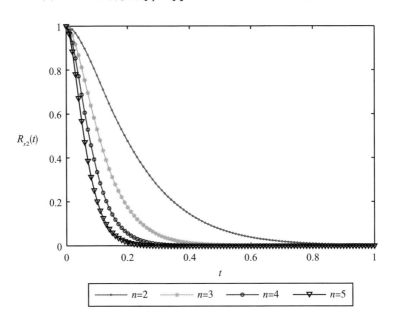

图 10.11　不同参数 n 下旋翼无人机系统 II 可靠度函数

靠度函数的影响。在相同的时刻 t，当每个旋翼包含的部件数量越大时，相应的无人机系统可靠度越低。此外，当每个旋翼内部件数量由 2 变成 3

时，无人机系统可靠度函数的衰减变得非常快，对无人机系统可靠度函数的影响较为显著。

10.6　本章小结

针对具有 m 个区的 n 中取 $k(F)$ 平衡系统，本章通过分别考虑部件关闭功能和部件重启功能的随机失效，分别构建两个主动调节平衡受限机制，从而分别构建两个全新的平衡调节受限机制下的平衡系统。在平衡系统 I 中，假设部件关闭功能的寿命服从指数分布，系统失效准则为两个竞争失效准则：第一个失效准则是一些区里失效部件的数量达到 k；第二个失效准则是当某个区一个工作部件失效时，其他区中由于不存在具有完好关闭功能的工作部件而无法实现重新调节平衡的行为，从而整个系统由于失去平衡而失效。在平衡系统 II 中，假设以一定概率可以成功完成部件重启功能，以另一概率无法实现部件重启功能。针对平衡系统 I 和 II，分别采用马尔可夫过程嵌入法来分析系统的可靠性，求得系统可靠度函数和相关概率指标的解析表达式。最后，本章以旋翼无人机系统为例，分别给出平衡系统 I 和 II 的数值算例，并探究不同模型参数对系统可靠度函数的影响。

第11章

n 中取 $k(\mathrm{F})$ 平衡系统任务
终止策略优化研究

11.1 引言

在工程领域，有许多关键重要设备在执行任务过程中会由于内部退化和外部冲击的同时作用而失效，这类关键重要设备的生存会比任务完成更重要，因此在任务执行时，如果系统状态较差，应适时终止任务以保证系统安全。例如，考虑一个四旋翼无人机，每个旋翼由五个发动机组成，为它提供动力。在执行任务时，可能会受到热、机械、电等方面的冲击，发动机由于内部故障或外部冲击而失效。如果在任何旋翼中工作的发动机数量相同，无人机就能保持平衡；如果失效的发动机数量超过预定值，无人机就会因功率不足而失效。因此，如果工作发动机的数量小于阈值，无人机应该终止任务，以避免系统发生故障。

基于以上无人机执行任务问题，本章构建了具有分区的 n 中取 $k(\mathrm{F})$ 平衡系统可靠性模型，并为其设计了相应的任务终止策略。该模型中，系统具有 m 个分区，每个分区由 n 个部件组成。该系统需要保证每个分区内工作部件数相等来保持系统平衡，当每个分区内失效部件数大于等于 k 时，系统失效。系统中的部件由于内部退化和外部冲击的同时作用而失效。当某个分区内一个部件失效时，如果该分区内有关闭但未失效的部件，需要开启一个部件以保证该分区内工作部件数不变，否则，其余分区内需要各关闭一个部件以保证系统平衡。当各分区内失效部件数达到一定阈值时，任务终止，并立即执行救援活动。本章运用马尔可夫过程嵌入法推导了任务可靠度和系统生存概率的解析表达式。为了得到任务终止条件的最优阈值，本章分别以任务可靠度最大化和期望费用最小化构建了两个策略优化模型。最后以无人机执行任务问题为背景，验证了模型有效性。

给出本章所用符号的含义：

n	系统中每个区包含的部件数量。
m	系统中区的个数。
k	导致整个系统失效的某些区失效部件数量的最小值。
λ	每个部件的失效率。
v	冲击到达率。
τ	任务时长（常量）。
L	系统寿命。
l	需要终止任务的区中失效和被关闭部件的数量。
T_l	达到任务终止条件的时刻。
$R(\tau,\xi,l)$	任务可靠度。
$S(\tau,\xi,l)$	系统生存概率。
C_m	任务失败费用。
C_f	系统失效费用。

11.2　系统可靠性建模

11.2.1　模型描述

考虑一个 n 中取 k(F) 平衡系统，该系统包含 m 个分区，且每个分区

内有 n 个部件，系统结构如图 11.1 所示。

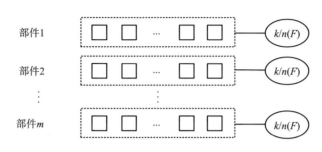

部件1

部件2

部件m

图 11.1　n 中取 $k(\mathbf{F})$ 平衡系统的结构

该模型的基本假设如下：

① 所有部件的寿命独立同分布。

② 所有部件在基础环境（不受外界冲击影响）下运行时，其寿命分布是参数为 λ 的指数分布，即失效率为 λ。

③ 系统在冲击环境下运行，且冲击对不同分区内部件的影响是相互独立的；每个分区内部件所遭受的冲击到达是一个到达率为 v 的齐次泊松过程。

④ 每个冲击对部件的影响分为有效冲击和无效冲击。有效冲击发生的概率为 p_0，可以直接导致部件失效；无效冲击发生的概率为 $1-p_0$，对部件无影响。

当系统中每个分区内工作部件数量相等时，系统平衡。假设不平衡的系统可以通过关闭部件至贮备状态或重启关闭部件的方式被重新调整为平衡状态。也就是说，当第 $i(i=1,2,\cdots,m)$ 个分区内有一个部件失效时，平衡调节方式为：①如果第 i 个分区内存在至少一个关闭部件，则需要重启一个关闭部件；②否则，其余分区内需要各关闭一个工作部件至贮备状态以保证系统中每个分区内工作部件数相等，从而保证系统平衡。当且仅当该系统中每个分区内失效或关闭部件数达到 k 时，系统失效。假设部件关闭和重启的时间可忽略不计。

11.2.2　任务终止策略

假设上述系统需要在连续的时间区间 $[0,\tau)$ 内执行任务。当系统中任一

分区内第 *l* 个部件失效或被关闭时，任务终止以保护系统，并立即执行系统救援程序。假设系统在 *t* 时刻终止任务，则救援程序所需时间为 $\varphi(t)$。

如查等（Cha et al., 2018）[186] 所述，任务终止策略的基本定义和相关公式如下。

令随机变量 *L* 表示系统寿命，ξ 表示在此时刻之后任务剩余时间小于救援时间，即：

$$\varphi(t) + t \geq \tau, t \geq \xi \tag{11.1}$$

如果任务区间 $[0,\tau)$ 内系统未失效且任务未终止，则任务成功。也就是说，如果任务终止条件始终未达到，或当 $t_l \geq \xi$ 时任务仍然未失败，则任务成功。因此任务可靠度可以表示为：

$$R(\tau,\xi,l) = \Pr(L > \tau, T_l \geq \xi) \tag{11.2}$$

其中，T_l 是一个随机变量，表示任一分区内第 *l* 个部件失效或被关闭的时刻。

当任务完成或任务被终止但救援成功时，系统能够生存。如果 $t_l < \xi$，则救援程序开启。因此，系统生存概率为：

$$S(\tau,\xi,l) = R(\tau,\xi,l) + \Pr(L > T_l + \varphi(T_l), T_l < \xi) \tag{11.3}$$

以下给出了具体的实例来解释上述系统运行及任务终止规则，相关参数分别为 $m=3$，$n=3$，$l=2$。图 11.2 给出了一种系统可能的运行情况，其中平衡调节是瞬时的，因为本章假设调节所耗费的时间可以忽略不计。可以看出，所有部件在 t_1 时刻前都处于工作状态，即所有分区中失效部件和关闭部件数是 0。由于内部退化或外部冲击作用，在时刻 t_1 和 t_3 之间，一个分区内有一个失效部件或关闭部件。显然，在时刻 t_3 任务终止条件被满足，因为此时任一分区内存在 2 个失效或关闭部件（$l=2$）。在时刻 t_3 之后，系统中分区内一直存在 2 个失效或关闭部件，直到系统在 t_5 时刻失效。

图 11.3 中给出了任务成功和系统生存的五种可能的情况，其中 $L(t)$ 表示 *t* 时刻系统任一分区内失效和关闭部件数。在图 11.3（a）中，任务

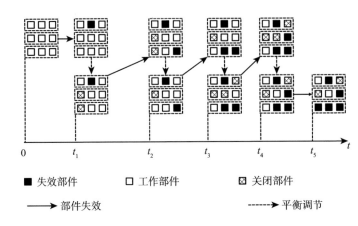

■ 失效部件　　　□ 工作部件　　　☒ 关闭部件

⟶ 部件失效　　　------➤ 平衡调节

图 11.2　平衡系统可能的运行情况

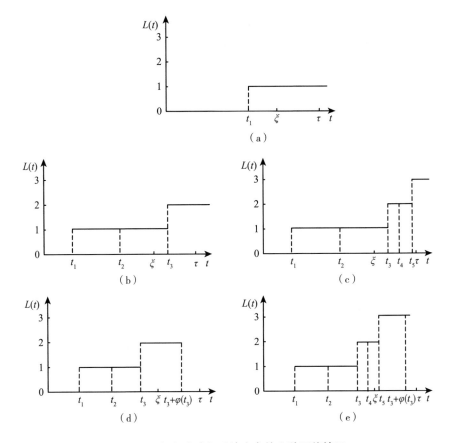

图 11.3　任务成功和系统生存的几种可能情况

成功是因为在任务终止时刻 τ 之前始终没有达到任务终止条件；在图 11.3（b）和（c）中，任务终止条件被满足，但任务并未终止，因为 t_3 大于 ξ；在图 11.3（d）中，任务被终止，但救援成功，因而系统存活；在图 11.3（e）中，任务终止，但系统在救援期间内失效。

11.3 系统可靠性分析

本节应用马尔可夫过程描述系统运行过程。假设有马尔可夫过程 $\{X(t), t > 0\}$，其状态为：

$$X(t) = \mathbf{w}_{u,h}$$

其中，$\mathbf{w}_{u,h}$ 是一种系统可能的状态，$u \in \{0, 1, \cdots, k-1\}$ 表示每个分区内失效和关闭部件数，$h \in \left\{ \binom{m+u}{u} - \binom{m+u-1}{u} + 1, \binom{m+u}{u} - \binom{m+u-1}{u} + 2, \cdots, \binom{m+u}{u} \right\}$ 表示某个状态在所有状态中的排序。状态的排序规则如崔等（2018）[69] 所述。$\mathbf{w}_{u,h} = (x_1, x_2, \cdots, x_m)$ 表示分区中失效部件个数，且其中的元素是按降序排列的。需要注意的是 $(x_1, x_2, \cdots, x_m)$ 中的元素顺序与部件顺序并不一致。也就是说，向量 $\mathbf{w}_{u,h}$ 中的元素 $x_j (j = 1, 2, \cdots, m)$ 代表其中一个分区有 x_j 个失效部件，且 x_j 的值在向量 $\mathbf{w}_{u,h}$ 中按降序排列为第 j 个。因此，对于 $\mathbf{w}_{u,h} = (x_1, x_2, \cdots, x_m)$，假设有：

$$\begin{cases} x_1 = x_2 = \cdots = x_{s_1} \\ x_{s_1+1} = x_{s_1+2} = \cdots = x_{s_2} \\ \qquad\qquad \vdots \\ x_{s_{a-1}+1} = x_{s_{a-2}+2} = \cdots = x_{s_a} \\ 1 \leqslant s_1 < s_2 < \cdots < s_a = m \\ u = x_{s_1} > x_{s_2} > \cdots > x_{s_a}, 1 \leqslant a \leqslant m \end{cases} \tag{11.4}$$

状态空间 $\mathbf{w}_u = \bigcup\limits_{h = \binom{m+u}{u} - \binom{m+u-1}{u}+1}^{\binom{m+u}{u}} \{\mathbf{w}_{u,h}\}$ 中的状态表示每个分区中有 u

个失效和关闭部件。因此，$\mathbf{w} = \bigcup\limits_{u=0}^{k-1} \{\mathbf{w}_u\}$ 表示系统中所有的工作状态。

令 F 为吸收态，代表系统失效。表 11.1 给出了所有状态的转移规则。

表 11.1 状态转移规则

序号	条件	转移情形	转移率
1	$1 < j \le a$	$(x_1, \cdots, x_{s_{j-1}}, x_{s_{j-1}+1}, \cdots, x_m)$ $\rightarrow (x_1, \cdots, x_{s_{j-1}}, x_{s_{j-1}+1}+1, \cdots, x_m)$	$(s_j - s_{j-1})(n - x_1)(\lambda + p_0 v)$
2	$x_1 < k-1$	$(x_1, x_2, \cdots, x_m) \rightarrow (x_1+1, x_2, \cdots, x_m)$	$s_1 (n - x_1)(\lambda + p_0 v)$
3	$x_1 = k-1$	$(x_1, x_2, \cdots, x_m) \rightarrow F$	$s_1 (n - k + 1)(\lambda + p_0 v)$

以下给出一个示例具体说明上述转移规则，相应的参数分别为 $m = 3$，$n = 3$，$k = 3$。因此，状态空间为：

$\mathbf{w} = \mathbf{w}_0 \cup \mathbf{w}_1 \cup \mathbf{w}_2$

$= \{\mathbf{w}_{0,1}\} \cup \{\mathbf{w}_{1,2}, \mathbf{w}_{1,3}, \mathbf{w}_{1,4}\} \cup \{\mathbf{w}_{2,5}, \mathbf{w}_{2,6}, \mathbf{w}_{2,7}, \mathbf{w}_{2,8}, \mathbf{w}_{2,9}, \mathbf{w}_{2,10}\}$

$= \{(0,0,0)\} \cup \{(1,0,0), (1,1,0), (1,1,1)\}$

$\cup \{(2,0,0), (2,1,0), (2,1,1), (2,2,0), (2,2,1), (2,2,2)\}$

其状态转移规则如图 11.4 所示。

11.3.1 任务可靠度

任务可靠度表示系统在任务区间 $[0, \tau]$ 内持续工作的概率。根据式 (11.2)，任务可靠度可以表示为：

$$R(\tau, \xi, l) = \Pr(L > \tau, T_l \ge \xi) = \Pr(L > \tau, T_l > \tau) + \Pr(L > \tau, \xi \le T_l \le \tau)$$

$$(11.5)$$

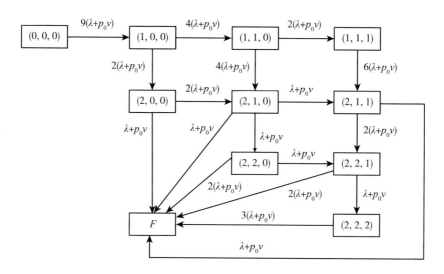

图 11.4 给定 *m* = 3，*n* = 3 和 *k* = 3 时的状态转移规则

其中，$\Pr(L > \tau, T_l > \tau)$ 表示在区间 $[0, \tau)$ 内每个分区中失效和关闭部件个数小于 l 时，任务成功的概率，而 $\Pr(L > \tau, \xi \leq T_l \leq \tau)$ 表示在 $[\xi, \tau]$ 内每个分区中失效和关闭部件数不小于 l 的概率。

运用 PH 分布的理论，可以推导出式（11.5）中的第一项为：

$$\Pr(L > \tau, T_l > \tau) = \Pr(T_l > \tau) = 1 - \Pr(T_l \leq \tau) = \boldsymbol{\alpha}_1 \exp(\mathbf{A}_1 \tau) \mathbf{e}_1$$

$$(11.6)$$

其中，$\boldsymbol{\alpha}_1 = [1, 0, \cdots, 0]_{1 \times \binom{m+l-1}{l-1}}$ 表示初始状态，$\mathbf{e}_1 = [1, 1, \cdots, 1]_{1 \times \binom{m+l-1}{l-1}}^T$。另外，$\mathbf{A}_1$ 是一个 $\binom{m+l-1}{l-1}$ 维方阵，包含了状态空间 $\bigcup_{u=0}^{l-1} \mathbf{w}_u$ 中状态的转移率。$\exp(\mathbf{A}_1 \tau)$ 能够得到 e 的 $\mathbf{A}_1 \tau$ 次方，其中 e 是欧拉常数，如：

$$\exp\left(\begin{bmatrix} -1 & 1 \\ 2 & -2 \end{bmatrix} \tau\right) = \begin{bmatrix} \dfrac{e^{-3\tau}}{3} + \dfrac{2}{3} & \dfrac{1}{3} - \dfrac{e^{-3\tau}}{3} \\ \dfrac{2}{3} - \dfrac{2e^{-3\tau}}{3} & \dfrac{2e^{-3\tau}}{3} + \dfrac{1}{3} \end{bmatrix}$$

$\mathbf{p}_0(t) = \boldsymbol{\alpha}_1 \exp(\mathbf{A}_1 t)$ 为一向量，其中的元素表示系统处于状态空间

平衡

系统可靠性建模与分析

$\bigcup_{u=0}^{l-1} \mathbf{w}_u$ 中某一状态的概率。用公式 $\mathbf{p}_1(t) = \text{ext}\left(\mathbf{p}_0(t), \binom{m+l-1}{l-1} - \right.$

$\left. \binom{m+l-2}{l-1} + 1, \binom{m+l-1}{l-1}\right)$ 得到一个新的向量 $\mathbf{p}_1(t)$，其中的元素为向

量 $\mathbf{p}_0(t)$ 中第 $\left(\binom{m+l-1}{l-1} - \binom{m+l-2}{l-1} + 1\right)$ 到第 $\binom{m+l-1}{l-1}$ 个元素，如：

$$\mathbf{p}_1(t) = \text{ext}([0.1t, 0.2t, 0.3t, 1-0.6t], 2, 4)$$
$$= [0.2t, 0.3t, 1-0.6t]$$

则式（11.5）中的第二项为：

$$\Pr(L > \tau, \xi \leqslant T_l \leqslant \tau) = \int_\xi^\tau \Pr(L > \tau, T_l = y) dy$$
$$= \int_\xi^\tau \Pr(L > \tau \mid T_l = y) f_{T_l}(y) dy$$
$$= \int_\xi^\tau \Pr(L_1 > \tau - y \mid T_l = y) f_{T_l}(y) dy \quad (11.7)$$

其中，L_1 表示第 1 个失效和关闭部件出现时系统的剩余寿命。类似地，
式（11.7）的第一项可表示为：

$$\Pr(L_1 > \tau - y \mid T_l = y) = \boldsymbol{\alpha}_2 \exp(\mathbf{A}_2(\tau - y)) \mathbf{e}_2$$

其中，向量 $\boldsymbol{\alpha}_2 = \left[\mathbf{p}_1(y) / \sum \mathbf{p}_1(y), \mathbf{0}_{1 \times \left(\binom{m+k-1}{k-1} - \binom{m+l-1}{l-1} - \binom{m+l-2}{l-1}\right)}\right]$ 中的元素

表示 y 时刻系统处于状态空间 $\bigcup_{u=l}^{k-1} \mathbf{w}_u$ 中各状态的概率，$\sum \mathbf{p}_1(y)$ 表示向量

$\mathbf{p}_1(y)$ 中所有元素之和，$\mathbf{e}_2 = [1, 1, \cdots, 1]_{1 \times \left(\binom{m+k-1}{k-1} - \binom{m+l-1}{l-1}\right)}^T$。显然，$\mathbf{A}_2$

是一个 $\binom{m+k-1}{k-1} - \binom{m+l-1}{l-1}$ 维方阵，其中元素表示状态空间 $\bigcup_{u=l}^{k-1} \mathbf{w}_u$ 中

状态的转移率。

式（11.7）中的第二项可推导为：

$$f_{T_l}(y) dy = \mathbf{p}_1(y) \mathbf{A}_3 \mathbf{e}_3 dy \quad (11.8)$$

其中，$\mathbf{A}_3$ 是一个矩阵，表示状态空间 $\mathbf{w}_{l-1}$ 中的状态转移到 $\mathbf{w}_l$ 中状态的转移率矩阵，且有 $\mathbf{e}_3 = [1,1,\cdots,1]^T_{1\times\binom{m+l-1}{l}}$。

因此，任务可靠度为：

$$R(\tau,\xi,l) = \boldsymbol{\alpha}_1 \exp(\mathbf{A}_1\tau)\mathbf{e}_1 + \int_\xi^\tau \boldsymbol{\alpha}_2 \exp(\mathbf{A}_2(\tau-y))\mathbf{e}_2\mathbf{p}_1(y)\mathbf{A}_3\mathbf{e}_3 dy$$

$$(11.9)$$

以下示例展示了如何得到相应的矩阵和向量，给定参数为 $m=3$，$n=3$，$k=3$，$l=2$。根据前面的示例可以得到所有状态之间的转移率。因此，对于式（11.9）的第一项，有：

$$\boldsymbol{\alpha}_1 = [1,0,0,0]$$

$$\mathbf{e}_1 = [1,1,1,1]^T$$

$$\mathbf{A}_1 = \begin{array}{c} (0,0,0) \\ (1,0,0) \\ (1,1,0) \\ (1,1,1) \end{array}\begin{bmatrix} -9(\lambda+p_0v) & 9(\lambda+p_0v) & 0 & 0 \\ 0 & -6(\lambda+p_0v) & 4(\lambda+p_0v) & 0 \\ 0 & 0 & -6(\lambda+p_0v) & 2(\lambda+p_0v) \\ 0 & 0 & 0 & -6(\lambda+p_0v) \end{bmatrix}$$

对于第二项，有：

$$\boldsymbol{\alpha}_2 = \left[\mathrm{ext}(\boldsymbol{\alpha}_1\exp(\mathbf{A}_1y),2,4)\Big/\sum\mathrm{ext}(\boldsymbol{\alpha}_1\exp(\mathbf{A}_1y),2,4),0,0,0\right]$$

$$\mathbf{e}_2 = [1,1,1,1,1,1]^T$$

$$\mathbf{p}_1(y) = \mathrm{ext}(\boldsymbol{\alpha}_1\exp(\mathbf{A}_1y),2,4)\Big/\sum\mathrm{ext}(\boldsymbol{\alpha}_1\exp(\mathbf{A}_1y),2,4)$$

$$\mathbf{e}_3 = [1,1,1]^T$$

$$\mathbf{A}_2 = \begin{array}{c} (2,0,0) \\ (2,1,0) \\ (2,1,1) \\ (2,2,0) \\ (2,2,1) \\ (2,2,2) \end{array}\begin{bmatrix} -3(\lambda+p_0v) & 2(\lambda+p_0v) & 0 & 0 & 0 & 0 \\ 0 & -3(\lambda+p_0v) & \lambda+p_0v & \lambda+p_0v & 0 & 0 \\ 0 & 0 & -3(\lambda+p_0v) & 0 & 2(\lambda+p_0v) & 0 \\ 0 & 0 & 0 & -3(\lambda+p_0v) & (\lambda+p_0v) & 0 \\ 0 & 0 & 0 & 0 & -3(\lambda+p_0v) & \lambda+p_0v \\ 0 & 0 & 0 & 0 & 0 & -3(\lambda+p_0v) \end{bmatrix}$$

$$
\begin{array}{c}
\qquad\qquad (2,0,0) \qquad\quad (2,1,0) \qquad\quad (2,1,1) \\
\mathbf{A}_3 = \begin{array}{c}(1,0,0)\\(1,1,0)\\(1,1,1)\end{array}\left[\begin{array}{ccc} 2(\lambda + p_0 v) & 0 & 0 \\ 0 & 4(\lambda + p_0 v) & 0 \\ 0 & 0 & 6(\lambda + p_0 v) \end{array}\right]
\end{array}
$$

得到以上矩阵后,就可以根据式(11.9)得到任务可靠度。

11.3.2 系统生存概率

与任务可靠度的求解方法类似,系统生存概率的第二项,即任务被终止但救援成功的概率,可以推导为:

$$
\begin{aligned}
\Pr(L > T_l + \varphi(T_l), T_l < \xi) &= \int_0^\xi \Pr(L_1 > \varphi(y), T_l = y) dy \\
&= \int_0^\xi \Pr(L_1 > \varphi(y) \mid T_l = y) f_{T_l}(y) dy \\
&= \int_0^\xi \boldsymbol{\alpha}_2 \exp(\mathbf{A}_2(\varphi(y))) \mathbf{e}_2 \mathbf{p}_1(y) \mathbf{A}_3 \mathbf{e}_3 dy
\end{aligned}
$$

$$(11.10)$$

因此,系统生存度为:

$$
\begin{aligned}
S(\tau,\xi,l) &= \boldsymbol{\alpha}_1 \exp(\mathbf{A}_1 \tau) \mathbf{e}_1 + \int_\xi^\tau \boldsymbol{\alpha}_2 \exp(\mathbf{A}_2(\tau - y)) \mathbf{e}_2 \mathbf{p}_1(y) \mathbf{A}_3 dy \\
&+ \int_0^\xi \boldsymbol{\alpha}_2 \exp(\mathbf{A}_2(\varphi(y))) \mathbf{e}_2 \mathbf{p}_1(y) \mathbf{A}_3 \mathbf{e}_3 dy
\end{aligned}
$$

$$(11.11)$$

根据以上分析可以得到系统概率指标的解析表达式。以下也给出了一个仿真方法来验证解析结果的正确性。图11.5为仿真流程,以下为涉及的符号及其含义:

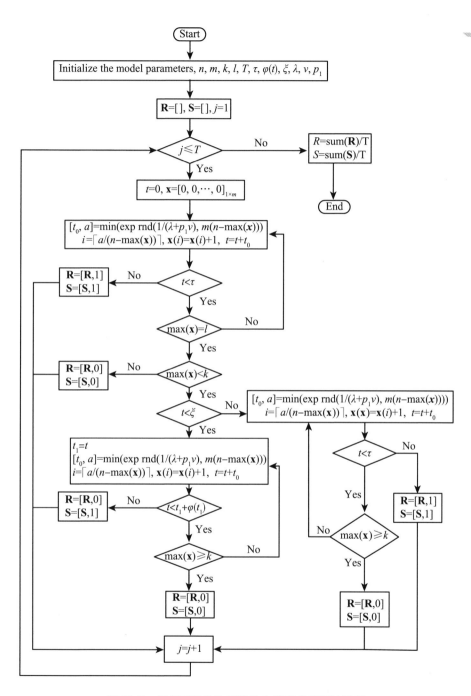

图 11.5　任务可靠度和系统生存概率仿真解法流程

T	仿真次数。
R	任务可靠度。
S	系统生存概率。
$\mathbf{R}$	向量,其中元素代表每次仿真产生的任务可靠度。
$\mathbf{S}$	向量,其中元素代表每次仿真产生的系统生存概率。
$\text{sum}(\mathbf{R})$	向量 $\mathbf{R}$ 中所有元素之和。
$\text{sum}(\mathbf{S})$	向量 $\mathbf{S}$ 中所有元素之和。
$\mathbf{x}$	向量,其中元素代表每个分区中失效部件数。
$\max(\mathbf{x})$	向量 $\mathbf{x}$ 中所有元素之和。
$\lceil a \rceil$	a 的向上取整。

11.4 任务终止策略优化模型

可以看出,任务可靠度随任务终止阈值 l 递增而递增,而系统生存概率随任务终止阈值 l 递增而递减。因此,为了平衡这两个指标,以下构建了两种优化模型。

优化模型 I:在该模型中,目标函数为任务可靠度最大化,而系统生存概率为约束条件,具体的优化模型为:

$$\max R(l) = \boldsymbol{\alpha}_1 \exp(\mathbf{A}_1 \tau) \mathbf{e}_1 + \int_{\xi}^{\tau} \boldsymbol{\alpha}_2 \exp(\mathbf{A}_2(\tau - y)) \mathbf{e}_2 \mathbf{p}_1(y) \mathbf{A}_3 dy$$

$$\text{s. t.} \quad S(l) \geqslant \sigma, l = 0, 1, \cdots, k \tag{11.12}$$

其中, σ 为最小的系统生存概率约束。

优化模型 II:由于任务失败或系统失效都会造成一定的费用,该模型以期望总费用最小为目标函数,以得到最优的任务终止阈值。具体的优化模型为:

$$\min C(l) = (1 - R(l)) C_m + (1 - S(l)) C_f$$

$$\text{s. t.} \quad S(l) \geqslant \sigma, l = 0, 1, \cdots, k \tag{11.13}$$

其中，C_m 和 C_f 是任务失败费用和系统失效费用。

11.5 数值算例

11.5.1 工程背景

本节以一个四旋翼无人机为背景来说明上述任务终止策略的应用。无人机旋翼系统包含四个旋翼（$m=4$）且每个旋翼内有 5 个发动机（$n=5$）。发动机的内部退化和外部冲击会造成其失效。该无人机旋翼系统和相应的可靠性框图分别如图 11.6 和图 11.7 所示。当无人机执行任务时，其各旋翼内能够正常工作的发动机数量应保持相等。如果一个发动机失效，需要关闭其他旋翼中的一个发动机或者重启该旋翼中关闭的发动机来保持旋翼系统平衡。如果每个旋翼中至少有 5 个发动机失效或关闭（$k=5$），则该无人机系统失效。假设无人机执行任务的时长为 12 小时（$\tau=12$），且 t 时刻任务终止时所需的救援时间为 $\varphi(t)=4t$，因此可以得到 $\xi=2.4$。

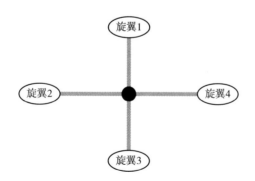

图 11.6 无人机旋翼系统结构

11.5.2 任务可靠度与系统生存概率

表 11.2 给出了给定参数 $p_0=0.1$，$v=0.2$，$\lambda=0.03$ 时的任务可靠度

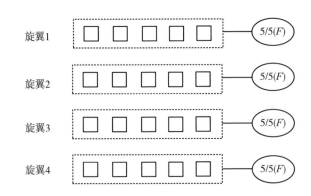

旋翼1

旋翼2

旋翼3

旋翼4

图 11.7　无人机旋翼系统可靠性框图

和系统生存概率。可以看出，随着任务终止阈值 l 的递增，任务可靠度递增且系统生存概率递减。其中 $l=0$ 表示不执行任务，$l=5$ 表示任务不会被终止。

表 11.2　　　　　　　　　　任务可靠度和系统生存概率

l	$R(l)$ （解析结果）	$S(l)$ （解析结果）	$R(l)$ （仿真结果）	$S(l)$ （仿真结果）
0	0	1	0	1
1	0.0884	0.9946	0.0884	0.9946
2	0.6429	0.9661	0.6451	0.9635
3	0.9088	0.9489	0.9044	0.9455
4	0.9429	0.9448	0.9446	0.9467
5	0.9442	0.9442	0.9452	0.9452

　　假设系统的救援时间是任务终止时刻 t 的线性函数，即 $\varphi(t)=\eta t$。图 11.8 给出了可靠度和系统生存概率随参数 η 变化的曲线，任务终止阈值 l 等于 $1\sim4$。可以看出在不同 l 值的情况下，随着参数 η 递增，任务可靠度递增，而系统生存概率递减。这是由于救援时间随着 η 的递增和 ξ 的递减而逐渐增加。也就是说，任务终止的时间阈值逐渐减小。另外，随着 η 的增加，任务可靠度的变化量要远远大于系统生存概率的变化量。当 η 小于 4 时，系统生存概率都高于 0.94，且该值随着参数 l 增加而快速下降。

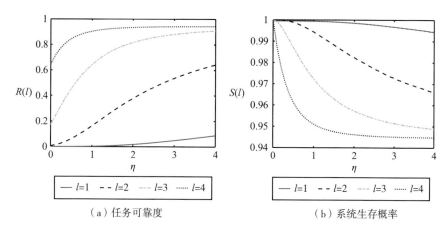

（a）任务可靠度　　　　　　　　　（b）系统生存概率

图 11.8　任务可靠度与系统生存概率随救援时间参数 η 变化曲线

11.5.3　最优任务终止策略

本小节给出了两个优化模型的优化结果。对于模型 Ⅰ 来说，目标函数是在给定系统生存概率的约束条件下达到任务可靠度最大化。假设系统生存概率需要保持在 0.95 以上（$\sigma = 0.95$）。图 11.9（a）给出了最优任务终止阈值 l 随失效率 λ 的变化曲线。

对于一个固定的最优值 l 来说，图 11.9（b）和图 11.9（c）分别展示了任务可靠度和系统生存度如何随失效率 λ 的变化而变化。可以看出任务可靠度随失效率 λ 或冲击到达率 v 的增加而减小，而系统生存概率随失效率 λ 增加而降低。当失效率和冲击到达率较小时，最优任务终止阈值 l 等于 5，在这种情况下，任务可以一直进行直到任务完成，且系统生存概率与任务可靠度相等。随着失效率和冲击到达率递增，任务会被终止以保证系统安全。

对于优化模型 Ⅱ，目标函数是期望费用最小化。假设任务失败和系统失效的费用分别是 $C_m = 2$ 和 $C_f = 4$。图 11.10 给出了最优阈值 l、期望费用、任务可靠度和系统生存度随失效率 λ 的变化而变化的曲线。可以看出，当考虑期望费用时，任务被终止的可能性很大，这与优化模型 Ⅰ

系统可靠性建模与分析

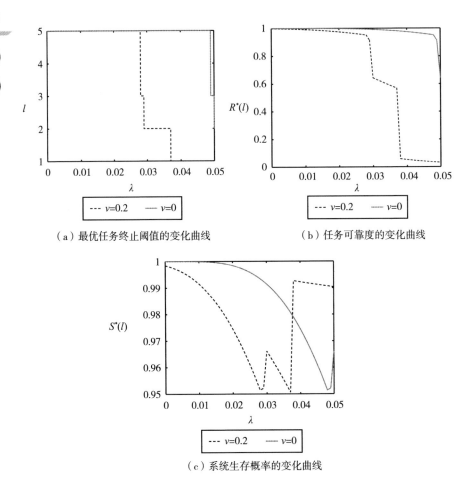

（a）最优任务终止阈值的变化曲线　　　　　　（b）任务可靠度的变化曲线

（c）系统生存概率的变化曲线

图 11.9　优化模型 I 下失效率 λ 的灵敏度分析

是不同的。随着失效率或冲击到达概率的增加，期望费用是增加的，因为此时系统是更容易失效的。显然，任务可靠度随失效率或冲击到达率递增而递减。当任务终止阈值 l 变化时，系统生存概率降低，且会出现变点。

　　以上优化结果可以为决策者权衡任务可靠度和系统生存概率这两个指标提供理论支撑，以减少经济损失和人员伤亡。当失效率、冲击到达率和任务时间已知时，可以在考虑或不考虑费用的情形下得到最优任务终止阈值。例如，当给定了参数 $\lambda = 0.02$，$v = 0.2$，$\tau = 12$ 时，优化模型 I 没

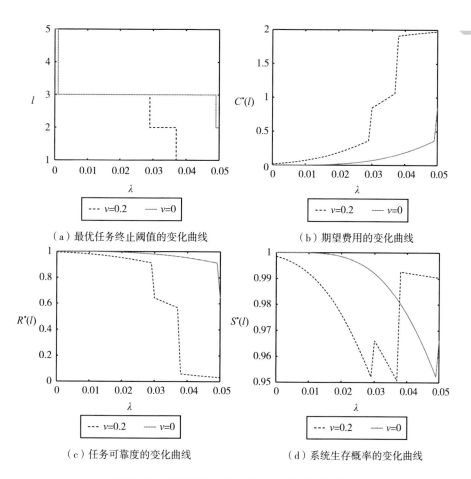

（a）最优任务终止阈值的变化曲线　　　　（b）期望费用的变化曲线

（c）任务可靠度的变化曲线　　　　（d）系统生存概率的变化曲线

图 11.10　优化模型 II 下失效率 λ 的灵敏度分析

有考虑无人机的失效费用，则相应的最优任务终止阈值是 5。也就是说，此时不需要对任务进行终止决策。无人机在任务完成前或旋翼系统失效前一直在运行，这是权衡任务可靠度和系统生存概率后的最优决策结果。对于优化模型 II，考虑了无人机的失效费用，其最优任务终止阈值为 3。注意在时刻 ξ 前各分区内失效和关闭部件数达到 3，需要终止任务。因此，对于需要执行任务的平衡系统，可以在达到最优终止阈值时终止任务。

11.6　本章小结

本章构建了一个具有分区的 n 中取 $k(\mathrm{F})$ 平衡系统，并为其设计了任务终止策略。该模型考虑了部件由于内部退化和外部冲击作用失效的情形，更加符合实际的工程背景。为了保证执行任务时安全关键系统的安全生存，将分区中失效部件数作为任务终止阈值，为该平衡系统设计了相应的任务终止策略。本章运用马尔可夫过程嵌入法推导了任务可靠度和系统生存概率等可靠性概率指标，并分析了相应参数的灵敏度，可以看出不同参数下可靠性指标的变化规律。为了平衡任务可靠度和系统生存度两个指标，本章构建了两个策略优化模型，得到了最佳任务终止阈值。最后给出了基于无人机任务问题的实际工程应用，验证了所构建模型和任务终止策略的有效性。

第 *12* 章

结论与展望

12.1　结论与成果

　　以电动汽车电池组、弹簧减震器、飞机机翼系统和多旋翼无人机等为代表的工程设备均属于平衡系统，对于平衡系统的构建和可靠性研究逐渐成为可靠性领域的研究热点。由于平衡系统自身所具有的不同平衡特性和定义，以及平衡系统运行环境的复杂性、系统组成结构的多样性和失效机制的多变性等因素，为平衡系统的构建和可靠性研究带来了挑战。针对平衡系统的重要性，以及平衡系统可靠性研究成果较少，传统的系统可靠性建模和分析理论对平衡系统的独特性考虑不足的现实，本书深入开展了平衡系统可靠性建模与分析的研究，主要形成了以下几点研究结论与成果。

　　第一，提出了基于部件状态的平衡系统，主要包括性能平衡系统和多态平衡系统。针对性能平衡系统，提出了系统性能平衡的概念，梳理了三个系统性能失衡的竞争判定准则，从而构建了受冲击环境影响的性能平衡系统可靠性模型，运用两步有限马尔可夫链嵌入法分析和推导了部件遭受冲击后的生存概率，系统遭受的期望冲击长度、系统可靠度等概率指标的解析表达式，设计了性能平衡系统的综合维修策略，构建了相应的维修策略参数优化模型，采用仿真方法求解最优维修策略。针对多态平衡系统，提出了系统平衡函数的定义，构建了在冲击环境中运行的多态平衡系统通用模型，进而分别针对任意位置部件状态差距和对称位置部件状态差距的平衡函数，构建了两个相应的多态平衡系统可靠性模型，运用两步有限马尔可夫链嵌入法分别分析两个多态平衡系统的状态概率函数和相关概率指标。

第二，提出了具有分区的平衡系统，主要包括具有多功能区的平衡系统和平衡调节行为随机失效情形下的平衡系统。针对多功能区的平衡系统，通过选用不同的平衡定义和系统失效准则，分别构建了相应的具有多功能区的平衡系统可靠性模型，并综合运用有限马尔可夫链嵌入法、马尔可夫过程嵌入法和通用生成函数法，分别推导了三个平衡系统可靠度的解析表达式。在模型中，首次引入被关闭部件是温储备部件的情形和平衡容差的系统平衡定义。平衡容差是更为通用和符合实际情况的平衡定义，即不同分组中同一个功能区中工作部件的数目允许一定范围内的平衡差距。针对平衡调节随机失效情形下的平衡系统，考虑部件关闭功能的寿命服从指数分布以及被关闭部件以一定概率无法成功启动，设计了相应的系统平衡调节受限机制，从而分别构建了两个主动调节平衡受限机制下的平衡系统可靠性模型，在模型中引入由于系统无法调节平衡而失效的系统失效准则；对于两个新模型分别运用马尔可夫过程嵌入法，推导了系统可靠度函数和相关概率指标的解析表达式。

第三，研究了平衡系统的运维策略，主要包括平衡调节策略、部件交换策略和任务终止策略。针对平衡调节策略，构建了多态 n 中取 $k(\mathrm{F})$ 平衡系统的可靠性模型，建立了使系统在运行过程中保持平衡的调节策略，并设计了基于役龄的预防性维修策略。针对部件交换策略，构建了冲击环境下多态平衡系统的部件交换策略，考虑了由外界冲击造成的不同位置上部件退化规律不同的情形，为冲击环境下运行的多态平衡系统设计了部件交换策略。针对任务终止策略，以基于部件状态的平衡系统为研究对象，构建了具有多失效准则的平衡系统可靠性模型，提出了适应平衡系统特点的不同任务终止阈值，即损伤部件数和部件状态差，从而设计了多准则任务终止策略；以具有分区的平衡系统为研究对象，构建了同时考虑内部退化和外部冲击的 n 中取 $k(\mathrm{F})$ 平衡系统，将分区内失效部件个数为任务终止阈值，设计了相应的任务终止策略。

12.2　局限与展望

本书的研究虽然丰富了平衡系统可靠性建模与分析的研究，但仍存在一些不足和局限之处，还需要在将来的研究中进一步完善和扩展，具体包含以下三个方面。

第一，本书研究的平衡系统运维策略都是事先确定的，而在实际工程应用中，许多工程设备的运行环境和工作状态都十分复杂，为提高工作效率并节约成本，可以根据设备的运行情况，对运维策略进行动态调节，因此，在下一步的研究中，可以基于本书提出的平衡系统维修策略、平衡调节策略、部件交换策略和任务终止策略，分别扩展出相应的动态运维策略，完成相应的平衡系统可靠性建模与分析，给出最优策略的求解方法，以提升系统相关方的整体效益。

第二，本书考虑的平衡系统内部件的寿命都是服从随机马尔可夫过程的，即考虑部件寿命服从指数分布，在将来进一步研究中，可以考虑平衡系统内部件的失效过程服从半马尔可夫过程以及非马尔可夫过程，从而分别构建相应的平衡系统可靠性模型，并分析和推导其可靠性指标。

第三，本书的研究重点主要聚焦于基于部件状态的平衡系统和带有分区的平衡系统，而基于实际工程应用和背景，通过考虑其他的系统运行环境、系统组成结构、系统平衡定义、系统运行机制和失效准则等，在将来的研究中，还可以构建其他全新的平衡系统可靠性模型，进一步丰富和扩展平衡系统可靠性建模与分析方面的研究。

参 考 文 献

［1］曹晋华，程侃. 可靠性数学引论：修订版［M］. 北京：高等教育出版社，2006.

［2］秦金磊. 复杂多状态系统可靠性评估方法研究［D］. 北京：华北电力大学，2016.

［3］Hua D G, Elsayed E A. Reliability estimation of k-out-of-n pairs：G balanced systems with spatially distributed units［J］. Ieee Transactions on Reliability, 2016, 65（2）：886–900.

［4］Hua D G, Elsayed E A. Degradation analysis of k-out-of-n pairs：G balanced system with spatially distributed units［J］. Ieee Transactions on Reliability, 2016, 65（2）：941–956.

［5］Hua D G, Elsayed E A. Reliability approximation of k-out-of-n pairs：G balanced systems with spatially distributed units［J］. Iise Transactions, 2018, 50（7）：616–626.

［6］Guo J, Elsayed E A. Reliability of balanced multi-level unmanned aerial vehicles［J］. Computers and Operations Research, 2019（106）：1–13.

［7］Endharta A J, Yun W Y, Ko Y M. Reliability evaluation of circular k-out-of-n：G balanced systems through minimal path sets［J］. Reliability Engineering & System Safety, 2018（180）：226–236.

［8］Cui L R, Chen J H, Li X C. Balanced reliability systems under Markov processes［J］. Iise Transactions, 2018.

［9］Cui L R, Gao H D, Mo Y C. Reliability for k-out-of-n：F balanced systems with m sectors［J］. Iise Transactions, 2018, 50（5）：381–393.

［10］ Lisnianski A, Levitin G. Multi-State System Reliability: Assessment, Optimization and Applications ［M］. Singapore: World Scientific, 2003.

［11］ Sarper H. Reliability analysis of descent systems of planetary vehicles using bivariate exponential distribution ［M］. Annual Reliability and Maintainability Symposium, 2005 Proceedings, 2005: 165 – 169.

［12］ Sarper H, Sauer W J. New reliability configuration for large planetary descent vehicles ［J］. Journal of Spacecraft and Rockets, 2002, 39 （4）: 639 – 642.

［13］ Zhao X, Wang X Y, Coit D W, Chen Y. Start-Up Demonstration Tests With the Intent of Equipment Classification for Balanced Systems ［J］. Ieee Transactions on Reliability, 2019, 68 （1）: 161 – 174.

［14］ Chiang D T, Niu S C. Reliability of Consecutive-K-out-of-N-F System ［J］. Ieee Transactions on Reliability, 1981, 30 （1）: 87 – 89.

［15］ Boehme T K, Kossow A, Preuss W. A Generalization of Consecutive-K-out-of-N-F Systems ［J］. Ieee Transactions on Reliability, 1992, 41 （3）: 451 – 457.

［16］ Zhao X, Cui L R, Kuo W. Reliability for sparsely connected consecutive-k systems ［J］. Ieee Transactions on Reliability, 2007, 56 （3）: 516 – 524.

［17］ Mo Y C, Xing L D, Cui L R, Si S B. MDD-based performability analysis of multi-state linear consecutive-k-out-of-n: F systems ［J］. Reliability Engineering & System Safety, 2017 （166）: 124 – 131.

［18］ Guo J B, Liu Z, Che H Y, Zeng S K. Reliability Model of Consecutive （2, k） -Out-of- （2, n） : F Systems With Local Load-Sharing ［J］. Ieee Access, 2018 （6）: 8178 – 8188.

［19］ Peng R, Xiao H. Reliability of Linear Consecutive-k-Out-of-n Systems With Two Change Points ［J］. Ieee Transactions on Reliability, 2018, 67 （3）: 1019 – 1029.

［20］ Beiu V, Daus L. Reliability bounds for two dimensional consecutive systems ［J］. Nano Communication Networks, 2015, 6 （3）: 145 – 152.

［21］ Yamamoto H, Miyakawa M. Reliability of a Linear Connected-(R, S) -out-of- (M, N) -F Lattice System ［J］. Ieee Transactions on Reliability, 1995, 44 (2): 333 – 336.

［22］ Haim M, Porat Z. Bayes Reliability Modeling of a Multistate Consecutive K-out-of-N, F-System ［J］. Proceedings Annual Reliability and Maintainability Symposium, 1991 (Sym): 582 – 586.

［23］ Hsieh Y C, Chen T C. Reliability lower bounds for two-dimensional consecutive-k-out-of-n: F systems ［J］. Computers & Operations Research, 2004, 31 (8): 1259 – 1272.

［24］ Chang Y M, Huang T H. Reliability of a 2 – Dimensional k-Within-Consecutive-rxs-out-of-mxn: F System using Finite Markov Chains ［J］. Ieee Transactions on Reliability, 2010, 59 (4): 725 – 733.

［25］ Esary J D, Marshall A W, Proschan F. Shock Models and Wear Processes ［J］. Annals of Probability, 1973, 1 (4): 627 – 649.

［26］ Gut A. Cumulative Shock-Models ［J］. Advances in Applied Probability, 1990, 22 (2): 504 – 507.

［27］ Sumita U, Shanthikumar G. General Cumulative Shock-Models ［J］. Stochastic Processes and Their Applications, 1984, 17 (1): 19 – 20.

［28］ Qian C H, Nakamura S, Nakagawa T. Cumulative damage model with two kinds of shocks and its application to the backup policy ［J］. Journal of the Operations Research Society of Japan, 1999, 42 (4): 501 – 511.

［29］ Mallor F, Omey E. Shocks, runs and random sums ［J］. Journal of Applied Probability, 2001, 38 (2): 438 – 448.

［30］ Eryilmaz S. Discrete time shock models involving runs ［J］. Statistics & Probability Letters, 2015 (107): 93 – 100.

［31］ Cirillo P, Husler J. Extreme shock models: An alternative perspective ［J］. Statistics & Probability Letters, 2011, 81 (1): 25 – 30.

［32］ Cha J H, Finkelstein M. On New Classes of Extreme Shock Models and Some Generalizations ［J］. Journal of Applied Probability, 2011, 48

［33］Cirillo P, Husler J. An urn approach to generalized extreme shock models ［J］. Statistics & Probability Letters, 2009, 79（7）：969 - 976.

［34］Li Z H, Kong X B. Life behavior of delta-shock model ［J］. Statistics & Probability Letters, 2007, 77（6）：577 - 587.

［35］Eryilmaz S. Generalized delta-shock model via runs ［J］. Statistics & Probability Letters, 2012, 82（2）：326 - 331.

［36］Eryilmaz S, Bayramoglu K. Life behavior of -shock models for uniformly distributed interarrival times ［J］. Statistical Papers, 2014, 55（3）：841 - 852.

［37］Gut A. Mixed shock models ［J］. Bernoulli, 2001, 7（3）：541 - 555.

［38］Shen J Y, Cui L R, Yi H. System performance of damage self-healing systems under random shocks by using discrete state method ［J］. Computers & Industrial Engineering, 2018（125）：124 - 134.

［39］Rafiee K, Feng Q M, Coit D W. Reliability assessment of competing risks with generalized mixed shock models ［J］. Reliability Engineering & System Safety, 2017（159）：1 - 11.

［40］Eryilmaz S, Tekin M. Reliability evaluation of a system under a mixed shock model ［J］. Journal of Computational and Applied Mathematics, 2019（352）：255 - 261.

［41］Zhao X, Cai K, Wang X Y, Song Y B. Optimal replacement policies for a shock model with a change point ［J］. Computers & Industrial Engineering, 2018（118）：383 - 393.

［42］Zhao X, Guo X X, Wang X Y. Reliability and maintenance policies for a two-stage shock model with self-healing mechanism ［J］. Reliability Engineering & System Safety, 2018（172）：185 - 194.

［43］Eryilmaz S. Reliability analysis of multi-state system with three-state components and its application to wind energy ［J］. Reliability Engineering & System Safety, 2018（172）：58 - 63.

［44］Zhao X, Wang S Q, Wang X Y, Cai K. A multi-state shock model with mutative failure patterns ［J］. Reliability Engineering & System Safety, 2018（178）：1 –11.

［45］Segovia M C, Labeau P E. Reliability of a multi-state system subject to shocks using phase-type distributions ［J］. Applied Mathematical Modelling, 2013, 37（7）：4883 –4904.

［46］Li W J, Pham H. Reliability modeling of multi-state degraded systems with multi-competing failures and random shocks ［J］. Ieee Transactions on Reliability, 2005, 54（2）：297 –303.

［47］Eryilmaz S. Assessment of a multi-state system under a shock model ［J］. Applied Mathematics and Computation, 2015（269）：1 –8.

［48］Che H Y, Zeng S K, Guo J B, Wang Y. Reliability modeling for dependent competing failure processes with mutually dependent degradation process and shock process ［J］. Reliability Engineering & System Safety, 2018（180）：168 –178.

［49］Shen J Y, Elwany A, Cui L R. Reliability analysis for multi-component systems with degradation interaction and categorized shocks ［J］. Applied Mathematical Modelling, 2018（56）：487 –500.

［50］Hao S H, Yang J, Ma X B, Zhao Y. Reliability modeling for mutually dependent competing failure processes due to degradation and random shocks ［J］. Applied Mathematical Modelling, 2017（51）：232 –249.

［51］Lin Y H, Li Y F, Zio E. Reliability assessment of systems subject to dependent degradation processes and random shocks ［J］. Iie Transactions, 2016, 48（11）：1072 –1085.

［52］于德介, 刘坚, 李蓉. 设备 e – 维护模式的理论与技术 ［M］. 长沙：湖南大学出版社, 2005.

［53］Wang H Z. A survey of maintenance policies of deteriorating systems ［J］. European Journal of Operational Research, 2002, 139（3）：469 –489.

[54] Caballe N C, Castro I T. Analysis of the reliability and the maintenance cost for finite life cycle systems subject to degradation and shocks [J]. Applied Mathematical Modelling, 2017 (52): 731 – 746.

[55] Nakagawa T. Shocks and damage models in reliability theory [M]. New York: Springer, 2007.

[56] Junca M, Sanchez-Silva M. Optimal Maintenance Policy for a Compound Poisson Shock Model [J]. Ieee Transactions on Reliability, 2013, 62 (1): 66 – 72.

[57] Montoro-Cazorla D, Perez-Ocon R. A reliability system under different types of shock governed by a Markovian arrival process and maintenance policy K [J]. European Journal of Operational Research, 2014, 235 (3): 636 – 642.

[58] Cha J H, Finkelstein M, Levitin G. On preventive maintenance of systems with lifetimes dependent on a random shock process [J]. Reliability Engineering & System Safety, 2017 (168): 90 – 97.

[59] Cui L R, Li H J. Opportunistic maintenance for multi-component shock models [J]. Mathematical Methods of Operations Research, 2006, 63 (3): 493 – 511.

[60] Eryilmaz S. delta-shock model based on Polya process and its optimal replacement policy [J]. European Journal of Operational Research, 2017, 263 (2): 690 – 697.

[61] Eryilmaz S. Computing optimal replacement time and mean residual life in reliability shock models [J]. Computers & Industrial Engineering, 2017 (103): 40 – 45.

[62] Eryilmaz S. Discrete Time Shock Models in a Markovian Environment [J]. Ieee Transactions on Reliability, 2016, 65 (1): 141 – 146.

[63] Ozkut M, Eryilmaz S. Reliability analysis under Marshall-Olkin run shock model [J]. Journal of Computational and Applied Mathematics, 2019 (349): 52 – 59.

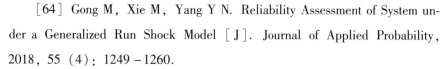

［64］ Gong M, Xie M, Yang Y N. Reliability Assessment of System under a Generalized Run Shock Model ［J］. Journal of Applied Probability, 2018, 55（4）: 1249 – 1260.

［65］ Montoro-Cazorla D, Perez-Ocon R. System availability in a shock model under preventive repair and phase-type distributions ［J］. Applied Stochastic Models in Business and Industry, 2010, 26（6）: 689 – 704.

［66］ Neuts M F. Matrix-geometric solutions in stochastic models: An algorithmic approach ［M］. Baltimore: The Johns Hopkins University Press, 1981.

［67］ He Q M. Fundamentals of matrix-analytic methods ［M］. New York, NY: springer, 2014.

［68］ Hua D, Elsayed E A. Reliability estimation of k-out-of-n pairs: G balanced systems with spatially distributed units ［J］. IEEE Transactions on Reliability, 2016, 65（2）: 886 – 900.

［69］ Cui L, Gao H, Mo Y. Reliability for k-out of-n: F balanced systems with m sectors ［J］. IISE Transactions, 2018, 50（5）: 381 – 393.

［70］ Zhao X, Wu C S, Wang X Y, Sun J L. Reliability analysis of k-out-of-n: F balanced systems with multiple functional sectors ［J］. Applied Mathematical Modelling, 2020（82）: 108 – 124.

［71］ Wang X, Zhao X, Wu C, Lin C. Reliability assessment for balanced systems with restricted rebalanced mechanisms ［J］. Computers & Industrial Engineering, 2020（149）: 106801.

［72］ Braghin F, Cheli F, Melzi S, Resta F. Tyre wear model: Validation and sensitivity analysis ［J］. Meccanica, 2006, 41（2）: 143 – 156.

［73］ Rajamani R. Vehicle dynamics and control ［M］. New York: Springer Science & Business Media, 2011.

［74］ Hobeika T, Sebben S. CFD investigation on wheel rotation modelling ［J］. Journal of Wind Engineering Industrial Aerodynamics, 2018（174）: 241 – 251.

［75］ Zhu X Y, Fu Y Q, Yuan T. Optimum reassignment of degrading components for non-repairable systems ［J］. IISE Transactions, 2020, 52 (3): 349 – 361.

［76］ Sun Q Z, Ye Z S, Zhu X Y. Managing component degradation in series systems for balancing degradation through reallocation and maintenance ［J］. IISE Transactions, 2019, 52 (7): 797 – 810.

［77］ Fu Y Q, Yuan T, Zhu X Y. Optimum periodic component reallocation and system replacement maintenance ［J］. IEEE Transactions on Reliability, 2019, 68 (2): 753 – 763.

［78］ Fu Y Q, Yuan T, Zhu X Y. Importance-measure based methods for component reassignment problem of degrading components ［J］. Reliability Engineering & System Safety, 2019 (190): 106501.

［79］ Fu Y Q, Zhu X Y, Ma X Y. Optimum component reallocation and system replacement maintenance for a used system with increasing minimal repair cost ［J］. Reliability Engineering & System Safety, 2020(204): 107137.

［80］ Bedford T, Cooke R. Reliability methods as management tools: Dependence modelling and partial mission success ［J］. Reliability Engineering & System Safety, 1997, 58 (2): 173 – 180.

［81］ Wu X, Hillston J. Mission reliability of semi-Markov systems under generalized operational time requirements ［J］. Reliability Engineering & System Safety, 2015, 140: 122 – 129.

［82］ Yang L, Ma X, Zhai Q, Zhao Y. A delay time model for a mission-based system subject to periodic and random inspection and postponed replacement ［J］. Reliability Engineering & System Safety, 2016, 150: 96 – 104.

［83］ Wu X Y, Hillston J. Mission reliability of semi-Markov systems under generalized operational time requirements ［J］. Reliability Engineering & System Safety, 2015, 140: 122 – 129.

［84］ Xu Z, Mo Y, Liu Y, Jiang T. Reliability assessment of multi-state phased-mission systems by fusing observation data from multiple phases of operation [J]. Mechanical Systems and Signal Processing, 2019 (118): 603 – 622.

[85] Levitin G, Finkelstein M. Optimal mission abort policy for systems operating in a random environment [J]. Risk Analysis, 2018, 38 (4): 795 – 803.

[86] Levitin G, Finkelstein M. Optimal mission abort policy for systems in a random environment with variable shock rate [J]. Reliability Engineering & System Safety, 2018 (169): 11 – 17.

[87] Cha J H, Finkelstein M, Levitin G. Optimal mission abort policy for partially repairable heterogeneous systems [J]. European Journal of Operational Research, 2018, 271 (3): 818 – 825.

[88] Levitin G, Finkelstein M, Dai Y S. Mission abort policy balancing the uncompleted mission penalty and system loss risk [J]. Reliability Engineering & System Safety, 2018 (176): 194 – 201.

[89] Levitin G, Finkelstein M, Dai Y S. Mission abort policy optimization for series systems with overlapping primary and rescue subsystems operating in a random environment [J]. Reliability Engineering & System Safety, 2020 (193): 106590.

[90] Myers A. Probability of loss assessment of critical k-out-of-n: G systems having a mission abort policy [J]. IEEE Transactions on Reliability, 2009, 58 (4): 694 – 701.

[91] Levitin G, Xing L, Dai Y. Mission abort policy in heterogeneous nonrepairable 1-out-of-N warm standby systems [J]. IEEE Transactions on Reliability, 2018, 67 (1): 342 – 354.

[92] Levitin G, Xing L, Dai Y. Co-optimization of state dependent loading and mission abort policy in heterogeneous warm standby systems [J]. Reliability Engineering & System Safety, 2018 (172): 151 – 158.

[93] Wu C, Zhao X, Qiu Q, Sun J. Optimal mission abort policy for k-out-of-n: F balanced systems [J]. Reliability Engineering & System Safety, 2021 (208): 107398.

[94] Zhao X, Sun J, Qiu Q, Chen K. Optimal inspection and mission

平
衡
系统可靠性建模与分析

abort policies for systems subject to degradation [J]. European Journal of Operational Research, 2020.

[95] Yang L, Sun Q, Ye Z. Designing mission abort strategies based on early-warning information: application to UAV [J]. IEEE Transactions on Industrial Informatics, 2020 (16): 277 –287.

[96] Levitin G, Finkelstein M, Xiang Y. Optimal mission abort policies for repairable multistate systems performing multi-attempt mission [J]. Reliability Engineering & System Safety, 2021 (209): 107497.

[97] Cui L R, Huang J B, Li Y. Degradation Models With Wiener Diffusion Processes Under Calibrations [J]. Ieee Transactions on Reliability, 2016, 65 (2): 613 –623.

[98] Tamura Y, Yamada S. Reliability analysis considering the component collision behavior for a large-scale open source solution [J]. Quality and Reliability Engineering International, 2014, 30 (5): 669 –680.

[99] Dong Q L, Cui L R. A study on stochastic degradation process models under different types of failure thresholds [J]. Reliability Engineering & System Safety, 2019 (181): 202 –212.

[100] Peng W W, Shen L J, Shen Y, Sun Q Z. Reliability analysis of repairable systems with recurrent misuse-induced failures and normal-operation failures [J]. Reliability Engineering & System Safety, 2018 (171): 87 –98.

[101] Du S J, Zeng Z G, Cui L R, Kang R. Reliability analysis of Markov history-dependent repairable systems with neglected failures [J]. Reliability Engineering & System Safety, 2017 (159): 134 –142.

[102] Van Acker T, Van Hertem D. Stochastic Process for the Availability Assessment of Single-Feeder Industrial Energy System Sections [J]. Ieee Transactions on Reliability, 2018, 67 (4): 1459 –1467.

[103] Samuelson A, Haigh A, O'Reilly M M, Bean N G. Stochastic model for maintenance in continuously deteriorating systems [J]. European Journal of Operational Research, 2017, 259 (3): 1169 –1179.

[104] Aslett L J M, Nagapetyan T, Vollmer S J. Multilevel Monte Carlo for reliability theory [J]. Reliability Engineering & System Safety, 2017 (165): 188 – 196.

[105] Babykina G, Brinzei N, Aubry J F, Deleuze G. Modeling and simulation of a controlled steam generator in the context of dynamic reliability using a stochastic hybrid automaton [J]. Reliability Engineering & System Safety, 2016 (152): 115 – 136.

[106] Zhou J, Tsianikas S, Birnie D P, Coit D W. Economic and Resilience Benefit Analysis of Incorporating Battery Storage to Photovoltaic Array Generation [J]. Renewable Energy, 2018.

[107] Fan M F, Zeng Z G, Zio E, Kang R, Chen Y. A stochastic hybrid systems model of common-cause failures of degrading components [J]. Reliability Engineering & System Safety, 2018 (172): 159 – 170.

[108] Wang G J, Duan F J, Zhou Y F. Reliability evaluation of multi-state series systems with performance sharing [J]. Reliability Engineering & System Safety, 2018 (173): 58 – 63.

[109] Liu Y, Lin P, Li Y F, Huang H Z. Bayesian reliability and performance assessment for multi-state systems [J]. IEEE Transactions on Reliability, 2015, 64 (1): 394 – 409.

[110] Jafary B, Fiondella L. A universal generating function-based multi-state system performance model subject to correlated failures [J]. Reliability Engineering & System Safety, 2016 (152): 16 – 27.

[111] Zhao X, Wu C S, Wang S Q, Wang X Y. Reliability analysis of multi-state k-out-of-n: G system with common bus performance sharing [J]. Computers & Industrial Engineering, 2018 (124): 359 – 369.

[112] Wang W, Xiong J L, Xie M. A study of interval analysis for cold-standby system reliability optimization under parameter uncertainty [J]. Computers & Industrial Engineering, 2016 (97): 93 – 100.

[113] Zhao Y C, Che Y B, Lin T J, Wang C Y, Liu J X, Xu J M,

Zhou J H. Minimal Cut Sets-Based Reliability Evaluation of the More Electric Aircraft Power System [J]. Mathematical Problems in Engineering, 2018.

[114] Fang R, Li X H. On Allocating One Active Redundancy to Coherent Systems with Dependent and Heterogeneous Components' Lifetimes [J]. Naval Research Logistics, 2016, 63 (4): 335 – 345.

[115] 王超, 王慧芳, 张弛, 刘玮, 李一泉, 何奔腾. 数字化变电站继电保护系统的可靠性建模研究 [J]. 电力系统保护与控制, 2013, 41 (3): 8 – 13.

[116] 苏春, 王胜友. 基于随机故障序列的制造系统动态可靠性仿真 [J]. 机械工程学报, 2011, 47 (24): 165 – 170.

[117] Chen T H, Tran V T. Optimization of Transmission Expansion Planning by Minimal Cut Sets Based on Graph Theory [J]. Electric Power Components and Systems, 2015, 43 (16): 1822 – 1831.

[118] Tang J. Mechanical system reliability analysis using a combination of graph theory and Boolean function [J]. Reliability Engineering & System Safety, 2001, 72 (1): 21 – 30.

[119] Sehgal R, Gandhi O P, Angra S. Fault location of tribo-mechanical systems-a graph theory and matrix approach [J]. Reliability Engineering & System Safety, 2000, 70 (1): 1 – 14.

[120] Ding Y, Zuo M J, Lisnianski A, Li W. A Framework for Reliability Approximation of Multi-State Weighted k-out-of-n Systems [J]. Ieee Transactions on Reliability, 2010, 59 (2): 297 – 308.

[121] Li Q L, Xu D J, Cao J H. Reliability approximation of a Markov queueing system with server breakdown and repair [J]. Microelectronics Reliability, 1997, 37 (8): 1203 – 1212.

[122] Zhang Y, Lam J S L. A Copula Approach in the Point Estimate Method for Reliability Engineering [J]. Quality and Reliability Engineering International, 2016, 32 (4): 1501 – 1508.

[123] Levitin G, Xing L D, Amari S V. Recursive Algorithm for Relia-

平衡系统可靠性建模与分析

bility Evaluation of Non-Repairable Phased Mission Systems With Binary Elements [J]. Ieee Transactions on Reliability, 2012, 61 (2): 533 – 542.

[124] Yamamoto H, Akiba T, Nagatsuka H, Moriyama Y. Recursive algorithm for the reliability of a connected- (1, 2) -or- (2, 1) -out-of- (m, n): F lattice system [J]. European Journal of Operational Research, 2008, 188 (3): 854 – 864.

[125] Yamamoto H, Akiba T. A recursive algorithm for the reliability of a circular connected- (r, s) -out-of- (m, n): F lattice system [J]. Computers & Industrial Engineering, 2005, 49 (1): 21 – 34.

[126] Pham H, Upadhyaya S J. Optimal-Design of Fault-Tolerant Distributed Systems Based on a Recursive Algorithm [J]. Ieee Transactions on Reliability, 1991, 40 (3): 375 – 379.

[127] 沈静远. 动态环境下退化可修系统的可靠性建模与分析 [D]. 北京: 北京理工大学, 2017.

[128] 林聪. 复杂冗余系统可靠性建模与评估研究 [D]. 北京: 北京理工大学, 2016.

[129] 潘勇, 黄进永, 胡宁. 可靠性概论 [M]. 北京: 电子工业出版社, 2015.

[130] Fu J C. Reliability of Consecutive-k-out-of-n: F-Systems with (k-1)-Step Markov Dependence [J]. Ieee Transactions on Reliability, 1986, 35 (5): 602 – 606.

[131] Fu J C, Koutras M V. Distribution-Theory of Runs-a Markov-Chain Approach [J]. Journal of the American Statistical Association, 1994, 89 (427): 1050 – 1058.

[132] Fu J C, Hu B. On Reliability of a Large Consecutive-K-out-of-N-F-System with (K-1) -Step Markov Dependence [J]. Ieee Transactions on Reliability, 1987, 36 (1): 75 – 77.

[133] Chao M T, Fu J C. A Limit-Theorem of Certain Repairable Systems [J]. Annals of the Institute of Statistical Mathematics, 1989, 41 (4):

809 – 818.

[134] Cui L R, Xu Y, Zhao X A. Developments and Applications of the Finite Markov Chain Imbedding Approach in Reliability [J]. Ieee Transactions on Reliability, 2010, 59 (4): 685 – 690.

[135] Wu T L. On Finite Markov Chain Imbedding and Its Applications [J]. Methodology and Computing in Applied Probability, 2013, 15 (2): 453 – 465.

[136] Chang G J, Cui L R, Hwang F K. Reliabilities for (n, f, k) systems [J]. Statistics & Probability Letters, 1999, 43 (3): 237 – 242.

[137] Cui L R, Kuo W, Li J L, Xie M. On the dual reliability systems of (n, f, k) and < n, f, k > [J]. Statistics & Probability Letters, 2006, 76 (11): 1081 – 1088.

[138] Cui L R, Lin C, Du S J. m-Consecutive-k, l-Out-of-n Systems [J]. Ieee Transactions on Reliability, 2015, 64 (1): 386 – 393.

[139] Du S J, Lin C, Cui L R. Reliabilities of a single-unit system with multi-phased missions (vol 45, pg 2524, 2016) [J]. Communications in Statistics-Theory and Methods, 2016, 45 (19): 5871 – 5871.

[140] Zhao X, Cui L R. Reliability evaluation of generalised multi-state k-out-of-n systems based on FMCI approach [J]. International Journal of Systems Science, 2010, 41 (12): 1437 – 1443.

[141] Lin C, Cui L R, Coit D W, Lv M. Reliability Modeling on Consecutive-k (r) -out-of-n (r): F Linear Zigzag Structure and Circular Polygon Structure [J]. Ieee Transactions on Reliability, 2016, 65 (3): 1509 – 1521.

[142] Zhao X, Xu Y, Liu F Y. State Distributions of Multi-State Consecutive-k Systems [J]. Ieee Transactions on Reliability, 2012, 61 (2): 274 – 281.

[143] Zhao X, Cui L R. On the Accelerated Scan Finite Markov Chain Imbedding Approach [J]. Ieee Transactions on Reliability, 2009, 58 (2): 383 – 388.

[144] Chadjiconstantinidis S, Koutras M V. Measures of component importance for Markov chain imbeddable reliability structures [J]. Naval Research Logistics, 1999, 46 (6): 613 – 639.

[145] Zhao X, Zhao W, Xie W J. Two-dimensional linear connected-k system with trinary states and its reliability [J]. Journal of Systems Engineering and Electronics, 2011, 22 (5): 866 – 870.

[146] Smith M L D, Griffith W S. Start-up demonstration tests based on consecutive successes and total failures [J]. Journal of Quality Technology, 2005, 37 (3): 186 – 198.

[147] Smith M L D, Griffith W S. The analysis and comparison of start-up demonstration tests [J]. European Journal of Operational Research, 2008, 186 (3): 1029 – 1045.

[148] Zhao X, Wang X Y, Sun G. Start-up demonstration tests with sparse connection [J]. European Journal of Operational Research, 2015, 243 (3): 865 – 873.

[149] Zhao X. On generalized start-up demonstration tests [J]. Annals of Operations Research, 2014, 212 (1): 225 – 239.

[150] Zhao X, Sun G, Xie W J, Lin C. On generalized multi-state start-up demonstration tests [J]. Applied Stochastic Models in Business and Industry, 2015, 31 (3): 325 – 338.

[151] Zhao X. Start-up demonstration tests for products with start-up delay [J]. Quality Technology and Quantitative Management, 2013, 10 (3): 329 – 338.

[152] Antzoulakos D L, Koutras M V, Rakitzis A C. Start-Up Demonstration Tests Based on Run and Scan Statistics [J]. Journal of Quality Technology, 2009, 41 (1): 48 – 59.

[153] Rakitzis A C, Antzoulakos D L. Start-up demonstration tests with three-level classification [J]. Statistical Papers, 2015, 56 (1): 1 – 21.

[154] Chang Y M, Wu T L. On Average Run Lengths of Control Charts

for Autocorrelated Processes ［J］. Methodology and Computing in Applied Probability, 2011, 13 (2): 419 – 431.

［155］ Rakitzis A C, Antzoulakos D L. Chi-square Control Charts with Runs Rules ［J］. Methodology and Computing in Applied Probability, 2011, 13 (4): 657 – 669.

［156］ Fu J C, Shmueli G, Chang Y M. A unified Markov chain approach for computing the run length distribution in control charts with simple or compound rules ［J］. Statistics & Probability Letters, 2003, 65 (4): 457 – 466.

［157］ Nenes G, Castagliola P, Celano G. Economic and statistical design of Vp control charts for finite-horizon processes ［J］. Iise Transactions, 2017, 49 (1): 110 – 125.

［158］ Wang X Y, Zhao X, Sun J L. A compound negative binomial distribution with mutative termination conditions based on a change point ［J］. Journal of Computational and Applied Mathematics, 2019 (351): 237 – 249.

［159］ Eryilmaz S. Compound Markov negative binomial distribution ［J］. Journal of Computational and Applied Mathematics, 2016 (292): 1 – 6.

［160］ Lou W Y W. The exact distribution of the k-tuple statistic for sequence homology ［J］. Statistics & Probability Letters, 2003, 61 (1): 51 – 59.

［161］ Cheung L W K. Use of runs statistics for pattern recognition in genomic DNA sequences ［J］. Journal of Computational Biology, 2004, 11 (1): 107 – 124.

［162］ Fu J C, Wu T L, Lou W Y W. Continuous, Discrete, and Conditional Scan Statistics ［J］. Journal of Applied Probability, 2012, 49 (1): 199 – 209.

［163］ Lee W C. Power of Discrete Scan Statistics: a Finite Markov Chain Imbedding Approach ［J］. Methodology and Computing in Applied Probability, 2015, 17 (3): 833 – 841.

［164］ Hawkes A G, Cui L R, Zheng Z H. Modeling the evolution of system reliability performance under alternative environments ［J］. Iie Transactions, 2011, 43 (11): 761 – 772.

[165] Shen J Y, Cui L R. Reliability performance for dynamic systems with cycles of K regimes [J]. Iie Transactions, 2016, 48 (4): 389 – 402.

[166] Ushakov I A. A Universal Generating Function [J]. Soviet Journal of Computer and Systems Sciences, 1986, 24 (5): 118 – 129.

[167] Chen M Y, Jiang Y, Zhou D H. Decentralized Maintenance for Multistate Systems With Heterogeneous Components [J]. Ieee Transactions on Reliability, 2018, 67 (2): 701 – 714.

[168] Levitin G. The universal generating function in reliability analysis and optimization [M]. New York: Springer, 2005.

[169] Levitin G. A universal generating function approach for the analysis of multi-state systems with dependent elements [J]. Reliability Engineering & System Safety, 2004, 84 (3): 285 – 292.

[170] Levitin G, Lisnianski A. Importance and sensitivity analysis of multi-state systems using the universal generating function method [J]. Reliability Engineering & System Safety, 1999, 65 (3): 271 – 282.

[171] Ossai C I. Remaining useful life estimation for repairable multi-state components subjected to multiple maintenance actions [J]. Reliability Engineering & System Safety, 2019 (182): 142 – 151.

[172] Levitin G. Reliability of multi-state systems with common bus performance sharing [J]. Iie Transactions, 2011, 43 (7): 518 – 524.

[173] Xiao H, Peng R. Optimal allocation and maintenance of multi-state elements in series-parallel systems with common bus performance sharing [J]. Computers & Industrial Engineering, 2014 (72): 143 – 151.

[174] Yu H, Yang J, Mo H D. Reliability analysis of repairable multi-state system with common bus performance sharing [J]. Reliability Engineering & System Safety, 2014 (132): 90 – 96.

[175] Peng R. Optimal component allocation in a multi-state system with hierarchical performance sharing groups [J]. Journal of the Operational Re-

search Society, 2019, 70 (4): 581 – 587.

［176］石振懿. 浅谈电池管理系统的被动与主动均衡［J］. AI 汽车制造业, 2017 (11): 29 – 32.

［177］Che H Y, Zeng S K, Guo J B. Reliability Analysis of Load-Sharing Systems Subject to Dependent Degradation Processes and Random Shocks ［J］. Ieee Access, 2017 (5): 23395 – 23404.

［178］Miyatake S, Susuki Y, Hikihara T, Itoh S, Tanaka K. Discharge characteristics of multicell lithium-ion battery with nonuniform cells ［J］. Journal of Power Sources, 2013 (241): 736 – 743.

［179］Gong X Z, Xiong R, Mi C C. Study of the Characteristics of Battery Packs in Electric Vehicles With Parallel-Connected Lithium-Ion Battery Cells ［J］. Ieee Transactions on Industry Applications, 2015, 51 (2): 1872 – 1879.

［180］Pinto C, Barreras J V, Schaltz E, Araujo R E. Evaluation of Advanced Control for Li-ion Battery Balancing Systems Using Convex Optimization ［J］. Ieee Transactions on Sustainable Energy, 2016, 7 (4): 1703 – 1717.

［181］Baybars I. A survey of exact algorithms for the simple assembly line balancing problem ［J］. Management Science, 1986, 32 (8): 909 – 932.

［182］Becker C, Scholl A. A survey on problems and methods in generalized assembly line balancing ［J］. European Journal of Operational Research, 2006, 168: 694 – 715.

［183］Zuo M J, Tian Z G. Performance evaluation of generalized multistate k-out-of-n systems ［J］. IEEE Transactions on Reliability, 2006, 55 (2): 319 – 327.

［184］Niu M. Airframe Structural Design-Practical Design Information and Data on Aircraft Structures ［M］. Hong Kong: Conmilit Press Ltd., 1988.

［185］Colquhoun D, Hawkes A G. On the stochastic properties of single ion channels ［J］. Proceedings of the Royal Society Series B-Biological Sciences, 1981, 211 (1183): 205 – 235.

平
衡
系统可靠性建模与分析

[186] Cha J H, Finkelstein M, Levitin G. Optimal mission abort policy for partially repairable heterogeneous system [J]. European Journal of Operational Research, 2018, 271 (3): 818 –825.